土建类高职高专规划教材

Jianzhu Shebei

建筑设备

（建筑工程技术专业用）

蒋洪涛 主编
徐文忠（山东科技大学） 主审

人民交通出版社

内 容 提 要

本书为交通土建高职高专"建筑工程技术"专业规划教材之一。全书共分三篇(十二章):第一篇为建筑给排水工程;第二篇为建筑暖通与空调工程;第三篇为建筑电气工程。本书根据新规范并结合近来出现的新材料、新技术、新设备详细地介绍各系统的基本特点、组成、主要设备;重点以实际应用技术为主,并介绍了建筑设备工程施工和识图基本知识。

本书可作为高等职业技术学校及高等专科学校的建筑工程技术专业的教材或教学参考书,也可作为业余土建专业的自学参考书或土建工程设计、施工技术人员的参考用书。

图书在版编目(CIP)数据

建筑设备/蒋洪涛主编.—北京:人民交通出版社,2009.9

ISBN 978-7-114-07907-8

I.建… II.蒋… III.房屋建筑设备 IV.TU8

中国版本图书馆CIP数据核字(2009)第122525号

土建类高职高专规划教材

书　　名: 建筑设备
著 作 者: 蒋洪涛
责任编辑: 黎小东　师　云
出版发行: 人民交通出版社
地　　址: (100011)北京市朝阳区安定门外外馆斜街3号
网　　址: http://www.ccpress.com.cn
销售电话: (010)59757969,59757973
总 经 销: 北京中交盛世书刊有限公司
经　　销: 各地新华书店
印　　刷: 北京市密东印刷有限公司
开　　本: 787×1092　1/16
印　　张: 12.5
字　　数: 290千
版　　次: 2009年9月　第1版
印　　次: 2009年9月　第1次印刷
书　　号: ISBN 978-7-114-07907-8
印　　数: 0001~1000册
定　　价: 35.00元

土建类高职高专规划教材
“建筑工程技术专业”教材编写委员会

前　言

随着我国建设行业的快速发展，建筑设备技术也不断的发展和更新，人们对建筑物的功能要求也越来越高，对建筑设备的标准、质量、功能等提出了更高的要求。为了使从事建筑工程建设的相关技术人员更好地掌握建筑设备的基本知识和技能，同时为了满足现代职业教育对实用技术教学的要求，结合新的建筑设备技术和行业规范，我们编写了本教材。

本书主要介绍了建筑给排水、采暖、热水、煤气、通风、空调、电气工程的基础理论知识和材料设备，设备管线的布置与敷设方法、原则，管道安装的基本知识，建筑设备施工图的识图方法。

本书力求理论简洁清楚，重点以实用技术为主，介绍了新知识、技术、设备和材料，注重基础理论与工程的结合，并以较丰富的图例帮助读者更好地理解和掌握书中的相关内容。本书内容较全面，各院校可根据实际情况，参考本书所附授课计划组织教学内容。

本书由辽宁省交通高等专科学校蒋洪涛担任主编。参加编写工作的有：河北交通职业技术学院任海萍（第一、二、三、四章）、辽宁省交通高等专科学校蒋洪涛（第五、八章）、辽宁省城乡建筑规划设计院朱光伟（第六、九章）、辽宁省交通高等专科学校孙铁（第七章）、江西交通职业技术学院刘思远（第十、十一、十二章）。

土建类高职高专规划教材“建筑工程技术专业”教材编写委员会特邀山东科技大学徐文忠教授担任本书主审。徐教授认真审阅了本教材，并提出了很多宝贵的修改意见，在此深表谢意！

本书在编写的过程中，参阅了许多文献和国家规范，在此对各参考文献的作者表示由衷的感谢。

建筑设备工程所涉及的内容较为广泛，限于编者水平有限，书中不妥和错误之处在所难免，恳请使用本书的师生提出宝贵意见。

编者

2009 年 8 月

目　　录

第一篇　建筑给排水工程

第二篇　建筑暖通与空调工程

第一篇　建筑给排水工程

学习要点

1. 掌握建筑给水与排水系统的分类和组成,理解工作原理和系统选择原则。
2. 熟悉建筑给水与排水系统中常见设备、管材的功能和特点。
3. 掌握管道布置基本原则和敷设方法,了解系统安装过程。
4. 掌握建筑给水与排水设备施工图识读方法。

第一章　室外给排水工程概述

本章重点

了解室外给排水系统的组成,以及在输送排放过程中水质的变化;熟悉净水处理的一般流程;了解各种排水体制的优缺点和污水处理的基本方法。

第一节　室外给水工程

室外给水工程,又称城镇给水工程,它是为满足城乡居民及工业生产等用水需要而建造的工程设施。它的任务是自水源取水,经净化处理达到要求的水质标准后,通过输配水系统送往用户,并满足用户在水量、水压和水质方面的不同要求。

室外给水工程一般包括水源、取水工程、净水工程、输配水工程四部分。图 1-1 所示为室外给水排水系统的基本构成。

一、水源

水源分为地下水源和地表水源。地下水源包括潜水(无压地下水)、自流水(承压地下水)和泉水;地表水源包括江河、湖泊、水库和海洋等水体。

地下水受形成、埋藏和补给等条件的影响,具有水质澄清、水温稳定、分布面广等优点,一般只需简单处理便可使用。地表水主要来自于降雨产生的地表径流的补给,属开放性水体,易受污染,通常浑浊度高(汛期尤为突出),水温变幅大,有机物和细菌含量高,有时还有较高的色度,水质水量随季节变化明显,水体分布受地形条件限制。但是,地表水径流量大且水量充沛,能满足大量的用水需要,矿化度、硬度以及铁、锰等元素含量低。

二、取水工程

取水工程是指从天然水源中取水的一系列设施。它主要包括取水构筑物和取水泵站。根据水源不同可分为地下水取水构筑物和地表水取水构筑物。

1. 地下水取水构筑物

地下取水构筑物形式与地下水类型、埋藏深度、含水层性质等条件有关。取水构筑物有管井、大口井、辐射井、复合井及渗渠等，其中以管井和大口井最为常见。管井的构造见图 1-2。

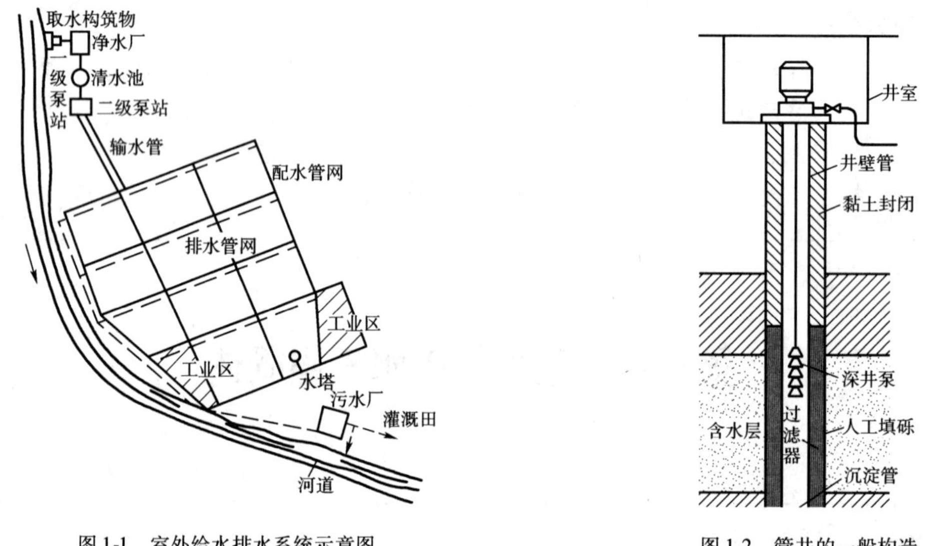

图 1-1　室外给水排水系统示意图

图 1-2　管井的一般构造

2. 地表水取水构筑物

地表水水源是以江河为主。江河水取水构筑物的形式，应根据取水量和水质要求，结合河床地形、河床冲淤、水位变幅、冰冻和航运等情况以及施工条件，在保证取水安全可靠的前提下，通过技术经济比较来确定。地表水取水构筑物常见的形式有河床式(图 1-3)、岸边式、半槽式、缆车式及浮船式等。

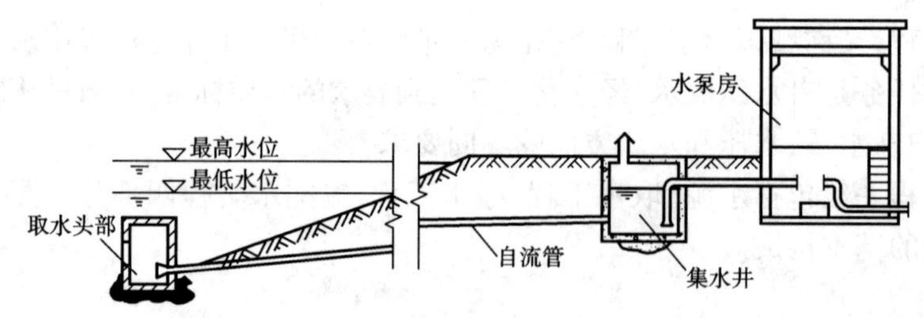

图 1-3　河床式取水构筑物

三、净水工程

净水工程的任务，是对从取水构筑物取得的原水通过必要的处理方法改善水质，使之符合生活或工业等用户所要求的水质标准。生活饮用水的处理须符合我国现行的生活饮用水水质标准。

工业用水的水质标准随工业用户的不同而有较大的变化，如锅炉用水要求水质具有较低的硬度;纺织工业对水中的含铁量限制较严;而制药工业、电子工业则需要含盐量极低的脱盐水。因此,工业用水应按照生产工艺对水质的具体要求来确定相应的水质处理方法。

当以地下水作为饮用水水源时,一般只需采用消毒处理即能达到水质的要求。当以地面水作为生活饮用水时,基本处理方法包括:混凝、沉淀、过滤和消毒。图 1-4 是常用的净水处理流程。

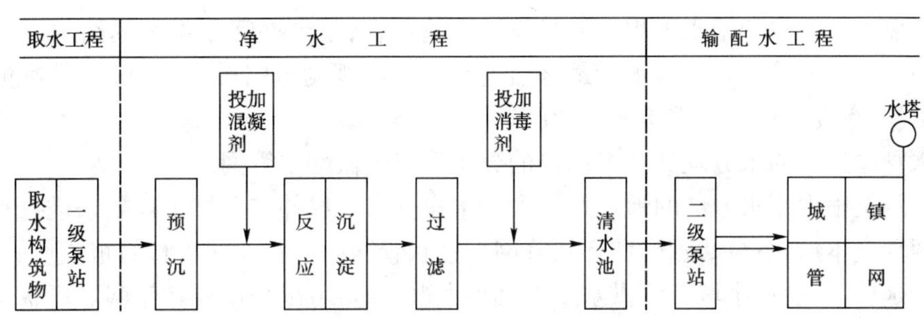

图 1-4 一般净水处理流程示意图

1. 混凝

混凝,即混合絮凝,向水中投加一些药剂(常称为混凝剂),药剂与水通过某种混合设施(水泵、管式或机械混合)快速均匀地混合,使混凝剂对水中的胶体粒子产生电性中和、吸附架桥和卷扫作用,使胶体颗粒互相聚合,在絮凝设施中形成肉眼可见的较大密实絮凝体,絮凝设施主要有隔板絮凝池、折板絮凝池和机械絮凝池,或这几种絮凝池联合使用。

2. 沉淀和沉淀池

沉淀的目的在于除去水中的悬浮物质及胶体物质。原水经投药、混合絮凝后,水中悬浮杂质已形成粗大的絮凝体,依靠重力作用而下沉,在沉淀池中分离出来以完成澄清的作用。

常用的沉淀池有平流式沉淀池,辐流式沉淀池,斜板、斜管式沉淀池等。把混凝、沉淀综合于一体的构筑物称为澄清池。常用的澄清池有悬浮式澄清池、脉冲式澄清池和机械加速澄清池等形式。

3. 过滤

水处理过程中,过滤一般指以石英砂等粒状滤料层截流水中悬浮杂质,从而使水获得澄清的工艺过程。此外,还有硅藻土涂膜过滤及微滤机过滤等过滤方式。滤池通常置于沉淀池之后,当原水浑浊度较低且水质较好时,也可采用原水直接过滤。过滤不仅可进一步降低水的浊度,而且水中有机物、细菌乃至病毒等随水的浊度降低而被部分去除,为过滤后消毒创造良好条件。

4. 消毒

为了保障人们的身体健康,防止水致疾病的传播,饮用水中不应含有致病微生物。消毒并非把微生物全部消灭,只要求消灭致病微生物,同时保证净化后的水在输送到用户之前不被再次污染。

消毒的方法有物理法和化学法。物理法有紫外线、超声波、加热法等;化学法有氯法、氯胺以及臭氧消毒等。氯消毒经济、有效,使用方便,应用历史最久,也是给水处理中最常用的消毒方法。

四、输配水工程

泵站、输水管渠、配水管网和调节构筑物(水塔和水池)总称为输配水工程,它的作用是把净化之后的水输送到用水地区并分配到各用户。对输配水系统的基本要求是:供给用户所需的水量,并保证用户所需的水压及供水的可靠性。输配水工程在给水系统中的工程量和投资份额最大。

1. 输配水管网

输水管渠指从水源到城镇水厂或从城镇水厂到配水管网的管线或渠道。允许间断供水的给水工程或多水源供水的给水工程一般只设一条输水管;不允许间断供水的给水工程一般应设两条或两条以上的输水管。输水管最好沿现有道路或规划道路敷设,并应尽量避免穿越河谷、山脊、沼泽、重要铁道及洪水泛滥淹没的地区。

把输水管输送来的水分配到各个用户的分支管网叫做配水管网。

配水管网是根据用水地区的地形及最大用水户分布情况并结合城市规划来进行布置。给水管网有两种基本形式:枝状管网和环状管网。枝状管网的干管和配水管的布置形似树枝,干线向供水区延伸,一般在小城市中供水要求又不太严格时,可以采用枝状管网。环状管网是管线间连接成环网,每条管均可由两个方向来水,如果一个方向发生故障,还可由另一方向供水,因此供水较为安全可靠。在较大城市一般采用环状管网。

为减少初期建设的投资,居住区建设初期可采用枝状,将来扩建时可发展成环状管网。

2. 泵站

给水泵站是整个给水系统连为一体的枢纽。按其在给水系统中的作用可分为一级泵站和二级泵站。一级泵站的作用是由水源地把水输送至净水构筑物或无需净化时直接由水源地把水输送至配水管网或水塔等调节用水的构筑物。二级泵站的作用是把净水厂已经净化了的水输送到配水管网供用户使用。

3. 调节构筑物

调节构筑物的作用,是调节供水量与用水量之间的不平衡状况,并保证管网所需水压。供水量大于用水量时,水塔或高位水池能够把用水低峰时管网中多余的水暂时储存起来,在用水高峰时再送入管网。

第二节　室外排水工程

室外排水工程又称城镇排水工程,是用来收集、输送、处理、利用和排放城市污水和降水的综合设施。其任务是选择污水和降水的出路,收集、输送污水和降水,合理处理后排放或再利用,保护城市用水环境。

一、污水的分类

城市排水按其来源和性质分为生活污水、工业废水和降水。

生活污水,是指人们在日常生活中使用过的水,如由厕所、浴室、厨房、洗衣房等排出的水。生活污水中含有碳水化合物、蛋白质、脂肪等有机物,含有大量细菌和寄生虫卵等原微生物,具有一定的危害。

工业废水,是指在各种生产过程中排出的污水和废水,不同工业废水的性质差异很大。如冷却用水,其温度较高并无太多的杂质;冶金、建材废水含有较多无机物;食品、炼油、石化等废水含有较多有机物;焦化、化工废水含有较多有机物和无机物。

降水,主要是指雨水和雪水。降水比较清洁,一般雨水不需处理,直接就近排入水体。

二、排水系统的组成

1. 生活污水排水系统

生活污水排水系统的任务是收集居住区和公共建筑的污水并将其送至污水厂,经处理后排放或再利用,有以下几部分组成。

(1)室内污水管网系统和设备,包括接纳污水的各种卫生器具和室内管网系统。

(2)室外污水管网系统,是由庭院管网系统和埋设在城市道路下的污水管网组成的,用来汇集和排除室内污水管网所排出的污水。室外污水管网系统由支管、干管和主干管等管线组成,系统中设有检查井、跌水井、泵站等附属构筑物。

(3)污水泵站,它可以将埋的过深或受到地形等条件限制的低处水提升,可分为中途泵站、终点泵站和局部泵站。

(4)污水处理厂,是为了处理和利用污水、污泥所建造的一系列处理构筑物及设施的综合体。城市污水处理厂一般设置在城市中河流的下游地段,以便于污水的最终排放。

2. 雨水排水系统

雨水排水系统,是用来收集径流的雨水并将其排入水体。该系统由以下几部分组成。

(1)房屋雨水管道系统和设施:用来收集和输送屋面雨水,并将其排入街区雨水管渠。主要包括天沟、雨水斗和水落管及屋面雨水内排水系统。

(2)街道或厂区雨水管线系统:用来收集地面和房屋雨水管道系统排出的雨水,并将其输送到街道雨水管线中。街道雨水管线系统主要包括雨水口、检查井、跌水井及支管干管管线等。

(3)雨水泵站:雨水一般就近排入水体,不需处理。由于雨水径流量大,一般应尽量少设和不设雨水泵站;当自流排放有困难时,设雨水泵站排水。

(4)出水口:雨水经出水口排放水体。

三、室外排水系统的体制

城市和工业企业的生活污水、工业废水和降水的收集与排除方式称为排水系统的体制。排水系统的体制包括分流制与合流制。

1. 合流制排水系统

合流制排水系统是将生活污水、工业废水和雨水混合在同一个管渠系统内排放的系统。

合流制只设置一根干管,在道路断面上所占位置小、易施工、造价低。但合流制是以各种污水的合流量计算干管的断面,故断面尺寸大,晴天流量小易发生沉淀。雨天因雨水、污水合流,污水厂的污水处理量陡然增大,致使污水难以处理或不处理直接排放,因此合流制对水体污染严重,不宜普遍使用。

2. 分流制排水系统

分流制排水系统是将生活污水和工业废水用一套或一套以上的管网系统,而雨水用另一套管网系统排除的排水系统。分流制排水系统根据排除雨水方式的不同,又分为完全分流制和不完全分流制。完全分流制排水系统具有完整的污水排水系统和雨水排水系统;不完全分流制则只有污水排水系统,缓建雨水管道系统,雨水沿自然地面、街道边沟、沟渠等原有雨水渠道系统排泄,待城市进一步发展或有资金时再修建雨水排水系统,逐步完善成完全分流制排水系统。

分流制排水系统中污水和雨水分流虽然占道路断面位置大,总造价较合流制高,但分流制减少污水处理厂的流量负荷,污水处理质量好,符合环境保护的要求,因而被广泛的采用。

排水体制的选择应根据城市总体规划、环境保护的要求、污水利用处理情况、原有排水设施、水环境容量等条件,从全局出发,通过技术经济比较,综合确定。

四、污水处理基本方法

污水处理的目的,就是采用各种技术与手段,将污水中所含的污染物分离去除、回收利用或将其转化为无害物质,使水得到净化。

污水处理的方法可归纳为:物理法、化学法、生物法等。

物理法是利用物理作用来分离废水中的悬浮物。主要方法有筛滤、沉淀、气浮、过滤和反渗透等。

化学法是利用化学反应的作用来处理废水中的溶解物质或胶体物质。其主要处理方法有中和、混凝、电解、氧化、还原、萃取及离子交换等。化学法多用于工业污废水的处理。

生物法是利用微生物的分解作用除去废水中的有机胶体和溶解性的有机物质。包括好氧法和厌氧法。好氧法广泛应用于处理城市污水及有机性生产污水,其中有活性污泥法和生物膜法两种;厌氧法多应用于处理高浓度有机污水与污水处理过程中产生的污泥,现在也开始用于处理城市污水与低浓度有机污水。

城市污水与生产污水中的污染物是多种多样的,往往需要采用几种方法的组合才能达到净化的目的与排放标准,如图 1-5 所示。

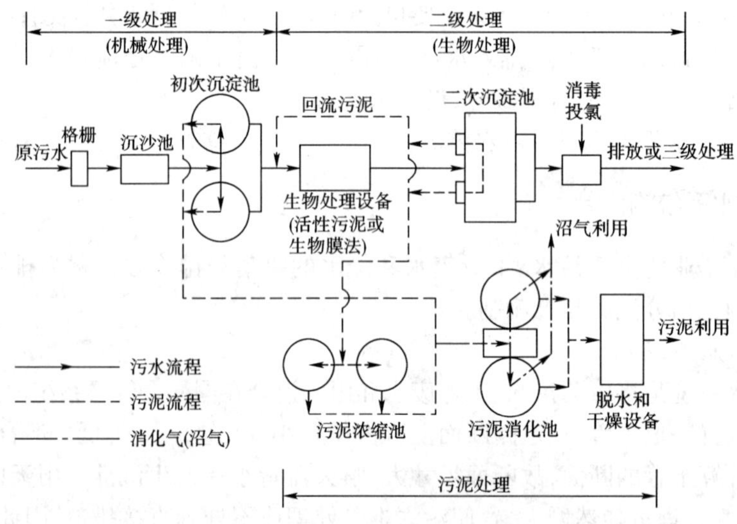

图 1-5　常用城市污水处理流程

现代污水处理技术,按处理程度划分,可分为一级、二级和三级处理。

一级处理,也称机械处理。主要去除污水中呈悬浮状态的固体污染物质,一般只能作为二级处理的预处理。

二级处理,也称生物处理。主要去除污水中呈胶体和溶解状态的有机污染物质,去除率可达 90% 以上,使有机污染物达到排放标准。

三级处理,也称化学处理。它是在一级、二级处理后,进一步处理难降解的有机物、磷和氮等能够导致水体富营养化的可溶性无机物等。

生产污水的处理流程,随工业性质,原料、成品及生产工艺的不同而不同,具体处理方法与流程应根据水质与水量及处理的对象,经调查研究或试验后决定。

思考题及实践练习

1. 简述室外给排水系统的主要任务及主要工程设施。

2. 比较地下水源与地表水源的优缺点。

3. 给水管网建设中,采用环状管网对供水的安全性有何保证?

4. 给水工程中,比较一级泵站和二级泵站的作用。

5. 室外排水系统有哪几种体制? 各有什么有缺点?

6. 污水一般分为哪些类型? 各有什么特点? 常用的污水处理方法有哪些? 污水处理常见的工艺流程是怎样的?

7. 以参观或资料收集方式,调查所在城市或区域的室外给排水系统的构成情况。

第二章　建筑给水工程

本章重点

熟悉建筑室内给水系统的组成，了解系统所需要的水压计算，明确给水方式的确定原则；了解常见的给水管材、附件、设备的特点并且能够进行合理选择；了解建筑消防给水系统的组成及特点，高层建筑给水方式的特点；明确给水管道布置、敷设和安装的基本要求。

第一节　给水系统的分类及组成

建筑给水系统的任务，就是经济合理地将水由城市给水管网（或自备水源）输送到建筑物内部的各种卫生器具、用水龙头、生产装置和消防设备，并满足各用水点对水质、水量、水压的要求。

一、建筑给水系统的分类

建筑给水系统按用途一般分为生活给水系统、生产给水系统和消防给水系统三类。

1. 生活给水系统

为满足民用、公共建筑和工业企业建筑内的饮用、烹调、盥洗、洗涤、沐浴等方面用水需求而设置的给水系统称为生活给水系统。一般生活给水系统除满足所需的水量、水压要求外，其水质必须严格符合国家规定的饮用水水质标准。

2. 生产给水系统

为满足工业企业生产方面用水而设的给水系统称为生产给水系统。例如冷却用水、原料和产品的洗涤用水、锅炉的软化给水及某些工业原料的用水。生产用水对水质、水量、水压的要求因生产工艺及产品不同而异。

3. 消防给水系统

为扑救建筑物火灾而设置的给水系统称为消防给水系统。消防给水系统又划分为消火栓灭火系统和自动喷水灭火系统。消防用水对水质要求不高，但其水量、水压必须符合建筑防火规范要求。

在一幢建筑内，以上三种给水系统可以单独设置，也可以按水质、水压、水量和安全方面的需要，结合室外给水系统的状况，组成不同的共用给水系统。如生活、消防共用给水系统；生活、生产共用给水系统；生产、消防共用给水系统；生活、生产、消防共用给水系统等。

二、建筑给水系统的组成

建筑给水系统，如图 2-1 所示，一般由以下几部分组成。

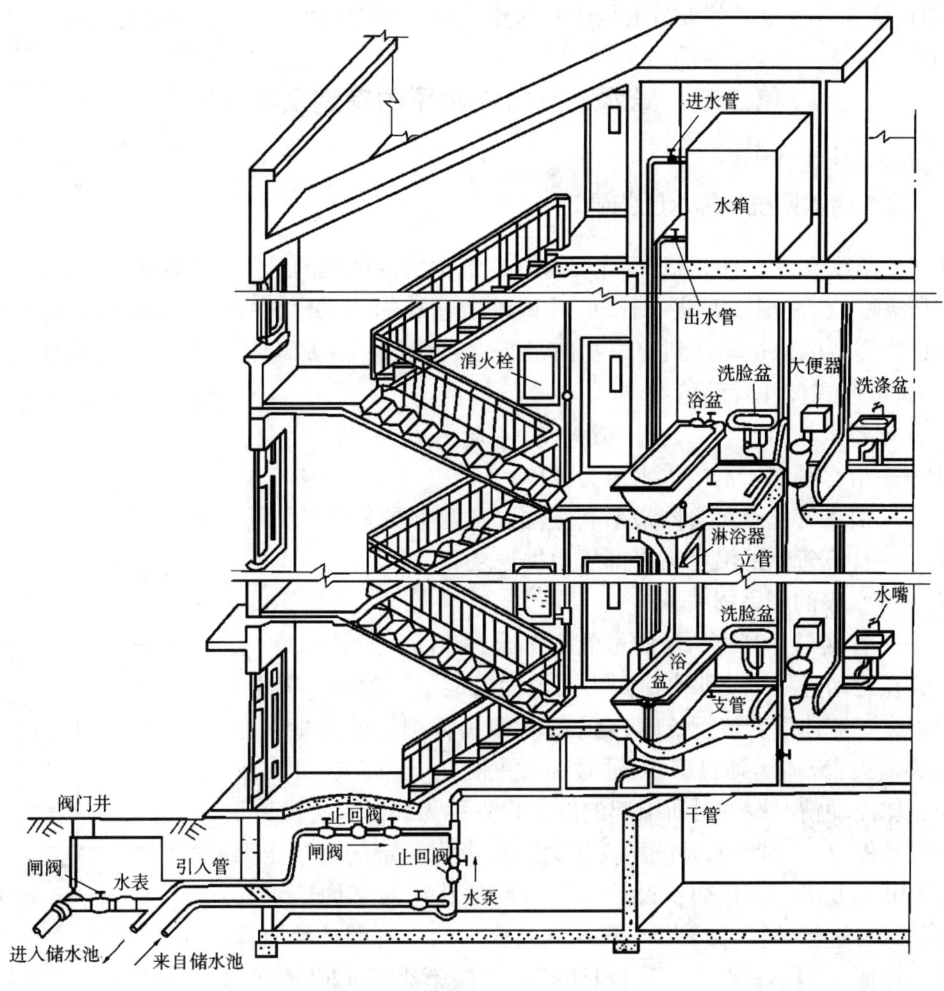

图 2-1　室内给水系统示意图

1. 引入管

引入管是指穿越建筑物承重墙或基础，自室外给水管将水引入室内给水管网的管道，是室外给水管网与室内给水管网之间的联络管段，也称进户管、入户管。

2. 水表节点

水表节点是安装在引入管上的水表及其前后设置的阀门和泄水装置的总称。

3. 给水管网

给水管网指的是由建筑内水平干管、立管和横支管等组成的管道系统。

4. 配水装置与附件

配水装置与附件即配水龙头、消火栓、喷头与各类阀门。

5. 增压和储水设备

当室外给水管网的水量、水压不能满足建筑用水要求或建筑内对供水可靠性、水压稳定性有较高要求时，需要设置各种增压和储水设备，如水箱、水泵、气压给水装置、变频调速给水装置、水池等。

6. 给水局部处理设施

若建筑对给水水质要求超出我国现行生活饮用水卫生标准，或其他原因造成水质不能满足要求时,则需要设置一些设备或构筑物对给水进行深度处理,如二次净化处理等。

第二节　给水系统所需水压的确定及给水方式

一、建筑给水系统所需水压的确定

在建筑给水系统设计开始,首先要得到建筑物所在地区的最低供水压力,并将其与建筑给水系统所需的压力(图 2-2)进行比较,才好确定建筑物的供水方式。建筑给水系统所需压力必须保证将需要的水量输送到建筑物内最高、最远配水点(最不利配水点),并保证有一定的流出压力,可按式(2-1)计算。

$$H = H_1 + H_2 + H_3 + H_4 \tag{2-1}$$

式中:H——给水系统所需的供水压力,kPa;

H_1——引入管起点至管网最不利点位置高度所要求的静水压力,kPa;

H_2——计算管路的沿程与局部压力损失之和,kPa;

H_3——水表的压力损失,kPa;

H_4——管网最不利点所需的最低工作压力,kPa。

水流在运动过程中克服水流阻力而消耗的能量称为水头损失,即压力损失。流体沿着流行长度,克服摩擦阻力而损失的能量称为沿程水头损失;流体运动过程中,通过断面变化处、转向处、分支或其他使流体流动情况改变时所引起的能量损失称为局部水头损失。

在有条件时,建筑给水系统所需压力还应考虑一定的富余压力(一般为 10~30kPa)。在初步设计阶段可用估算法对室内给水管网所需的压力进行估算,一般要求民用建筑生活给水管网从地面算起的最小保证压力,一层建筑不小 100kPa,二层不小于 120kPa,三层及三层以上,每增加一层,增加 40kPa。

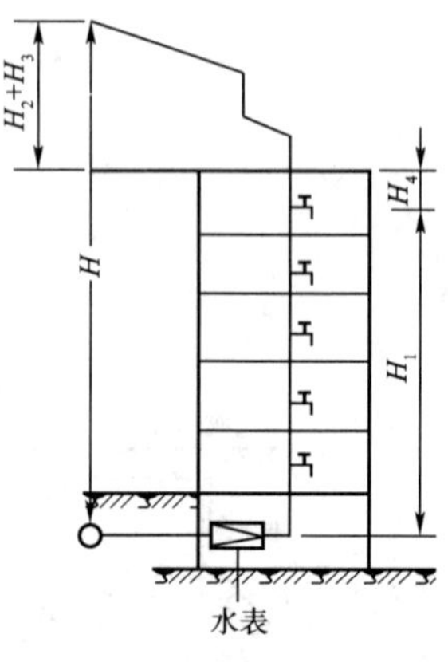

图 2-2　建筑给水系统所需压力

二、室内给水方式

1. 直接给水方式

室内给水管道系统直接与室外供水管网相连,利用室外管网压力直接向室内给水系统供水,如图 2-3 所示。

这种给水方式适用于室外管网水量和水压充足,能够全天保证室内用水要求的地区。

这种给水方式的优点是给水系统简单、投资少、安装维修方便、可充分利用室外管网水压、节约能源;缺点是系统内部无储备水量,室外管网一旦停水,室内系统立即断水。

2. 设水箱的给水方式

在用水低峰时,室外管网压力大于或等于室内管网所需压力,则由室外管网直接向室内管网供水,并向水箱充水;当用水高峰时,室外管网压力不足,则由水箱向室内系统补充供水,如图 2-4 所示。

这种给水方式适用于室外管网水压周期性不足,一般是一天内大部分时间能满足要求,只在用水高峰时刻,由于用水量增加,室外管网水压降低而不能保证建筑的上层用水,并且允许设置水箱的建筑物。

这种给水方式的优点是系统比较简单,投资较省;充分利用室外管网的压力供水,节省电耗,同时,系统具有一定的储备水量,供水的安全可靠性较好;缺点是系统设置了高位水箱,增加了建筑物的结构荷载,并给建筑设计的立面处理带来一定难度,若管理不当,水箱的水质易受到污染。

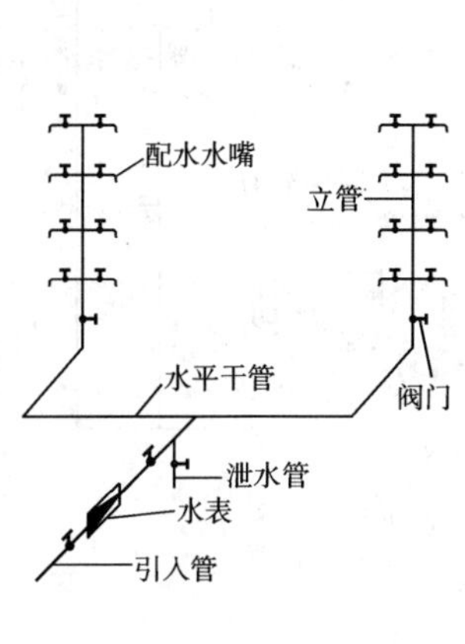

图 2-3 直接给水方式

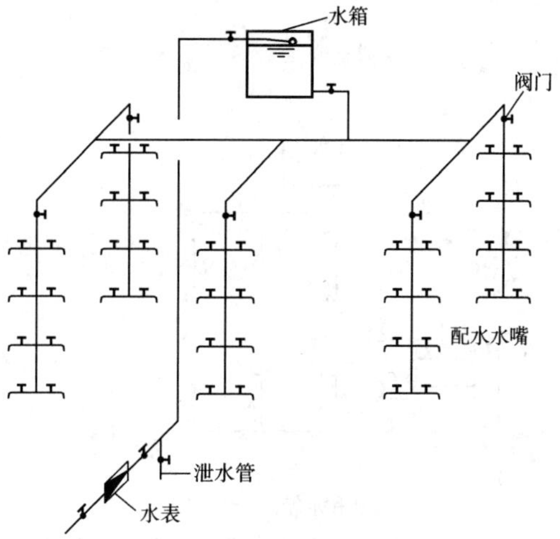

水箱
阀门
配水水嘴
泄水管
水表

图 2-4 设水箱的给水方式

3. 设水泵的给水方式

这种给水方式适用于室外管网水压经常性不足的生产车间、住宅楼或者居住小区集中加压供水系统。当室外管网压力不能满足室内管网所需压力时,利用水泵进行加压后向室内给水系统供水,如图 2-5 所示。

当建筑物内用水量大且较均匀时,可采用恒速水泵供水;当建筑物内用水不均匀时,宜采用自动变频调速水泵供水,以提高水泵的运行效率,达到节能的目的。

这种给水方式避免了以上设水箱的缺点,但是,若水泵直接从室外管网抽水,有可能使外网压力降低,影响外网上其他用户用水,甚至造成外网负压,引起管外污水从管道接口不严密处渗入,造成水质污染。因此,市政给水管理部门明确规定,不允许生活用水水泵直接从室外管网吸水,而必须设置断流水池或吸水井。断流水池可以兼作储水池使用,增加供水的安全性。

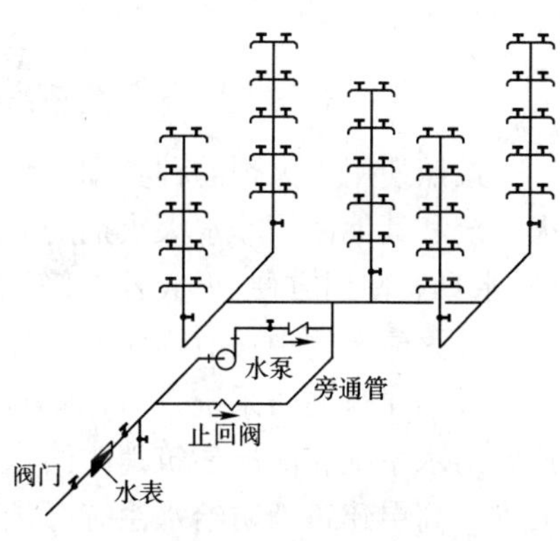

图 2-5 设水泵的给水方式

4. 设储水池、水泵和水箱的给水方式

这种给水方式适用于当室外给水管网水量、水压经常性不足,且又不允许直接从室外管网吸水,并且室内用水不均匀的情况。水泵从储水池吸水,经加压后送到高位水箱或直接送给系统用户使用。当水泵供水量大于系统用水量时,多余的水充入水箱储存;当水泵供水量小于系统用水量时,则由水箱出水,向系统补充供水,以满足室内用水要求,如图 2-6 所示。

这种给水方式由水泵和水箱联合工作,水泵及时向水箱充水、可以减小水箱容积,同时在水箱的调节下,水泵的工作稳定、能经常处在高效率下工作、省电,停水、停电时可延时供水、供水可靠、供水压力较稳定;缺点是系统投资较大,且水泵工作时会带来一定的噪声干扰。

5. 设气压给水装置的给水方式

气压给水装置是利用密闭储罐内空气的压缩或膨胀使水压上升或下降的特点来储存、调节和压送水量的给水装置，其作用相当于高位水箱和水塔，但其位置可根据需要较灵活地设在高处或低处。其工作流程是水泵从储水池吸水，经加压后送至给水系统和气压水罐内；停泵时，再由气压水罐向室内给水系统供水。水泵的启停由气压罐的水位高低进行控制。如图2-7所示。

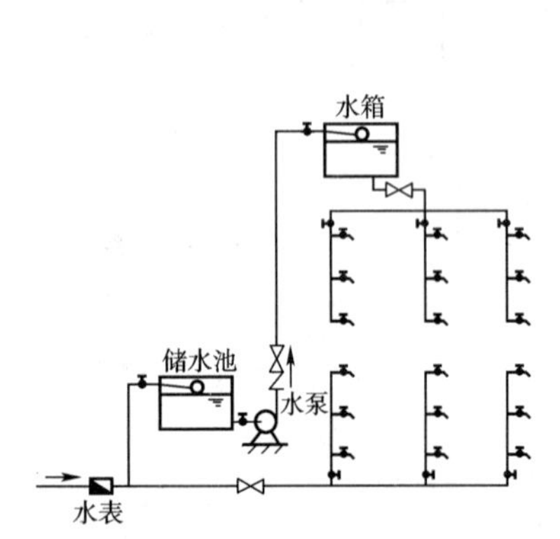

图2-6 设储水池、水泵和水箱的给水方式

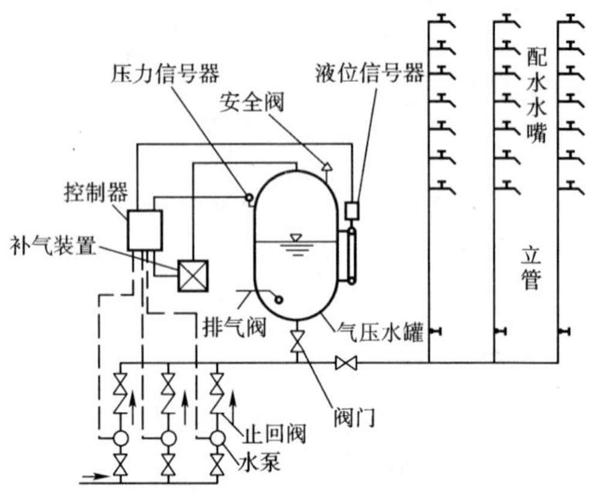

图2-7 设气压给水装置的给水方式

这种给水方式适用于室外管网水压经常不足，室内用水不均匀，且不宜设置高位水箱或水塔的建筑，但对于压力要求稳定的用户不适宜。

这种给水方式的优点是设备可设在建筑物的任何高度上、安装方便、具有较大的灵活性，水质不易受污染，投资省、建设周期短，便于实现自动化控制等；缺点是给水压力波动较大，管理及运行费用较高，水量调节能力小。

第三节 消防给水系统

按照使用灭火剂的种类和灭火方式，建筑消防系统可分为：消火栓给水系统、自动喷水灭火系统和其他使用非水灭火剂的固定灭火系统。相对于二氧化碳、干粉、泡沫、卤代烷等灭火剂，水具有使用方便、灭火效果好、来源广泛、价格便宜、器材简易等优点，因此，建筑消防给水用于扑灭建筑物中一般物质的火灾，是最经济有效的方法。

我国建筑消防系统，按目前消防登高设备的工作高度和消防车的供水能力分为：低层建筑消防给水系统和高层建筑消防给水系统。低层建筑消防给水系统，主要用于扑灭建筑物初期火灾。高层建筑消防给水系统必须立足于自救，因此高层建筑的室内消防给水系统应具有扑灭建筑物大火的能力。

按消防给水系统的救火方式分为：消火栓给水系统和自动喷水灭火系统等。消火栓给水系统由水枪喷水灭火，系统简单，工程造价低，是我国目前各类建筑普遍采用的消防给水系统。自动喷水灭火系统由喷头喷水灭火，系统自动喷水并发出报警信号，灭火、控火成功率高，是当今世界上广泛采用的固定灭火设施，但因工程造价高，目前我国主要用于建筑内消防要求高、火灾危险性大的场所。

一、建筑消火栓给水系统

1. 建筑消火栓给水系统的组成

室内消火栓给水系统由水枪、水龙带、消火栓、消防水喉、消防管道、消防水池、水箱、增压设备和水源等组成。当室外给水管网的水压不能满足室内消防要求时，应当设置消防水泵和消防水箱。图 2-8 所示为高层建筑室内消火栓系统。

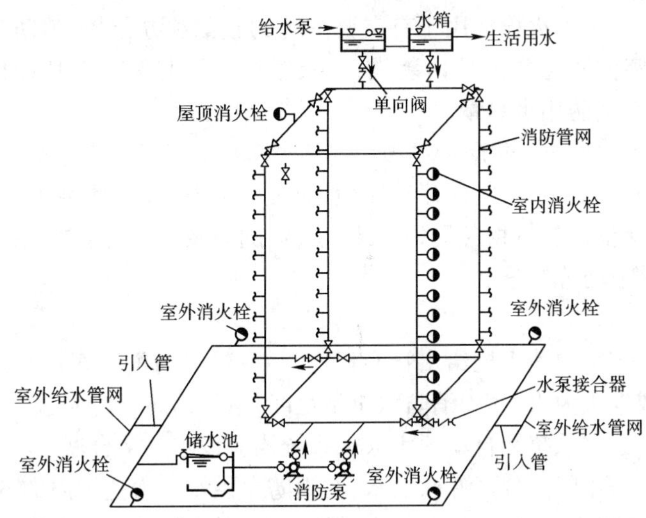

图 2-8　高层建筑消火栓给水系统组成

1）水枪、水龙带、消火栓

水枪的作用在于收缩水流，产生击灭火焰的充实水柱。水枪的喷嘴直径分别为 13mm、16mm、19mm，另一端有与水龙带相连接的接口，口径有 50mm 和 65mm 两种。

水龙带是连接消火栓与水枪的输水管线，材料有棉织、麻织和化纤等。水龙带长度有 15m、20m、25m、30m。直径分为 50mm 和 65mm 两种。

消火栓有单出口和双出口之分，均为内扣式接口，如图 2-9 所示。单出口消火栓直径有 50mm 和 65mm 两种，双出口消火栓直径为 65mm。

当水枪射流量小于 5L/s 时，采用 50mm 口径消火栓，配用喷嘴为 13mm 或 16mm 的水枪，当水枪射流量大于或等于 5L/s 时，应采用 65mm 口径消火栓，配用喷嘴为 19mm 的水枪。消火栓、水龙带、水枪均设在消火栓箱内，如图 2-10 所示。设置消防水泵的系统，其消火栓箱应设启动水泵的消防按钮，并应有保护按钮设施。

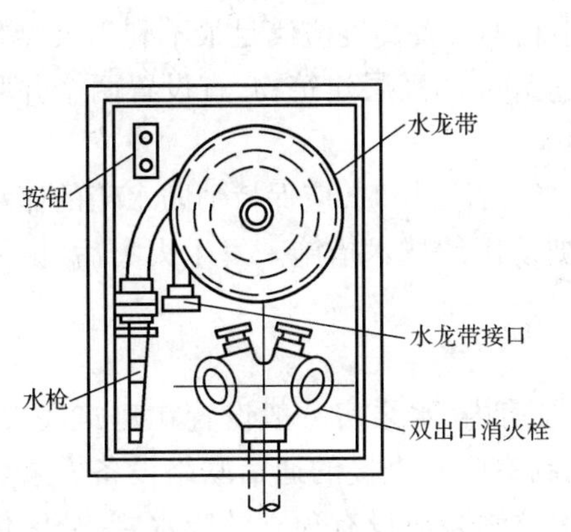

图 2-9　双出口消火栓

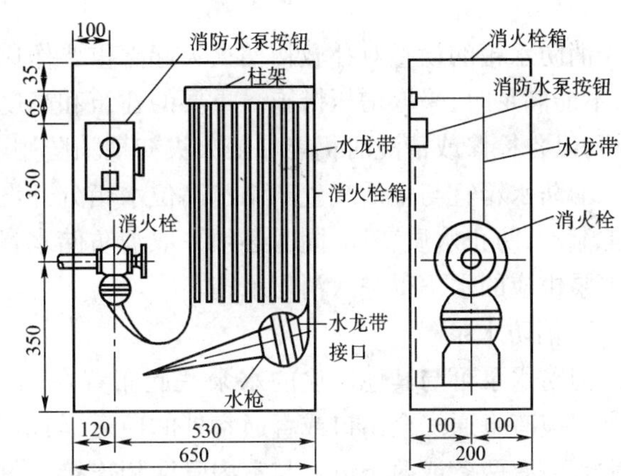

图 2-10　室内消火栓箱(尺寸单位:mm)

消火栓箱有双开门和单开门，又有明装、半明装和暗装三种形式，在同一建筑内，应采用同一规格的消火栓、水龙带和水枪，以便于维修。

2）消防水喉

消防水喉是一种重要的辅助灭火设备,按其设置条件有自救式小口径消火栓和消防软管卷盘两类。自救式小口径消火栓适用于有空调系统的旅馆和办公楼,消防软管卷盘适于大型剧院(超过 1 500 个座位)、会堂闷顶内装设,对及时控制初起火灾有特殊作用。因用水量较少,其用水量可不计入消防用水总量。

3)屋顶消火栓

在建筑内设有消火栓给水系统的建筑屋顶,应设一个消火栓,目的是检查消火栓给水系统是否能正常运行,并保证本建筑物免受邻近建筑火灾的波及。在可能冻结的地区,屋顶消火栓应设在水箱间内或采取防冻措施。

4)水泵接合器

水泵接合器一端与室内消火栓给水管网相连,另一端可与消防车或移动水泵相连。当室内消防泵发生故障或发生大火,室内消防水量不足时,室外消防车可通过水泵接合器向室内消防管网供水。消火栓给水系统和自动喷水灭火系统均应设水泵接合器。

若消防给水系统采用竖向分区并联供水,在消防车供水压力范围内的各区,应分别设水泵接合器;若采用分区串联供水,可在下区设水泵接合器,供全楼使用。水泵接合器有地上式、地下式和墙壁式三种,可根据当地气温等条件选用。设置数量应根据每个水泵接合器的出水量 10 ~ 15L/s 和全部室内消防用水量全部由水泵接合器供给的原则计算确定。

水泵接合器的接口为双接口,每个接口直径为 65mm 及 80mm 两种,它与室内管网的连接管直径不应小于 100mm,并应设有阀门、单向阀和安全阀。水泵接合器周围 15 ~ 40m 内应设室外消火栓、消防水池或有可靠的天然水源,并应设在室外消防车通行和使用的地方。

5)减压设施

室内消火栓处的静水压力不应超过 $80mH_2O$①,如超过时宜采用分区给水系统或在消防管网上设置减压阀。消火栓栓口处的出水压力超过 $50mH_2O$ 时,应在消火栓栓口前设减压节流孔板。设置减压设施的目的在于保证消防储水的正常使用和消防队员便于掌握好水枪。若出流量过大,将会迅速用完消防储水;若系统下部消火栓口压力增大,灭火时水枪反作用力随之增大,消防队员就难以掌握水枪对准着火点,影响灭火效果。

6)消防水箱

消防水箱的设置对扑救初期火灾起着重要作用。水箱的设置高度应满足最不利消火栓要求,不能满足时,采取增压措施。重要的建筑和高度超过 50m 的高层建筑物,宜设置两个并联水箱,以备检修或清洗时仍能保证火灾初期消防用水。

消防水箱宜与生活或生产用水高位水箱分开设置,当二者合用时,应保持消防水箱的储水经常流动,防止水质变坏,同时必须采取消防储水量不被动用的技术措施。发生火灾后,由消防水泵供应的水不得进入消防水箱。

7)消防水泵

消防水泵可与其他用途的水泵一起布置在同一水泵房内,水泵房一般设置在建筑底层。水泵房应有直通安全出口或直通室外的通道,与消防控制室应有直接的通信联络设备。泵房出水管应有两条或两条以上与室内管网相连接。每台消防水泵应设有独立的吸水管,分区供水的室内消防给水系统,每区的进水管亦不应少于两条。在水泵的出水管上应装设试验与检查用的出水阀门。

---

① $1mmH_2O = 10Pa$。

8）消防水池

当生产和生活用水量达到最大时，若市政给水管道、进水管或天然水源不能满足室内外消防用水量，市政给水管网为枝状或只有一条进水管，且室内外消防用水量之和大于25L/s时，应设消防水池。消防水池的容量应满足在火灾延续时间内，室内外消防用水总量的要求。

2. 室内消火栓给水系统的布置

1）室内消火栓布置

设置消火栓给水系统的建筑各层均设消火栓，并保证有两支水枪的充实水柱同时到达室内任何部位。只有建筑高度小于或等于24m，且体积小于或等于5 000m³的库房，可采用一支水枪的充实水柱到达任何部位。

充实水柱是指从消防水枪射出的消防射流中最有效的一段射流长度，它占全部消防射流量的75%~90%，在直径为26~38mm的圆断面内通过，并保持紧密状态，具有扑灭火灾的能力。

消火栓的保护半径R的计算公式见式(2-2)：

$$R = 0.8L + H_m \cos 45° \tag{2-2}$$

式中：L——水龙带长度，m；

0.8——水龙带转弯曲折的折减系数；

H_m——充实水柱长度，m。

消火栓布置间距，有如图2-11所示的几种方式。

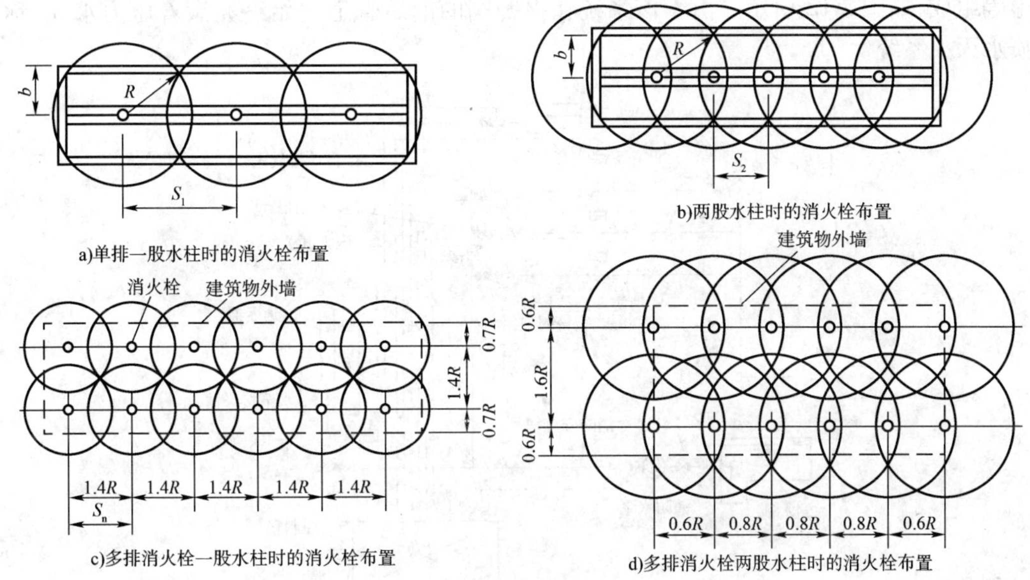

图2-11　消火栓布置位置

消火栓应设在明显易取用地点，如耐火的楼梯间、走廊、大厅和车间出入口等。消防电梯前室应设消火栓，以便消防人员打开救火通道和淋水降温，以减少辐射热的影响。消火栓口离安装处地面高度为1.1m，其出口宜向下或与设置消火栓的墙面成90°角。

2）室内消防管道布置

高层建筑消火栓给水系统应独立设置，其管网要求布置成环状，使每个消火栓得到双向供水。引入管不应少于两条。一般建筑室内消火栓超过10个、室外消防用水量大于15L/s时，引入管也不应少于两条，并应将室内管道连成环状或将引入管与室外管道连成环状。但7层至9层的单元式住宅和不超过9层的通廊式住宅，设置环管有一定困难，允许消防给水管枝状布置和采用一条引入管。

二、自动喷水灭火系统

1. 概述

自动喷水灭火系统是一种在发生火灾时,能自动喷水灭火并同时发出火警信号的灭火系统。这种灭火系统具有很高的灵敏度和灭火成功率,是扑灭建筑初期火灾非常有效的一种灭火设备。在经济发达国家的消防规范中,几乎要求所有应该设置灭火设备的建筑都采用自动喷水灭火系统,以保证生命财产安全。

自动喷水灭火系统按喷头开闭形式,分为闭式喷水系统和开式喷水系统。闭式喷水系统可分为湿式自动喷水灭火系统、干式自动喷水灭火系统、干湿式自动喷水灭火系统、预作用自动喷水灭火系统等;开式自动喷水灭火系统可分为雨淋灭火系统、水幕系统、水喷雾系统等。

2. 闭式自动喷水灭火系统

1)湿式自动喷水灭火系统

湿式自动喷水灭火系统是世界上使用最早、应用最广泛、灭火速度快、控火率较高、系统比较简单的一种自动喷水灭火系统。系统管网始终充满水,该系统适用于室内温度为4~70℃的建筑物、构筑物。湿式喷水灭火系统是由闭式喷头、管道系统、湿式报警阀、报警装置和供水设施等组成,如图2-12所示。由于该系统在报警阀的前后管道内始终充满着压力水,故称湿式喷水灭火系统。

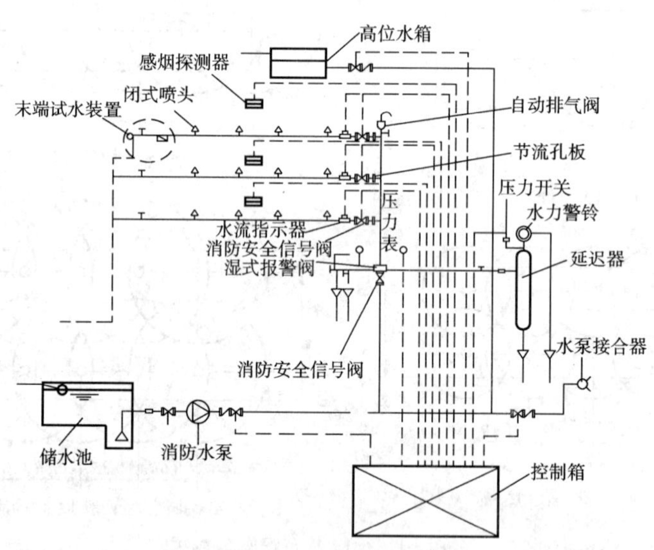

图2-12 湿式自动喷水灭火系统

火灾发生时,高温火焰或高温气流使闭式喷头的热敏感元件炸裂或熔化脱落,喷水灭火。此时,管网中的水由静止变为流动,则水流指示器就接受到感应送出信号。在报警控制器上指标某一区域已在喷水,持续喷水造成湿式报警阀的上部水压低于下部水压,原来处于关闭状态的阀片自动开启。此时,压力水通过湿式报警阀,流向干管和配水管,同时水进入延迟器,继而压力开关动作、水力警铃发出火警声号。此外,压力开关直接连锁自动启动消防水泵或根据水流指示器和压力开关的信号,控制器自动启动消防水泵向管网加压供水,达到持续自动喷水灭火的目的。

2）干式喷水灭火系统

平时该系统喷水管网充满有压的气体，只在报警阀前的管道中经常充满有压的水。火灾发生时，闭式喷头打开，首先喷出压缩空气，配水管网内气压降低，利用压差将干式报警阀打开，水流入配水管网，再从喷头流出，同时水流到达压力继电器报警装置发出报警信号。

干式喷水灭火系统适用于环境在4℃以下或70℃以上，而不宜采用湿式喷水灭火系统的地方，其喷头应向上安装（干式悬吊型喷头除外）。

3）干湿式自动喷水灭火系统

干湿式喷水灭火系统，一般由闭式喷头、管道系统、充气双重作用阀、报警装置、供水设备、探测器和控制系统等组成。这种系统具有湿式和干式喷水灭火系统的性能，安装在冬季采暖期不长的建筑物内，寒冷季节为干式系统，温暖季节为湿式系统，系统形式基本与干式系统相同，主要区别是报警阀采用的是干湿式报警阀。

4）预作用自动喷水灭火系统

预作用自动喷水灭火系统，喷水网中平时不充水，而充以有压或无压的气体，发生火灾时，由火灾探测器接到信号后，自动启动预作用阀门而向配水管网冲水。当起火房间内温度继续升高，闭式喷头的闭锁装置脱落，喷头即自动喷水灭火。预作用系统一般适用于平时不允许有水渍损失的高级重要的建筑物内或干式喷水灭火系统适用的场所。

3. 开式自动喷水灭火系统

开式自动喷水灭火系统，按其喷水形式的不同而分为雨淋灭火系统、水幕灭火系统和水喷雾灭火系统等，通常布设在火势猛烈、蔓延迅速的严重危险级建筑物和场所。

雨淋灭火系统用于扑灭大面积火灾。如火柴厂的氯酸钾压碾车间；建筑面积超过60m^{2}或储存量超过2t的硝化棉、喷漆棉、火胶棉、赛璐珞胶片、硝化纤维库房；超过1 200个座位的剧院和超过2 000个座位的会堂舞台的葡萄架下部；建筑面积超过400m^{2}的演播室，建筑面积超过500m^{2}的电影摄影棚等。

当保护的区域内一旦发生火灾，水流立即充满整个雨淋系统管网，雨淋阀控制的管道上所有开式喷头同时喷水，可以在瞬间像下暴雨般喷出大量的水覆盖火区，达到灭火目的。系统组成如图2-13所示。

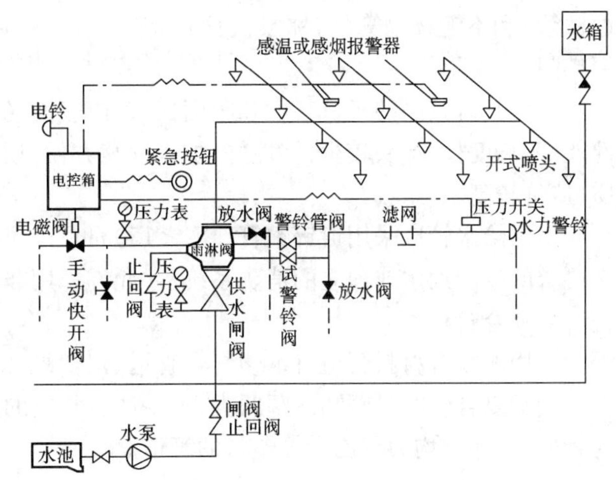

图2-13 雨淋喷水灭火系统

消防水幕系统不以灭火为主要目的。该系统是将水喷洒成水帘幕状，用以冷却防火分隔物，提高防火分隔物的耐火性能；或利用防火水帘阻止火焰和热辐射穿过开口部位，防止火势扩大和火灾蔓延。水幕系统由水幕喷头、管网、雨淋阀、供水设备和探测报警装置等组成。水幕灭火系统应设在防火墙等隔断物而无法设置的开口部分，如大型剧院、会堂、礼堂的舞台口，防火卷帘或防火幕的上部。

水喷雾灭火系统在系统组成上与雨淋系统基本相似，所不同的是该系统使用的是一种喷雾喷头。这种喷头有螺旋状叶片，当有一定压力的水通过喷头时，叶片旋转，在离心力作用下，同时产生机械撞击作用和机械强化作用,使水形成雾状喷向被保护部位。

第四节　给水管材、附件和设备

一、给水常用管材

给水管材应根据给水要求选用。建筑给水和热水供应管材常用的有塑料管、有衬里的铸铁管和经可靠防腐处理的钢管、铜管、不锈钢管、复合管等。

1. 塑料管

给水塑料管管材有聚氯乙烯管、聚乙烯管(高密度聚乙烯管、交联聚乙烯管)、聚丙烯管、聚丁烯管和 ABS 管等。

塑料管有良好的化学稳定性,耐腐蚀,不受酸、碱、盐、油类等物质的侵蚀;物理机械性能也很好,不燃烧、无不良气味、质轻且坚,比重仅为钢的 1/5,运输安装方便;管壁光滑、水流阻力小;容易切割,还可制造成各种颜色,也可代替金属管材以节省金属。当前,已有专供输送热水使用的塑料管,其使用温度可达 95℃。为了防止管网水质污染,塑料管的推广使用正在加速进行,并将逐步替代质地较差的金属管。

2. 给水铸铁管

我国生产的给水铸铁管,按其材质分为球墨铸铁管和普通灰口铸铁管,按其浇注形式分为砂型离心铸铁直管和连续铸铁直管(但目前市场上小口径球墨铸铁管较少)。铸铁管具有耐腐蚀性强、使用期长、造价低等优点,因此在管径大于 70mm 时常用作埋地管;其缺点是性脆、长度小、质量大等。

3. 钢管

用于给水工程中的钢管主要有焊接钢管和无缝钢管两种。焊接钢管又分镀锌钢管(俗称白铁管)和不镀锌钢管(俗称黑铁管)。钢管镀锌的目的是防锈、防腐、避免水质变坏、延长使用年限。

钢管具有较高的机械强度和刚度,管道内表面光滑、水利条件好,承受流体的压力大,抗震性能好,长度长,接头较少,韧性好,加工安装方便,质量比铸铁管轻,但抗腐蚀性差,易影响水质,造价较高。

生活给水管应采用镀锌钢管($DN<150mm$)。只有水流经常流动的管道及对水质没有特殊要求的生产用水或独立的消防系统,才允许采用非镀锌钢管。

4. 复合管材

常用的复合材料管道有钢塑复合管道、铝塑复合管道等。

钢塑复合管有衬塑和涂塑两类,也生产有相应的配件、附件。铝塑复合管是中间以铝合金为骨架,内外壁均为聚乙烯等塑料的管道。

5. 其他管材

其他管材包括:铜管、不锈钢管等。

铜管可以有效地防止卫生洁具被污染,且光亮美观、豪华气派。目前其连接配件、阀门等也配套产出。但由于管材价格较高,现多用于宾馆等较高级的建筑之中。

不锈钢管表面光滑,亮洁美观,摩擦阻力小;质量较轻,强度高且有良好的韧性,容易加工;耐腐蚀性能优异,无毒无害,安全可靠,不影响水质。其配件、阀门均已配套。

管材的选用，应根据水质要求及建筑物使用要求等因素确定。生活给水应选用有利于水质保护和连接方便的管材。一般可选用塑料管、铝(钢)塑复合管、钢管等。生活直饮水管材可选用不锈钢管、铜管等。消防与生活共用的给水系统中，消防给水管材应与生活给水管材相同。自动喷水灭火系统的消防给水管可采用热浸镀锌钢管、塑料管、塑料复合管、铜管等管材。埋地给水管道一般可采用塑料管或有衬里的球墨铸铁管和经可靠防腐处理的钢管等。

二、管道配件与管道连接

管道配件是指在管道系统中起连接、变径、转向、分支等作用的零件，又称管件。各种不同管材有相应的管道配件，管道配件有带螺纹接头(多用于塑料管、钢管，如图 2-14 所示)、带法兰接头、带承插接头(多用于铸铁管、塑料管)等几种形式。

常用各种管材的连接方法如下：

1. 塑料管的连接方法

塑料管的连接方法有：螺纹连接(其配件为注塑制品)、焊接(热空气焊、热熔焊、电熔焊)、法兰连接、螺纹卡套压接，还有承插接口、胶黏连接等。

2. 铸铁管的连接方法

铸铁管的连接多用承插方式连接，连接阀门等处也用法兰盘连接。承插接口有柔性接口和刚性接口两类，柔性接口采用橡胶圈接口；刚性接口采用石棉水泥接口、膨胀性填料接口、重要场合可用铅接口。铸铁管的管道配件有弯头、三通、四通、大小头、双承短管等。

3. 钢管的连接方法

钢管的连接方法有螺纹连接、焊接和法兰连接。

(1)螺纹连接，即利用带螺纹的管道配件连接。配件大都用可锻铸铁制成，分镀锌与不镀锌两种，其抗腐性及机械强度均较大。目前钢制配件较少。镀锌钢管必须用螺纹连接，其配件也应为镀锌配件。这种方法多用于明装管道。

(2)焊接，是用焊机、焊条烧焊将两段管道连接在一起。这种连接方式的优点是：接头紧密、不漏水、不需配件、施工迅速，但无法拆卸。焊接只适用于不镀锌钢管。这种方法多用于暗装管道。

(3)法兰连接，在较大管径(50mm 以上)的管道上，常将法兰盘焊接(或用螺纹连接)在管端，再以螺栓将两个法兰连接在一起，进而两段管道也就连接在一起了。法兰连接一般用在连接阀门、止回阀、水表、水泵等处，以及需要经常拆卸、检修的管段上。

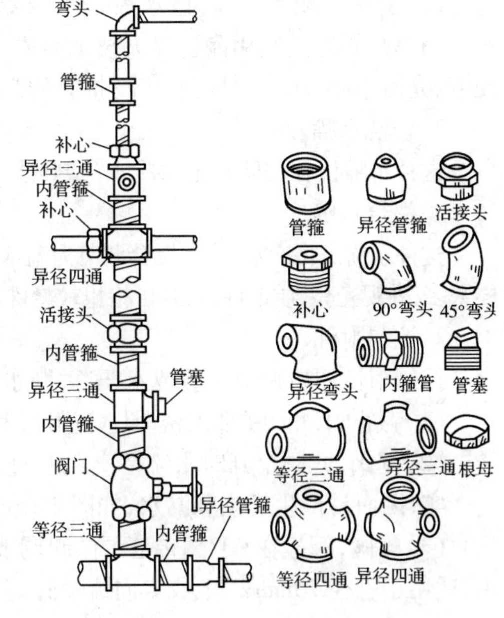

图 2-14 钢管螺纹管道配件及连接方法

4. 铜管的连接方法

铜管的连接方法有：螺纹卡套压接、焊接(有内置锡环焊接配件、内置银合金环焊接配件、加添焊药焊接配件)等。

5. 不锈钢管的连接方法

不锈钢管一般有焊接、螺纹连接、法兰连接、卡套压接和铰口连接等。

6. 复合管的连接方法

钢塑复合管一般用螺纹连接，其配件一般也是钢塑制品。铝塑复合管一般采用螺纹卡套压接，其配件一般是铜制品，它是先将配件螺母套在管道端头，再把配件内芯套入端内，然后用扳手扳紧配件与螺母即可。

三、管道附件

管道附件是给水管网系统中调节水量、水压，控制水流方向，关断水流等各类装置的总称，可分为配水附件和控制附件两类。

1. 配水附件

配水附件用以调节和分配水流，其种类介绍如下。

1）配水水嘴

（1）截止阀式配水水嘴：一般安装在洗涤盆、污水盆、盥洗槽上。由于该水嘴阻力较大，其橡胶衬垫容易磨损，使之漏水，故一些发达城市正逐渐淘汰此种铸铁水嘴，取而代之的是塑料制品和不锈钢制品等。

（2）旋塞式配水水嘴：该水嘴旋转90°即完全开启，可在短时间内获得较大流量，阻力也较小，缺点是易产生水击，适用于浴池、洗衣房、开水间等处。

（3）瓷片式配水水嘴：该水嘴采用陶瓷片阀芯代替橡胶衬垫，解决了普通水嘴的漏水问题。陶瓷片阀芯是利用陶瓷淬火技术制成的一种耐用材料，它能承受高温及高腐蚀，有很高的硬度，光滑平整、耐磨，是现在广泛推荐的产品，但价格较贵。

2）盥洗水嘴

这种水嘴设在洗脸盆上供冷水（或热水）用，有莲蓬头式、鸭嘴式、角式、长脖式等多种形式。

3）混合水嘴

这种水嘴是将冷水、热水混合调节为温水的水嘴，供盥洗、洗涤、沐浴等使用。该类新型水嘴式样繁多、外观光亮、质地优良，其价格也较悬殊。此外，还有皮带水嘴、消防水嘴、电子自动水嘴等。

2. 控制附件

控制附件用以调节水量或水压、关断水流、改变水流方向等。

（1）截止阀，此阀关闭严密，但水流阻力大，适用在管径≤50mm的管道上，如图2-15a）所示。

（2）闸阀，此阀全开时水流呈直线通过，阻力较小。但如有杂质落入阀座后，阀门不能关闭严实，因而易产生磨损和漏水，如图2-15b）所示。当管径在70mm以上时采用此阀。

（3）蝶阀，阀板在90°翻转范围内起调节、节流和关闭作用，操作扭矩小，启闭方便，体积较小，适用于管径70mm以上或双向流动管道上，如图2-15c）所示。

（4）止回阀，用以阻止水流反向流动。常用的有以下四种类型：

①旋启式止回阀在水平、垂直管道上均可设置，它启闭迅速，易引起水击，不宜在压力大的管道系统中采用，如图2-15d）所示。

②升降式止回阀是靠上下游压力差使阀盘自动启闭。水流阻力较大，宜用于小管径的水平管道上，如图2-15e）所示。

③消声止回阀是当水流向前流动时，推动阀瓣压缩弹簧，阀门打开。水流停止流动时，阀瓣在弹簧作用下在水击到来前即关阀，可消除阀门关闭时的水击冲击和噪声，如图2-15f）所示。

④梭式止回阀是利用压差梭动原理制造的新型止回阀，不但水流阻力小，而且密闭性能好，如图2-15g）所示。

(5)浮球阀,是一种用以自动控制水箱、水池水位的阀门,防止溢流浪费,如图2-15h)所示(还有其他式样)。其缺点是:体积较大,阀芯易卡住引起关闭不严而使水箱溢水。

与浮球阀功用相同的还有液压水位控制阀,如图2-15i)所示。它克服了浮球阀的弊端,是浮球阀的升级换代产品。

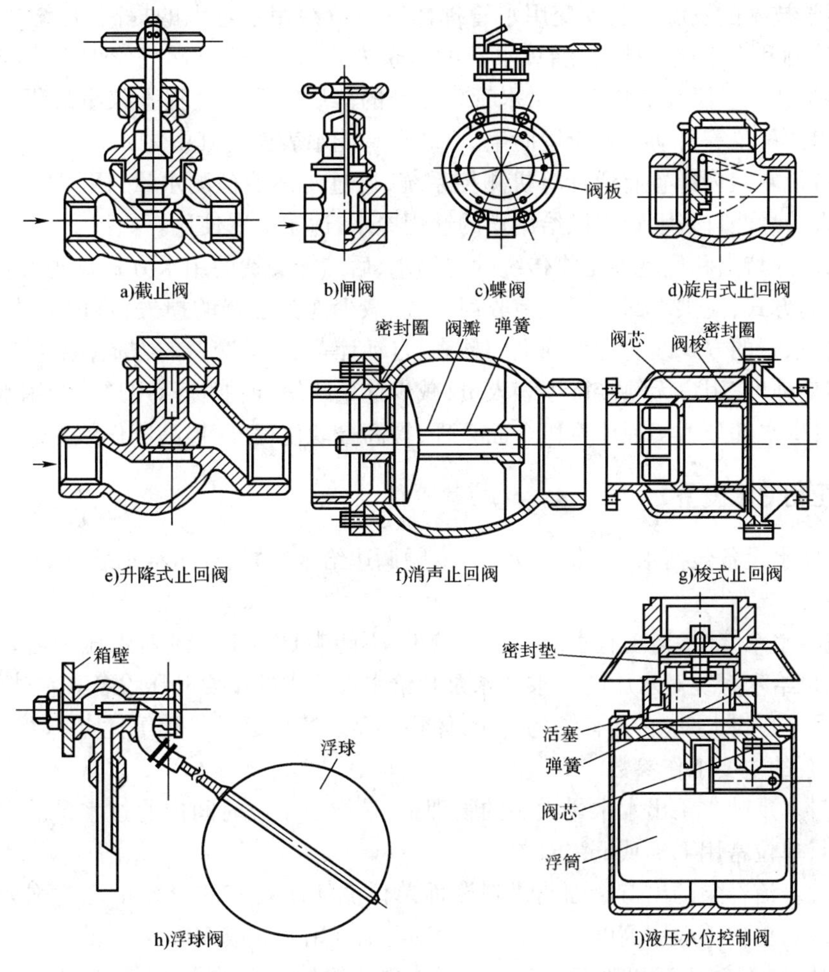

图2-15　各类阀门

(6)减压阀,其作用是降低水流压力。在高层建筑中使用它,可以简化给水系统,减少水泵数量或减少减压水箱,同时可增加建筑的使用面积,降低投资,防止水质的二次污染。在消火栓给水系统中可用它防止消火栓栓口处超压现象,因此,它的使用已越来越广泛。

减压阀常用的有两种类型,即弹簧式减压阀和活塞式减压阀(也称比例式减压阀)。

(7)安全阀,是一种保安器材。管网中安装此阀可以避免管网、用具或密闭水箱超压遭到破坏。一般有弹簧式、杠杆式两种。除上述各种控制阀之外,还有脚踏阀、压式脚踏阀、水力控制阀、弹性座封闸阀、静音式止回阀、泄压阀、排气阀、温度调节阀等。

四、水表

1.流速式水表

建筑内部给水系统中,广泛采用的是流速式水表。按叶轮构造不同,流速式水表分旋翼式

(又称叶轮式)和螺翼式两种。旋翼式的叶轮转轴与水流方向垂直,阻力较大,起步流量和计量范围较小,多为小口径水表,用来计量较小流量。螺翼式水表叶轮转轴与水流方向平行,阻力较小,起步流量和计量范围比旋翼式水表大,适用于计量大流量。

2. 电控自动流量计(TM 卡智能水表)

随着科学技术的发展以及改变用水管理体制与节约用水意识的提高,传统的“先用水后收费”用水体制和人工进户抄表、结算水费的繁杂方式,已不适应现代管理方式与生活方式,用新型的科学技术手段改变自来水供水管理体制的落后状况已经提上议事日程。因此,电磁流量计、远程计量仪等自动水表应运而生。TM 卡智能水表就是其中之一。

TM 卡智能水表内部置有微计算机测控系统,通过传感器检测水量,用 TM 卡传递水量数据,主要用来计量经自来水管道供给用户的饮用冷水,适于家庭使用。

这种水表的特点和优越性是将传统的先用水,后结算交费的用水方式改变为先预付水费、后限额用水的方式,使供水部分可提前收回资金、减少拖欠水费的损失;将传统的人工进户抄表、人工结算水费的方式改变为无须上门抄表、自动计费、主动交费的方式,减轻了供水部门工作人员的劳动强度;用户无须接待抄表人员,减少计量纠纷,还能提示用户节约用水,保护和利用好水资源;供水部分可实现计算机全面管理,提高自动化程度,提高工作效率。

五、增压和储水设备

增压和储水设备包括水泵、水池、水箱、变频调速给水装置、气压给水装置等。

1. 水泵

在建筑给水系统中,当现有水源的水压较小,不能满足给水系统对水压的需要时,常采用升压设备满足给水系统对水压的要求。水泵是给水系统中的主要升压设备。在建筑给水系统中,较多采用离心式水泵,它具有结构简单、体积小、效率高、运转平稳等优点。

1)离心泵的主要工作参数

(1)流量。反映水泵出水水量大小的物理量,是指在单位时间内通过水泵的水的体积,以符号 Q 表示,单位常用 L/s 或 m^3/h。

(2)扬程。流经泵的出口断面与进口断面单位流体所具有的总能量之差称为泵的扬程,用符号 H 表示,单位一般用高度单位 mH_2O 表示,也有用 kPa 或 MPa 表示的。

(3)轴功率、有效功率和效率。轴功率是指电机输给水泵的总功率,以符号 N 表示,单位用 kW 表示。有效功率是指水泵提升水做的有效功的功率,以符号 Nu 表示,$Nu=\eta QH$,单位用 kW 表示。效率是指水泵有效功率与轴功率的比值,用符号 η 表示。

当系统的水流量等于水泵的设计流量时,效率最高,这种工作状况称为水泵的额定工况,相应的各工作参数称为额定参数,一般标注在水泵的铭牌上。

(4)转速。反映水泵叶轮转动的速度,以符号 n 表示,单位用 r/min 表示。

2)离心泵的选择

水泵的选择原则,应既能满足给水系统所需的总水压与水量的要求,又能在最佳工况点工作,同时还必须满足输送介质的特性、温度等要求。

水泵的选择依据是给水系统所需要的水量和水压。一般应使所选水泵的流量 $Q \geq$ 给水系统最大设计流量 q,使水泵的扬程 $H \geq$ 给水系统所需的水压 H_0。考虑到运转过程中泵的磨损和效能降低,一般按给水系统所需要的水量和水压附加 10% ~15% 作为选择水泵流量和扬程的参考。生活给水系统的水泵,宜设一台备用。备用泵的供水能力不应小于最大一台运行水泵的供水能力，且水泵宜自动切换交替运行。

3）水泵的设置

水泵组一般设置在水泵房内，泵房应远离需要安静、要求防振、防噪声的房间，并有良好的通风、采光、防冻和排水的条件；泵房平面尺寸要根据水泵机组的布置形式，由水泵机组本身所占尺寸、泵与泵之间所要求的间距，同时还应考虑维修和操作要求的空间来确定。

水泵在工作时产生振动发出噪声，会通过管道系统传播，影响人们的工作和生活。因此，水泵房常设在建筑的底层或地下室，远离要求防振和安静的房间；应在水泵吸水管和压水管上设隔音装置（如软接头），水泵下面设减振装置。

2. 储水池

储水池是建筑给水常用调节和储存水量的构筑物。

储水池可设置成生活用水储水池、生产用水储水池、消防用水储水池等。储水池的形状有圆形、方形、矩形和因地制宜的其他形状。小型储水池可以是砖石结构，混凝土抹面，大型储水池应该是钢筋混凝土结构。不管是哪种结构，必须牢固，保证不漏（渗）水。

储水池宜布置在地下室或室外泵房附近，不宜毗邻电气用房和居住用房；生活储水池应远离化粪池、厕所、厨房等卫生环境不良的地方，应有防污染的技术措施；消防和生产事故储水池可兼作喷泉池、水景池和游泳池等。

3. 吸水井

吸水井是用来满足水泵吸水要求的构筑物，当室外不需设置储水池而又不允许水泵直接从室外管网抽水时设置。吸水井可设置在底层或地下室，也可设置在室外地下或地上。对于生活饮用水，吸水井应有防止污染的措施。

4. 水箱

在建筑给水系统中，当需要储存和调节水量，以及需要稳压和减压时，均可以设置水箱。水箱一般采用钢板、钢筋混凝土、玻璃钢制作。按不同用途，水箱可分为高位水箱、减压水箱、冲洗水箱、断流水箱等多种类型。常用水箱的形状有矩形、方形和圆形。

水箱应设进水管、出水管、溢流管、通气管、泄水管、液位计、信号管、人孔、内外爬梯等附件，如图 2-16 所示。

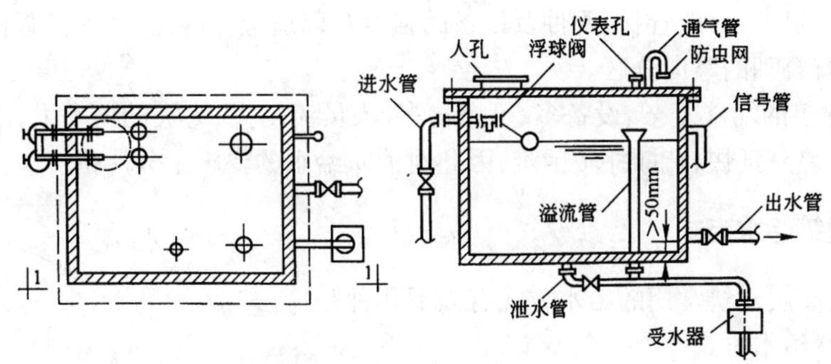

图 2-16　水箱平、剖面及接管示意图

水箱一般设置在水箱间，水箱间的位置应结合建筑、结构条件和便于管道布置等因素来考虑，一般应设在便于维护，光线、通风和防蚊蝇条件良好且不结冻的地方。室内最低气温不得低于 5℃，水箱间的承重结构为非燃烧材料，水箱间的净高不得低于 2. 2m。在我国南方地区，大部分是直接设置在平屋面上。对于大型公共建筑和高层建筑，为保证供水安全，宜将水箱分成两格或设置两个水箱。

5. 变频调速供水设备

在实际给水系统中，为提高供水的可靠性，用于增压的水泵都是根据管网最不利工况下的流量、扬程而选定的。但管网中高峰用水量时间不长，用水量在大多数时间都小于最不利工况时的流量，其扬程将随流量的下降而上升，由此导致水泵的低效率运行。采用变频调速水泵，可以有效的解决这种问题。这种水泵根据管网中的实际用水量及水压，通过自动调节水泵的转速而达到供需平衡。

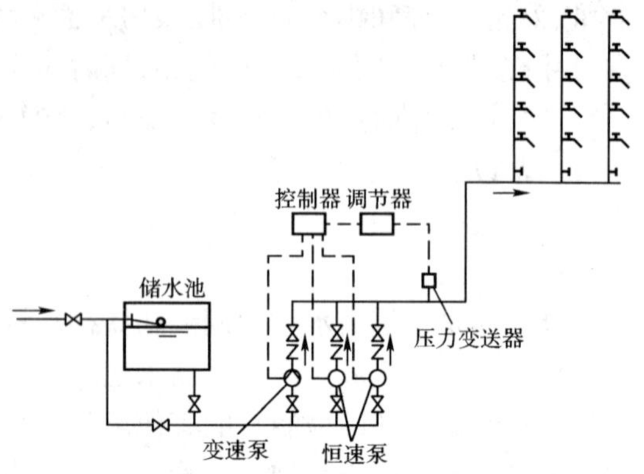

图 2-17　变频调速水泵给水方式

变频调速水泵的构造与恒速水泵一样也是离心泵，不同之处在于，变频调速水泵的是配有变速配电装置，整个系统由电动机、水泵、传感器、控制器及变频调速器等组成，其转速可以随时调节。其给水方式如图 2-17 所示。

变频调速供水设备的主要优点有：效率高、耗能低；运行稳定可靠，自动化程度高；设备紧凑，占地面积少；对管网系统用水量的变化有较强的适应能力。但造价较高，要求管理水平高且电源可靠。

第五节　高层建筑给水系统

我国高、低层建筑的界限是根据市政消防能力划分的。高层建筑是指 10 层及 10 层以上的住宅或建筑高度超过 24m 的公共建筑和工业建筑。

一、高层建筑给水系统的特点

(1)高层建筑的给水设备标准较高，使用人数较多，若发生停水事故影响范围较大，因此，必须具有安全可靠的水源及合理的管网布置，确保供水连续不间断。

(2)高层建筑高度大，若采用同一给水系统供水，则垂直方向管线过长，管网下部管道及设备的静水压力过大，一般管材、配件及设备的强度难以适应。因此，为保护管件和配件，必须对给水系统进行合理的竖向分区。

(3)高层建筑的功能复杂、设备多、可燃物多，人员流动大、火灾的概率大，由于竖井多，一旦发生火灾，火势蔓延快，疏散扑救困难，因此对消防给水的要求十分严格。

二、高层建筑给水方式

目前，我国高层建筑常用的给水方式有以下几种：

1. 分区串联给水方式

如图 2-18 所示，各区设置水箱和水泵，各区水泵均设在技术层内，自下区水箱抽水供上区用水。

这种给水方式的优点是设备与管道较简单，各分区水泵扬程可按本区需要设计，水泵效率高；缺点是水泵设于技术层，对防振、防噪声和防漏水等施工技术要求高，水泵分散设置，占用设备层面积大，管理维修不便，供水可靠性不高，若下区发生事故，其上各区供水都会受到影响。

2. 分区并联给水方式

如图 2-19 所示,每一分区分别设置一套独立的水泵和高位水箱,向各区供水。其水泵一般集中设置在建筑的地下室或底层水泵房内。

这种给水方式的优点是:各区自成一体,互不影响;水泵集中,管理维护方便;运行动力费用较低。缺点是:水泵型号较多,管材耗用较多,设备费用偏高;分区水箱占用建筑使用面积。

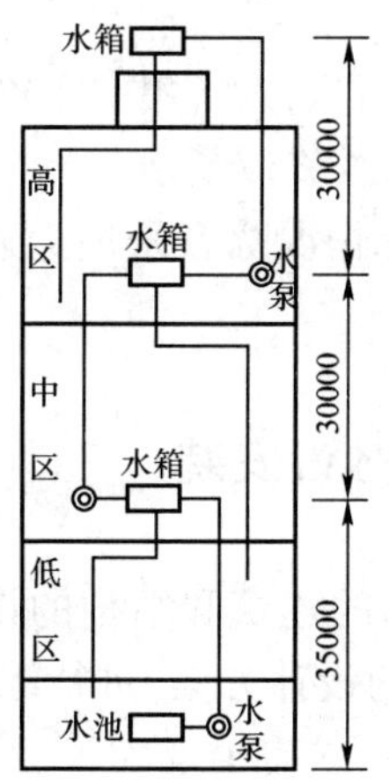

图 2-18　分区串联给水方式(尺寸单位:mm)

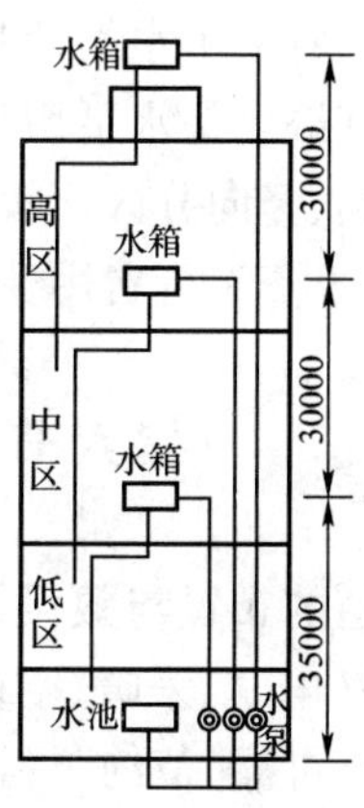

图 2-19　分区并联给水方式(尺寸单位:mm)

3. 分区减压给水方式

如图 2-20 所示为减压水箱减压给水方式,是由设置在底层(或地下室)的水泵将整幢建筑的用水量提升至屋顶水箱,然后再分送至各分区减压水箱减压后再供下区使用。这种给水方式的优点是:水泵数量少,设备布置集中,管理维护简单,各分区减压水箱只起释放静水压力的作用,因此,容积较小。其缺点是:屋顶水箱容积大,不利于结构抗振;建筑物高度大、分区较多时,下区减压水箱中浮球阀承压过大,易造成关闭不严的现象;上部某些管道发生故障时,将影响下部的供水。

4. 减压阀减压给水方式

如图 2-21 所示为减压阀减压给水方式,是由设置在底层(或地下室)的水泵将整幢建筑的用水量提升至屋顶水箱,然后再经各分区减压阀减压后供各区用水。

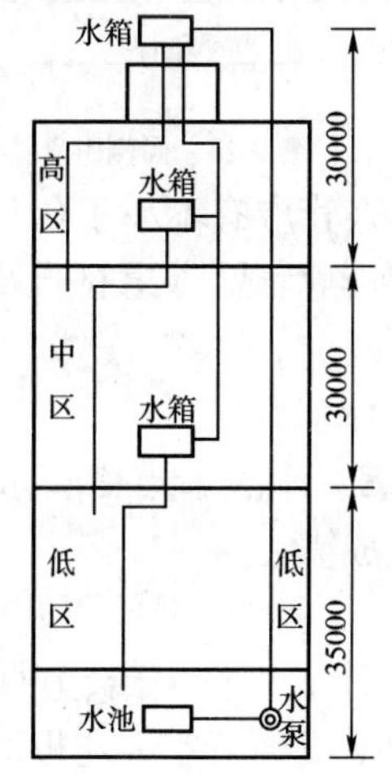

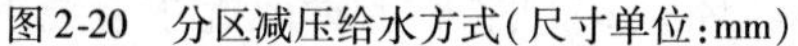

图 2-20　分区减压给水方式(尺寸单位:mm)

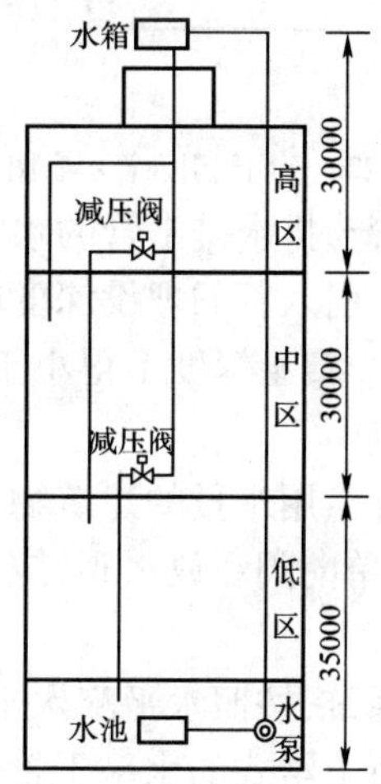

图 2-21　减压阀减压给水方式(尺寸单位:mm)

这种给水方式的优点是：水泵数量少，设备布置集中，管理维护简单；各分区减压水箱被减压阀代替，不占建筑使用面积，安装方便投资省。其缺点是：屋顶水箱容积大，不利于结构抗振；上部某些管道发生故障时，将影响下部的供水。

5. 分区无水箱给水方式

分区无水箱给水方式是在各分区设置单独的变速水泵供水，未设置水箱，水泵集中设置在建筑物底层的水泵房内，分别向各区管网供水。

这种给水方式省去了水箱，因而节省了建筑物的使用面积；设备集中布置，便于维护管理；能源消耗较少。其缺点是水泵型号及数量较多，投资较大，维修较复杂。

当建筑物很高、竖向分区比较多时，也可根据工程实际情况综合采用上述给水方式，以达到供水安全可靠、投资运行费用少、维护管理方便等目的。

第六节　给水管道的布置与敷设安装

进行给水管道的布置与敷设，必须结合了解该建筑物的建筑和结构的设计情况，使用功能，其他建筑设备（电气、采暖、空调、通风、燃气、通信等）的设计方案，进行综合考虑。总的要求是保证供水安全可靠、节约工料、便于安装和维修，同时不妨碍美观。

一、给水管道的布置

1. 引入管

引入管是室外给水管网与室内给水管网之间的联络管段，布置时力求简短。一般的建筑物设一根引入管，单向供水，在建筑物用水量最大处接入，当建筑物内卫生器具布置比较均匀时，应在建筑物的中央部分引入。对不允许间断供水的大型或多层建筑，可设两条或两条以上引入管，并由建筑不同侧的配水管网上引入。若条件不允许时也可从同侧引入，但两根引入管间距不得小于10m，并应在接点处设阀门。如图2-22、图2-23所示。

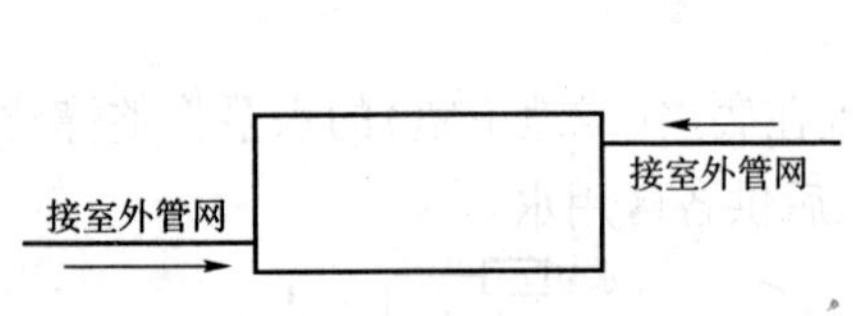

图2-22　不同侧引入管示意图

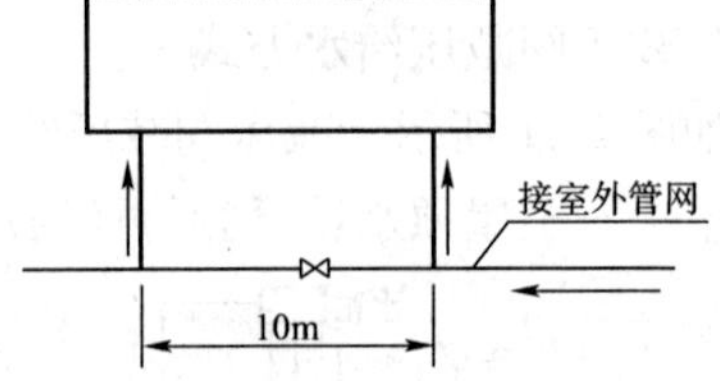

图2-23　同侧引入管示意图

给水引入管与排水排出管的水平净距不得小于1m，引入管应有不小于0.003的坡度坡向室外给水管网。引入管的埋设深度应根据土壤冰冻深度、车辆荷载、管道材质及管道交叉等因素确定，管顶最小覆土深度不得小于土壤冰冻线以下0.15m。

2. 水表结点

必须单独计量用水量的建筑物，应从引入管上装设水表。水表节点由有水表前后设的阀门，水表后设的单向阀和放水阀，绕水表设置的旁通管等组成。

3. 水平干管

室内给水系统，按照水平配水干管的敷设位置，可以设计成下行上给、上行下给和环状式三种形式。下行上给式的水平干管通常布置在建筑底层地下或地下室天花板下。上行下给式的水平干管通常布置在最高层的顶棚下面或吊顶内。环状式的水平干管或配水立管互相连接组成水平环状或立管环状，当系统中某一管段发生故障时，可用阀门切断事故管段而不中断供水。

4. 立管

立管靠近用水设备，并沿墙柱向上层延伸，保持短直，避免多次弯曲。明设的给水立管穿过楼板时，应采取防水措施。美观要求较高的建筑物，立管可在管井内敷设。管井应每层设外开检修门。需进人维修管道的管井，其维修人员的工作通道净宽度不宜小于0.6m。

5. 支管

支管从立管接出，直接接到用水设备。需要泄空的给水横支管宜有0.002～0.005的坡度坡向泄水装置。

以上各管道在室内布置时，不应穿越变配电房、电梯机房、通信机房、大中型计算机房、计算机网络中心、音像库房等遇水会损坏设备和引发事故的房间，并应避免在生产设备上方通过；也不得妨碍生产操作、交通运输和建筑物的使用。

室内给水管道不得布置在遇水会引起燃烧、爆炸的原料、产品和设备的上面；不得布置在烟道、风道、电梯井内、排水沟内；不得穿过大便槽和小便槽，也不宜穿越橱窗、壁柜；室内给水管道不宜穿越伸缩缝、沉降缝、变形缝，如必须穿越时，采用以下几种方法避免管道受损：

(1) 螺纹弯头法。又称丝扣弯头法，如图2-24所示，建筑物的沉降可由螺纹弯头的旋转补偿，适用于小口径的管道。

(2) 软性接头法。用橡胶软管或金属波纹管连接沉降缝、伸缩缝两侧的管道。

(3) 活动支架法。将沉降缝两侧管道的支架做成可使管道垂直移动而不能水平横向移动，以适应沉降、伸缩的应力，如图2-25所示。

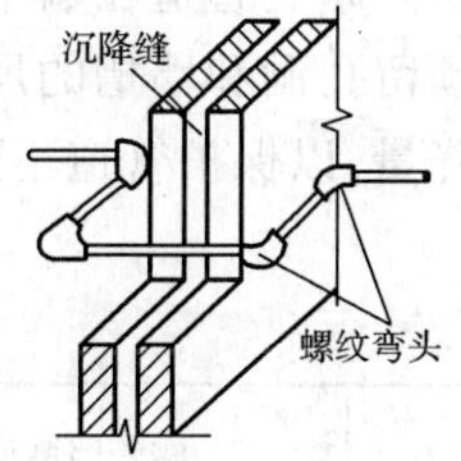

图2-24　螺纹弯头法

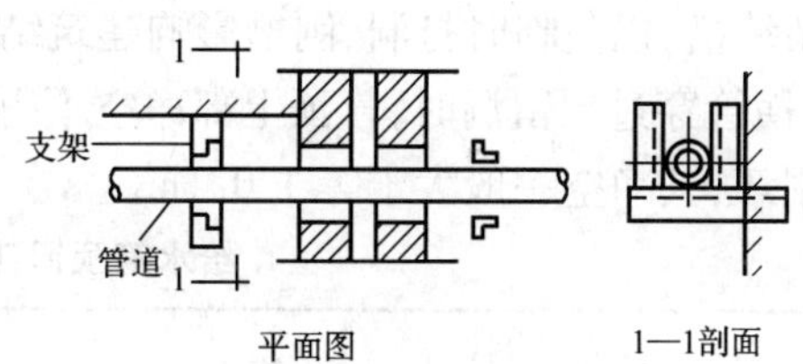

图2-25　活动支架法

塑料给水管道不得布置在灶台上边缘，不得与水加热器或热水炉直接连接，应有不小于0.4m的金属管段过渡。

二、给水管道的敷设

1. 给水管道的敷设形式

根据建筑物的性质及要求，给水管道的敷设分为明装和暗装两种形式。

(1) 明装。管道在建筑物内沿墙、梁、柱、地板或在天花板下等处暴露敷设，并以钩钉、吊环、管卡及托架等支托物使之固定。一般的民用建筑和大部分生产车间内的给水管道可采用明装。

(2) 暗装。干管和立管敷设在吊顶、管井内，支管敷设在楼地面的找平层内或沿墙敷设在管槽内。标准较高的民用住宅、宾馆及工艺技术要求较高的精密仪表车间内的给水管道一般采用暗装。

2. 给水管道的敷设要求

(1)给水管道穿越建筑物的基础

引入管进入建筑内有两种情况,一种情形是从建筑物的浅基础下通过;另一种是穿越承重墙或基础,其敷设方法如图 2-26 所示。在地下水位高的地区,引入管穿地下室外墙或基础时,应采取防水措施,如设防水套管等。

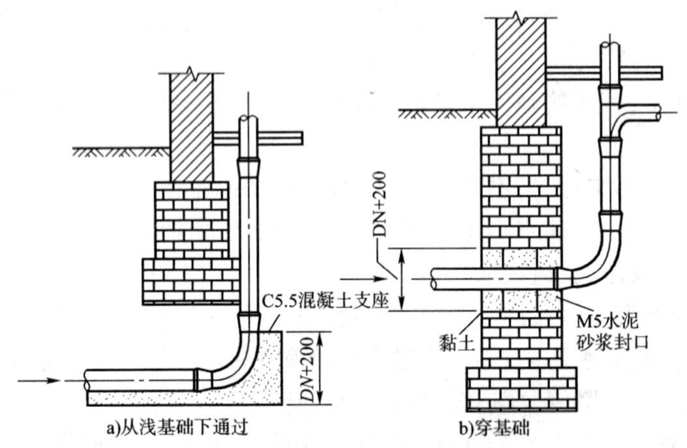

图 2-26 引入管进入建筑物

引入管在通过基础墙处要预留大于引入管直径 100mm 的孔洞,洞顶至管顶的净空不得小于建筑的最大沉降量,一般不小于 0.15m。在管外填充柔性或刚性材料,或者采取预埋套管、砌分压拱或设置过梁等措施。

给水横管穿过承重墙或基础,立管穿过楼板时,均应预留孔洞。暗装管道在墙中敷设时,也应预留墙槽,以免临时打洞、刨槽影响建筑结构的强度。管道预留孔洞和墙槽的尺寸,详见表 2-1。横管穿过预留洞时,管顶上部净空不得小于建筑物的沉降量,以保护管道不致因建筑沉降而损坏,其净空一般大于等于 0.1m。

给水管预留孔洞、墙槽尺寸 表 2-1

管道名称	管径(mm)	明管留孔尺寸 长(高)×宽	暗管墙槽尺寸 宽×深
立管	≤25 32~50 70~100	100mm×100mm 150mm×150mm 200mm×200mm	130mm×130mm 150mm×130mm 200mm×200mm
2 根立管	≤32	150mm×100mm	200mm×130mm
横支管	≤25 32~40	100mm×100mm 150mm×130mm	60mm×60mm 150mm×100mm
引入管	≤100	300mm×200mm	—

(2)管道在空间敷设

管道在空间敷设时,必须采取固定措施,以保证施工方便与安全供水。固定管道常用的支、托架如图 2-27 所示。给水钢质立管一般每层须安装 1 个管卡,当层高大于 5.0m 时,每层须安装 2 个。水平钢管支架最大间距见表 2-2。

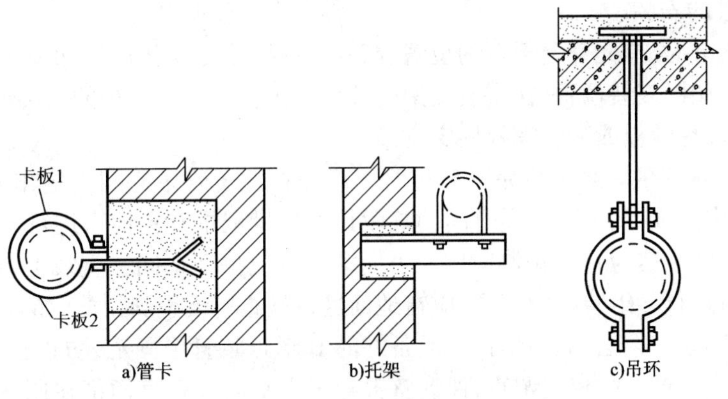

图 2-27 支、托架

钢管支架最大间距 表 2-2

公称直径(mm)	15	20	25	32	40	50	70	80	100	125	150
保温管最大间距(m)	1.5	2	2	2.5	3	3	4	4	4.5	5	6
非保温管最大间距(m)	2.5	3	3.5	4	4.5	5	6	6	6.5	7	8

明装的复合管管道、塑料管管道亦须安装相应的固定卡架,塑料管道的卡架相对密集一些。各种不同的管道都有不同的要求,使用时请按生产厂家的要求或施工规程进行安装。

三、给水管道的安装

室内给水管道的安装包括引入管、干管、立管、支管的安装。

管道安装顺序应结合具体条件,合理安排。一般的原则是:先地下,后地上;先大管,后小管;先主管,后支管。

1. 引入管安装

给水引入管是由室外管线接入室内给水系统间的管段,应包括水表井和穿越建筑物基础。管道材料按设计图纸规定选用,一般管径 $D \geqslant 75$mm,常采用铸铁管。

引入管安装如图 2-28 所示,给水引入管总阀至距外墙皮 1m 处的管段 L_1、L_2 组成,其底部用三通管件连接,三通底部装设泄水阀或丝堵,以利于系统试压及冲洗水的排出。安装时,经量尺或比量法下料,在地面上预制成整体后,一次性穿入基础孔洞进行安装。必要时,引入管预制后经试压合格后再穿入基础洞,以确保引入管安装的严密性。

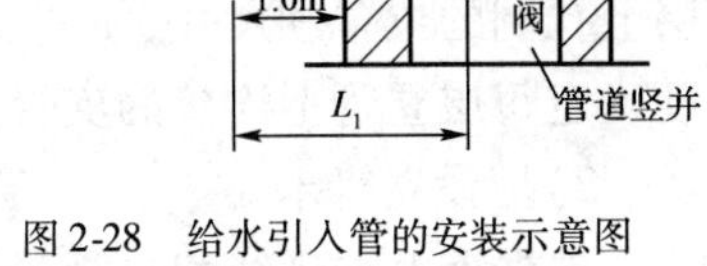

图 2-28 给水引入管的安装示意图

2. 干管安装

室内给水干管一般分下供地埋式(由室外进到室内各立管)和上供架空式(由顶层水箱引至室内各立管)两种。

1)埋地干管安装

埋地干管安装时,首先确定干管的位置、高程、管径等,正确地按设计图纸规定的位置开挖土(石)方至所需深度,若未留墙洞,则需要按图纸的高程和位置在工作面上画好打眼位置的十字线,然后打洞;十字线的长度应大于孔径,以便打洞后按剩余线迹来检验所定管道的位置正确与否。埋地总管一般应坡向室外,以保证检查维修时能排尽管内余水。埋地管道安装好后要试压、防腐,在回填土之前,要填写“隐蔽工程记录”。

2)架空干管的安装

地上干管安装时,首先确定干管的位置、高程、管径、坡度、坡向等。正确地按图示位置、间距和高程确定支架的安装位置,在安装支架的部位画出长度大于孔径的十字线,然后打洞埋支架,也可以采用预埋螺栓或膨胀螺栓固定支架。

干管安装一般可在支架安装完毕后进行。可先在主干管中心线上定出各分支主管的位置,标出主管的中心线,然后将各主管间的管段长度测量记录并在地面进行预制和预组装(组装的长度应以方便吊装为宜),预制时同一方向的主管应保证在同一直线上,且管道的变径应在分出支管之后进行。组装好的管子,应在地面进行检查有无歪斜扭曲,如有则应调直。上管时,应将管道滚落在支架上,随即用预先准备好的U形卡将管子固定,防止管道滚落伤人。干管安装后,还应进行最后的校正调直,保证整根管子水平面和垂直面都在同一直线上,最后将管道固定牢。

安装方式有螺纹连接、承插连接、法兰连接、黏结、热熔连接、焊接等。螺纹连接时,须先在管端螺纹外面敷上填料,用手拧入2~3扣,再用管钳一次装紧,不得倒回。装紧后应留有螺尾。管道连接后,应把挤到螺栓外面的填料清除掉。

承插连接是在承口与插口的间隙内加填料,使之密实,并达到一定的强度。承插口内填料分为两层,内层用油麻或胶圈,外层用水泥接口。

塑料管黏结安装时,应先用割管机将管材割为所需的长度,然后用钢锉刀将毛刺去掉,并倒成2 ×45°角,然后在管子表面根据插口长度做出标识,选用黏度适宜的黏合剂,搅拌均匀,并迅速均匀地涂刷在插口上,再将被接管迅速接上。

3.立管安装

首先根据图纸要求或给水配件及卫生器具的种类确定支管的高度。在墙面上画出横线,再用线坠吊在立管的位置上,在墙上弹出或画出垂直线,并根据立管卡的高度在垂直线上确定出立管卡的位置并画好横线,然后再根据所画横线和垂直线的交点打洞栽管卡。成排管道或同一房间的立管卡和阀门等的安装高度应保持一致。

安装时,按立管上的编号从一层干管甩头处往上逐层进行安装。两人配合,操作时,一人在下端托管,一人在上端上管,并注意支管的接入方向。安装好后进行检查,保证立管在垂直度和管道距墙的距离符合设计要求,使其正面和侧面都在同一垂直线上,最后收紧管卡。立管一般沿房间的墙角或墙、梁、柱敷设。具体操作步骤如下:

1)确定立管中心线位置

首先确定建筑物顶层楼板上立管中心线的位置,随后以中心线为圆心打一个直径约为20mm的小孔,用线锤依次向下层楼板吊线、打孔,并在墙上弹出垂直线。然后核对并修整各层上孔洞的位置和尺寸,使其比立管外径大20~30mm。按照给水配件或卫生器具的安装高度确定每层立管上连接的支管位置并画线。

2)埋设立管卡

根据墙上的画线和立管与墙面的尺寸埋好立管卡。建筑物层高小于或等于5m时,每层楼安装一个立管卡;层高大于5m时,每层楼至少安装两个立管卡。一个管卡的安装高度距地面1.8m,两个以上管卡应均匀安装。

3)预制组装立管

立管的预制应以楼层管段长度为单元进行,如图2-29所示。先按照设计高程,自各楼层地面向上量出横支管的安装高度L'_1、L'_2、L'_3、L'_4,并在立管安装中心线上画出十字线,用皮尺穿过楼板洞，实测两楼层间横支管位置十字线间的距离，测出各楼层预制立管的实际尺寸 L_1、L_2、L_3、L_4（其中 L_1 包括阀门、活接头管件的尺寸）。按照尺寸对管子下料，在地面按照管道连接顺序预制、组装、检查调直后编号并运到现场进行安装。

4）安装立管

安装前先清除立管上横支管处的封堵物和泥沙等，然后按立管上的编号从一层干管甩头处往上逐层安装。

立管明装时，每层从上至下统一吊线安装卡件，将预制好的立管按编号分层排开，按顺序安装。支管留甩口处均加好临时丝堵。安装完毕用线坠吊直找正，配合土建堵好楼板洞。

立管暗装时，竖井内立管安装的卡件宜在管井口设置型钢，上下统一吊线安装卡件。安装在墙内的立管应在结构施工时预留管槽，立管安装后吊直找正，用卡件固定。支管留甩口加好临时丝堵。

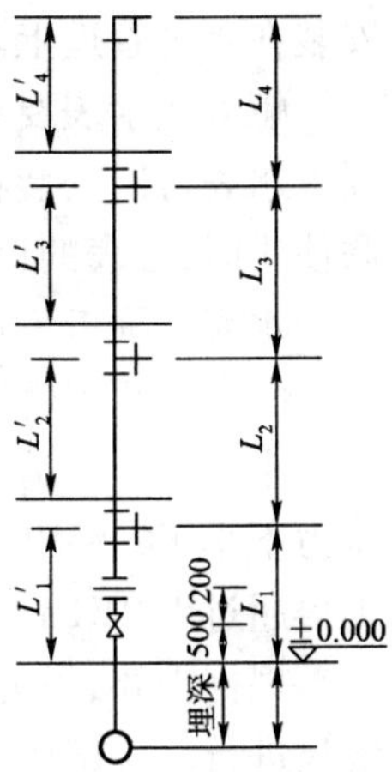

图 2-29　给水立管的预制和安装示意图（尺寸单位：mm）

4. 支管安装

安装支管前，先按立管上预留的管口在墙上画出或弹出水平支管安装位置的横线，并在横线上按图纸要求画出各分支线或给水配件的位置中心线，再根据横线中心线测出各支管的实际尺寸进行编号记录，根据尺寸进行预制和组装（组装长度以方便上管为宜），检查调直后进行安装。

当冷、热水管及冷、热水龙头并行安装时，上下平行安装，热水管应在冷水管上方；垂直安装时，热水管应在冷水管的左侧；在卫生器具上安装冷、热水龙头，热水龙头应安装在左侧。

支管上有三个或三个以上配水点的始端，以及给水阀门后面按水流方向均应设可拆装的连接件（活接头）。

横支管的支架间距可根据表 2-2 设置。支管支架宜采用管卡作支架。为保证美观，其支架宜设置于管段中间位置（即管件之间的中间位置）。

支管明装时，将预制好的支管从立管甩口依次进行安装，根据管道长度适当加好临时固定卡，核定不同卫生器具的冷热水预留口高度，上好临时丝堵，换装水表。支管暗装时，确定支管高度后画线定位，剔出管槽，将预制好的支管敷设在槽内，找平、找正、定位后用钩钉固定。卫生器具的冷热水预留口要做在明处，加好丝堵。

5. 水表安装

水表设置位置，应按设计确定，如设计未注明，则应尽量装设在便于检修、拆换，不致冻结，不受雨水或地面水污染，不会受到机械性损伤，便于查读之处。

有地下室的建筑物，可将水表装设在地下室。一般情况下，是在进户给水管的适当部位建造水表井，水表设在水表井内，住宅建筑物常常在每个楼梯间安装一个单元水表。

水表的前后应安装阀门，以利于水表的拆换和检修。对用水量不大、用水可以间断的建筑，安装水表节点时一般不设旁通，只需在水表前后安装阀门即可。对于用水要求较高的建筑物，安装水表节点时应设置旁通管，旁通管由阀门两侧的三通引出，中间加阀门连接。若建筑物有两条引入管时，每条引入管上水表出口处均应装设止回阀。

安装任何型号的水表时，必须注意水表外壳上箭头指示的方向一定要与水流方向一致。还应注意不同型号的水表有不同的安装要求。

旋翼湿式水表应用最为广泛，安装时，应保证水表前后有不小于 300mm 的直管段，并且要安装在水平管道上。

螺翼式水表要求水表前的阀门要全开,并距水表有 8~10 倍水表直径的直管段。水平螺翼式水表可以安装在水平、垂直或倾斜的管道上,但要求水流方向必须由上而下。几支水表并联使用时,各表的口径及型号必须相同。寒冷地区的水表应考虑防冻措施。

水表井附近不得有厕所、粪坑、垃圾堆等污染源。

6. 室内给水管道压力试验

室内给水管道安装完毕后即可进行试压,目的是检查管道及接口的强度和严密性。试验压力不小于0.6MPa,生活饮用水和生产、消防合用的管道,试验压力为工作压力的 1.5 倍,但不得超过 1.0MPa。

根据需要,可先分段试压,后全系统试压,也可全系统只进行一次试压。管道在试压完毕后,应用自来水连续冲洗,冲洗洁净后办理验收手续。图 2-30 所示为试压泵安装图。

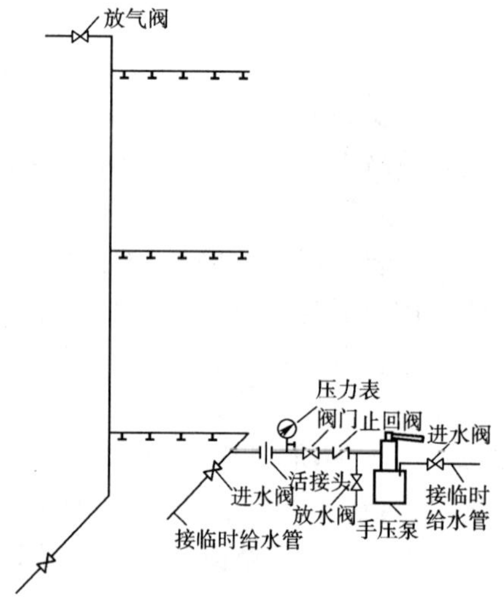

图 2-30 试压泵安装图

图 2-31 所示为管道系统试压操作接管示意图。

1)操作方法

(1)连接试压系统。准备好试压泵、管材、管件、阀门、压力表等工具和器材,如图 2-31 所示接管。在试压系统的最高点设置排气阀,将室内引入管外侧用盲板堵死,系统中各配水设备一律不得安装,并将管口堵严。

(2)向试压系统注水确认无敞口管头及遗漏项目时,即可向系统内通水。水压试验一般采用自来水。注水前,打开排气阀和阀门 1、2、3,使系统充满水,待放气阀连续出水时将其关闭。

(3)试压用试压泵向系统中加压。升压不能太快,一般以 2~3 次升至试验压力为宜,然后关闭阀门 4,10min 后观察压力表,以压力下降不大于 0.05MPa 为强度试验合格。然后将试验压力降至工作压力,对系统做外观检查,以无渗漏现象为严密性试验合格。最后,拆除试压系统,并将系统中的水排尽。

2)操作要领及注意事项

(1)使用压力表前需校验,在试压过程中压力表应始终保持开启状态。试压时,管道系统中的空气一定要排干净。

(2)水压试验通常在环境温度 5℃ 以上进行。若气温低于 5℃ 时试压,应使用温水并采取防冻措施,在 5~10min 内使水充满管道系统并进行试验。试压合格后,应及时泄空管网内的存水,同时拆除试压设备,以防管道冻裂。

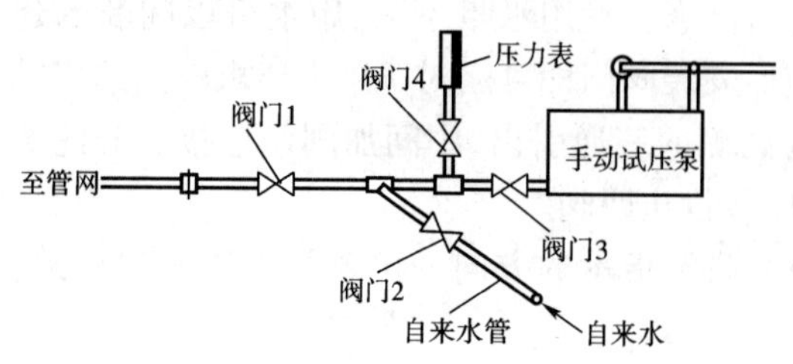

图 2-31 管道系统试压操作接管示意图

(3)隐蔽管道要在隐蔽前试压,试压合格后方可隐蔽。

(4)试压过程中若发现螺纹或配件处有小的渗漏,可上紧至不漏为合格。若有较大渗漏部位,应及时采取措施修补,直至系统再次试压合格后方可交付使用。一般容易渗漏的部位出现在管子的砂眼处,由于套制的螺纹不符合质量要求、填料缠绕不当等原因使接口不严密处、活接头连接部位、管子焊接处、法兰连接接口处等,对上述部位应仔细检查。

7. 管道冲洗和消毒

新敷给水管道竣工或旧管道检修后,均应进行冲洗消毒。操作时,将管道中已安装的水表拆除,以短管代替,且在管道末端设置几个放水点以排除冲洗水。

四、给水管道的防腐、防冻、防露、防漏、防振

1. 管道防腐

无论是明装管道还是暗装的管道,除镀锌钢管、给水塑料管外,都必须做防腐处理。管道防腐最常用的方法是刷油。具体做法是,明装管道表面除锈,露出金属光泽并使之干燥,刷防锈漆两道,然后刷面漆 1 ~2 道,如果管道需要作标志时,可再刷调和漆或铅油。

暗装管道除锈后,刷防锈漆两道;埋地钢管除锈后刷冷底子油两道,再刷沥青胶(玛蹄脂)两遍。质量较高的防腐做法是做管道防腐层,层数 3 ~9 层不等。材料为冷底子油、沥青胶、防水卷材等。

对于埋地铸铁管,如果管材出厂时未涂油,敷设前在管外壁涂沥青两道防腐;明装部分可刷防锈漆两道和银粉两道。当通过管道内的水有腐蚀性时,应采用耐腐蚀管材或在管道内壁采取防腐措施。

2. 管道保温防冻

在寒冷地区,对于敷设在冬季不采暖房间的管道以及安装在受室外冷空气影响的门厅、过道处的管道应考虑保温、防冻措施。常用的做法是,在管道安装完毕,经水压试验和管道外表面除锈并刷防腐漆后,管道外包棉毡(如岩棉、超细玻璃棉、玻璃纤维和矿渣棉毡等)做保温层,或用保温瓦(由泡沫混凝土、硅藻土、水泥蛭石、泡沫塑料和水泥膨胀珍珠岩等制成)做保温层,外包玻璃丝布保护层,表面刷调和漆。具体内容可参考第七章中相关内容。

3. 管道防露

管道明装在环境温度较高,空气湿度较大的房间,如厨房、洗衣房和某些生产车间等,管道表面可能产生凝结水而引起管道的腐蚀,应采取防结露措施。其做法一般与保温的做法相同。

4. 防漏

如果管道布置不当,或者是管材质量和敷设施工质量低劣,都可能导致管道漏水,这不仅浪费水量影响正常供水,严重时还会损坏建筑,特别是湿陷性黄土地区,埋地管漏水将会造成土壤湿陷,影响建筑基础的稳固性。

防漏的办法如下:

(1)避免将管道布置在易受外力损坏的位置,或采取必要且有效的保护措施,免其直接承受外力。

(2)要健全管理制度,加强管材质量和施工质量的检查监督。

(3)在湿陷性黄土地区,可将埋地管道设在防水性能良好的检漏管沟内。一旦漏水,水可沿沟排至检漏井内,便于及时发现和检修(管径较小的管道,也可敷设在检漏套管内)。

5. 防振

当管道中水流速度过大,关闭水嘴、阀门时,易出现水击现象,会引起管道、附件的振动,不

仅会损坏管道、附件造成漏水,还会产生噪声。为防止管道的损坏和噪声的污染,在设计时应控制管道的水流速度,尽量减少使用电磁阀或速闭型阀门、水嘴。住宅建筑进户支管阀门后,应装设一个家用可曲挠橡胶接头进行隔振,并可在管道支架、吊架内衬垫减振材料,以减小噪声的扩散。

思考题及实践练习

1. 建筑给水系统按用途可分为哪几类?
2. 建筑给水系统由哪几部分组成?
3. 如何计算建筑给水系统所需水压?
4. 低层建筑给水方式如何选用?
5. 建筑给水管网水头损失包括哪几方面?
6. 给水常用的管材有哪些? 其适用条件及连接方式如何?
7. 室内消火栓灭火系统的组成有哪些? 消火栓的布置原则有哪些?
8. 室内自动喷水灭火系统有哪几种类型?
9. 建筑给水管道布置的原则和要求有哪些?
10. 建筑给水管道常用的防腐、防冻和防结露的做法有哪些?
11. 高层建筑内部给水系统为什么要进行竖向分区,分区压力一般如何确定?
12. 常用高层建筑内部给水方式有哪几种? 其主要特点是什么?
13. 实际参观了解给水管材预制加工、连接、支架制作方法,熟悉管道附件的特点和功能。
14. 结合施工现场实习,熟悉给水管道安装方法和过程。

第三章　建筑排水工程

本章重点

熟悉建筑内部排水系统的分类、组成及基本工作原理；了解排水管材及各种卫生器具的特点，了解雨水排水系统的组成、分类，以及各种排水系统的适用条件；明确高层建筑内部排水的特点及系统形式；明确排水管道布置、敷设和安装的基本要求。

第一节　排水系统的分类及组成

一、建筑排水系统的分类

建筑内部排水系统的任务，就是将建筑物内卫生器具和生产设备产生的污（废）水，以及降落在屋面上的雨、雪水加以收集后顺利畅通地排到室外排水管网中去。根据排水的种类及性质不同，建筑内排水系统一般可分为三类。

1. 生活排水系统

生活排水系统用来排除民用住宅建筑、公共建筑以及工业企业生活间的生活污（废）水，包括盥洗、洗涤，以及粪便冲洗水等。

2. 工业废水排水系统

根据受污染的程度，工业废水可分为生产废水和生产污水两类。受污染严重的工业废水称为生产污水，这类污水必须经过相关的处理后才能排出厂外。生产废水是受污染较轻或仅仅是水温升高的水，经过简单处理可回收利用，如工业冷却水。工业废水排水系统可进一步分为两类：生产污水排水系统、生产废水排水系统。

3. 雨水排水系统

排除屋面雨水、雪水的系统。雨水、雪水较清洁，可以直接排入水体或城市雨水系统。

二、建筑排水系统的组成

建筑排水系统的基本要求是迅速通畅地排除建筑内部的污（废）水，并能保持系统气压稳定，同时有效防止排水管道中的有毒有害气体进入室内，保证室内环境卫生。建筑排水系统如图 3-1 所示，主要由下列部分组成。

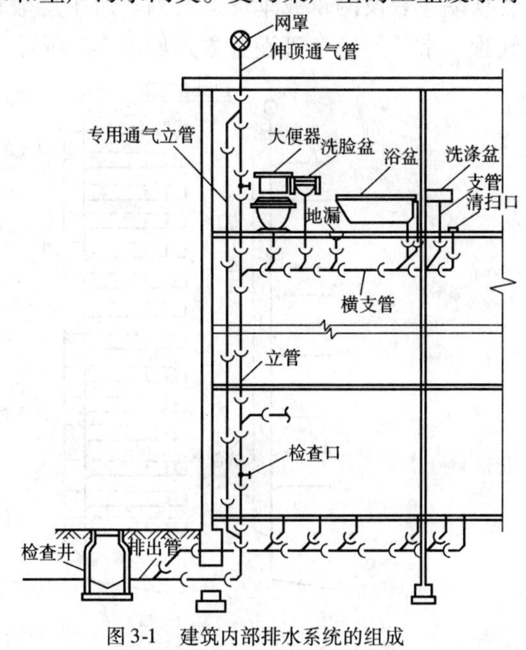

图 3-1　建筑内部排水系统的组成

1. 污(废)水收集器具

污(废)水收集器具是建筑排水系统的起点,包括各种卫生器具、生产设备上的受水器和雨水斗等。

2. 排水管道

排水管道可分为以下几种:

(1)器具排水管:连接卫生器具与管道排水横支管的短管。

(2)排水横支管:汇集各器具排水管的来水,并沿水平方向输送至排水立管的管道。排水横支管应有一定坡度。

(3)排水立管:收集各排水横管、支管的来水,并沿垂直方向将水排泄至排出管。

(4)排出管:收集排水立管的污(废)水,并沿水平方向将之排至室外污水检查井的管段。

为了保证室内卫生,需要在污(废)水收集器具的排水口的下方设置存水弯,本身带有存水弯的卫生器具除外。存水弯的类型一般有 P 形和 S 形两种,如图 3-2 所示。存水弯的作用是在其内形成一定高度的水封,通常为 50 ~ 100mm,利用水封阻挡排水管道中的臭气和其他有害、易燃气体及虫类进入室内造成危害。水封高度与管内气压变化、水量损失、水中杂质的含量和比重有关。不能太大,也不能太小。若水封高度太大,污水中固体杂质容易沉积,水封太小则起不到应有的作用。水封底部应设清通口,以利于清通。

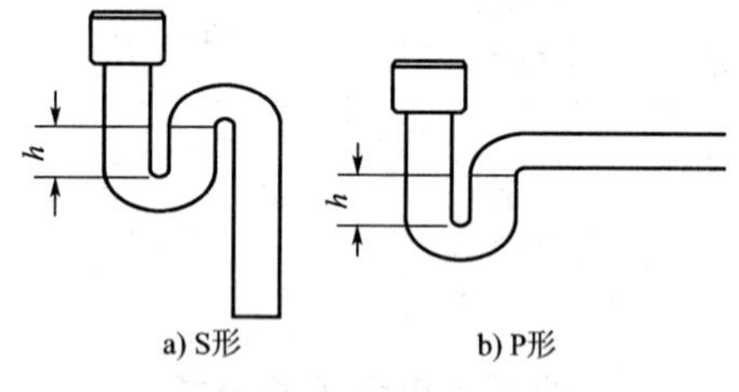

图 3-2 存水弯

3. 通气管道

建筑内部排水管内是水气两相流,管内水依靠重力作用流向室外。通气管的作用是能向排水管内补充新鲜空气,减少废气对管道的腐蚀;使水流畅通,减少排水管内的气压变化幅度,防止卫生器具水封被破坏;将管内臭气和有害气体排到大气中去。

一般楼层不高、卫生器具不多的建筑物,可仅设置伸顶通气管,为防止异物落入立管,通气管顶端应装设网罩或伞形通气帽。对于层数较多或卫生器具较多的建筑物,必须设置专用通气管。常见的通气管设置方式如图 3-3 所示。通气管道可分为以下几种:

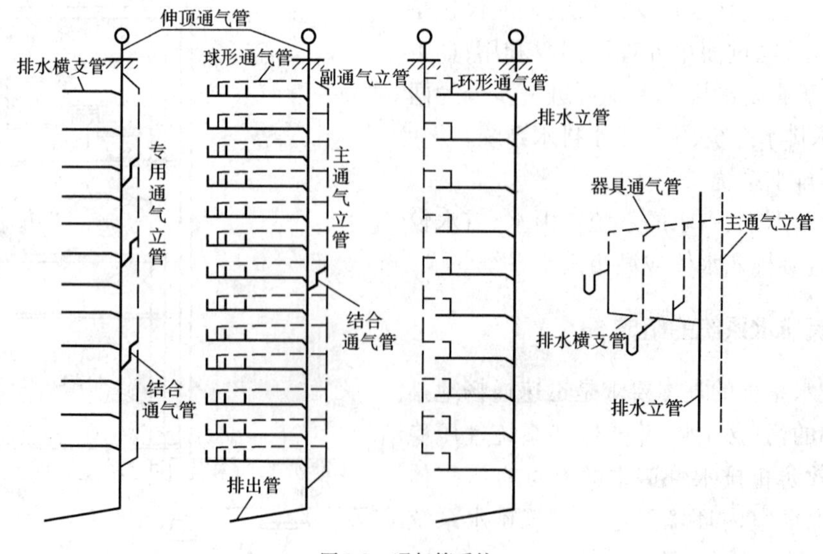

图 3-3 通气管系统

1）器具通气管

专门为卫生器具设置的通气管，适用于对卫生标准和控制噪声要求较高的排水系统。

2）环形通气管

指在多个卫生器具的排水横支管上，从最始端卫生器具的下游端接至通气立管的那一段通气管。

适用于连接四个及四个以上卫生器具且横支管的长度大于 12m 的排水横支管；连接六个及六个以上大便器的污水横支管；设有卫生器具通气管的排水横支管。

设置环形通气管的同时应设置通气立管，通气立管与排水立管同边设置时称为主立管，如分开设置则称为副通气管。

3）专用通气管

指仅与排水立管连接的竖向通气管道。在多层、高层建筑中，若每层排水横管上连接的卫生器不多且长度较短时，按经验排水立管设计流量超过立管所能承受的临界负荷时，需设置专用通气立管。

4）结合通气管

指排水立管与主通气立管的连接管段。主通气管宜每隔 6 ~ 8 层设结合通气管与排水立管相连。

通气管管径一般应比相应排水管管径小 1 ~ 2 级，其最小管径见表 3-1。当通气立管长度大于 50m 时，通气管管径应与排水立管相同。伸顶通气管管径宜与排水立管相同。

通气管最小管径 表 3-1

通气管名称	排水管管径（mm）						
	32	40	50	75	100	125	150
器具通气管	32	32	32	—	50	50	—
环形通气管	—	—	32	40	50	50	—
通气立管	—	—	40	50	75	100	100

4. 清通设备

为了疏通排水管道，在室内排水系统中，一般需设置如下三种清通设备，如图 3-4 所示。

1）检查口

检查口为可以双向清通的管道清通口。检查口设在排水立管以及较长的水平管段上，它是管道上有一个孔口，平时用压盖和螺栓盖紧的，清通管道时可以打开，进行检查或清理。检查口中心设置高度一般距地面 1m 为宜，并高于卫生器具上边缘不小于 0.15m。

2）清扫口

清扫口一般装于横支管，仅可作单向清通。在连接两个及两个以上的大便器或三个及三个以上卫生器具的污水横管中，应在横管的起端设置清扫口。也可采用带螺栓盖板的弯头、带堵头的三通配件作清扫口。清扫口安装不应高出地面，必须与地面平，为了便于清掏与墙面应保持一定距离，一般不宜小于 0.15m。

3）检查井

检查井一般是设在埋地排水管道的转弯、变径、坡度改变的两条及两条以上管道交汇处。生活污水排水管道在建筑物内不宜设检查井。对于不散发有害气体或大量蒸汽的工业废水排水管道，可在建筑物内设检查井。

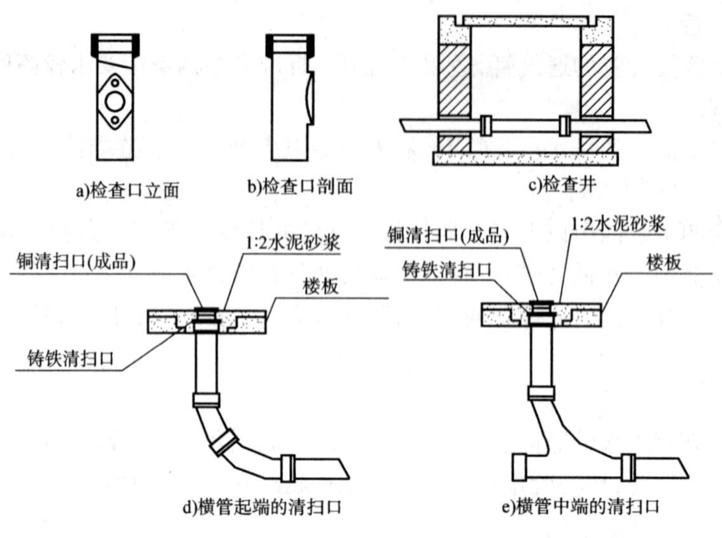

图 3-4　清通设备

5. 地漏

每个卫生间均应设置 1 个 50mm 规格的地漏,其位置在易溅水的器具附近地面的最低处。食堂、厨房和公共浴室等排水宜设置网框式地漏。地面坡度要求坡向地漏,地漏篦子应低于地面高程 5 ~ 10mm。

6. 提升设备

各种建筑的地下室中的污废水不能自流排至室外检查井,须设置污水泵和集水池等污、废水局部提升设备。

7. 污水局部处理构筑物

当建筑内部污水未经处理不能直接排入城市排水管道或附近水体时,必须设污水局部处理构筑物。根据污水性质的不同,可以采用不同的污水局部处理设备,如沉淀池、除油池、化粪池、中和池及其他污水局部处理设备。

第二节　排水管材及卫生器具

一、排水管材

建筑排水管道常用的管材有排水铸铁管、塑料管、钢管等。

1. 排水铸铁管

排水铸铁管具有耐腐蚀性强、使用寿命长、价格便宜等优点;其缺点是性脆、质量大、长度小。

按铸铁管所用材质不同可分为:灰铸铁管、球墨铸铁管、高硅铸铁管;按其工作压力的不同可分为:低压管、中压管、高压管。

铸铁管的连接多用承插方式连接,连接阀门等处多用法兰盘连接。承插接口有柔性接口和刚性接口两类。柔性接口采用橡胶圈接口,刚性接口采用普通水泥、石棉水泥、膨胀性填料接口,重要场合可用铅接口。铸铁管的管道配件有弯头、三通、四通、大小头、双承短管等,常用的铸铁管排水管件如图 3-5 所示。

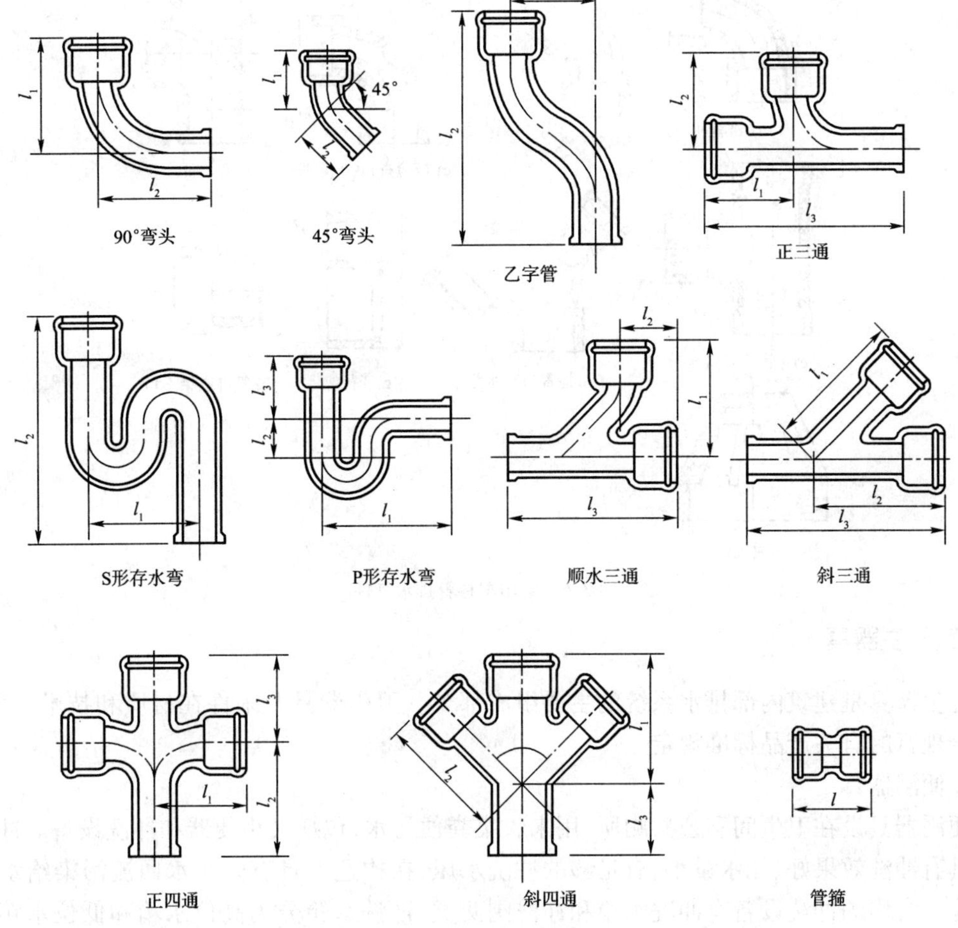

图 3-5　常用排水铸铁管管件

2. 塑料管

塑料管的优点是管材质较轻，便于搬运、装卸、施工；耐化学腐蚀性优良，塑料对酸、碱、盐均具有良好的耐蚀性能；塑料管内壁相对光滑，容易切割；外表美观，便于安装、造价低等。塑料管也有缺点，如强度低、耐温性能差、线性膨胀大、立管产生噪声、耐久性差等。

常用的塑料管有硬聚氯乙烯(UPVC)管、聚丙烯(PP-R)管、聚丁烯管(PB)、聚乙烯(PE)管和工程塑料管(ABS)等。目前应用最为广泛的是硬聚氯乙烯管(UPVC)，其常用规格有工程外径 40mm、50mm、75mm、90mm、110mm、125mm、160mm 等。管件共有 20 多个品种，70 多个规格。连接方法有黏结、橡胶圈连接和螺纹连接等。常用的塑料管排水管件如图 3-6 所示。

3. 钢管

常用钢管分为焊接钢管和无缝钢管。钢管具有强度高、承受流体的压力大、抗振性能好、质量比铸铁管轻、接头少、内外表面光滑、容易加工和安装等优点，但抗腐蚀性能差，造价较高。钢管主要用于卫生器具及卫生设备(非腐蚀性的)排水支管，以及用于微酸性生产排水和高度大于 30m 的生活污水立管，有时在机器设备振动较大的地方也采用钢管。钢管连接方法有螺纹连接、法兰连接和焊接三种。

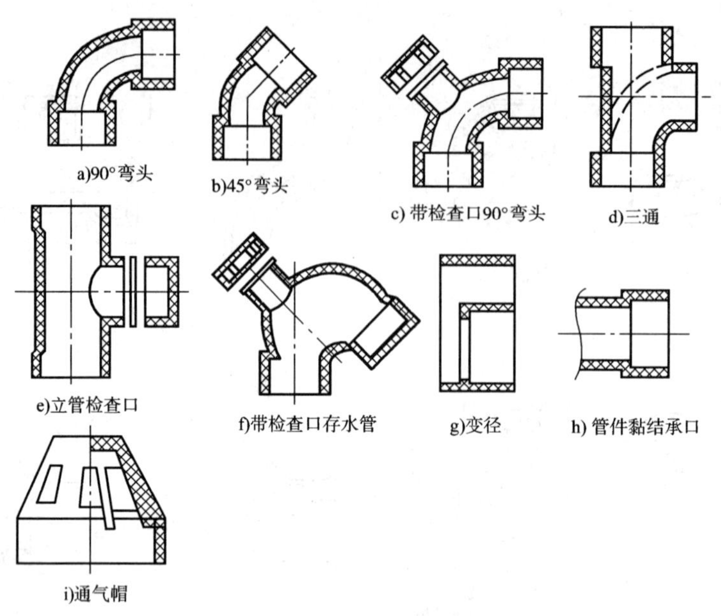

图 3-6　常用塑料管排水管件

二、卫生器具

卫生器具是建筑内部排水系统的主要组成部分。卫生器具及附件在材质和技术方面,均应符合现行的有关产品标准规定。

1. 便溺器具

便溺器具设在卫生间和公共厕所,用来收集粪便污水,包括大小便器和冲洗设备。冲洗设备应具有冲洗效果好、耗水量小,有足够的冲洗水压,在构造上具有防止水回流污染给水管道的功能。常用的冲洗设备有冲洗水箱和冲洗阀两类,冲洗水箱分为高位水箱和低位水箱。便溺卫生器具包括大便器、大便槽、小便器、小便槽等。

1)蹲式大便器

一般用于集体宿舍、学校、办公楼等公共场所(例如防止接触传染的医院厕所间内),采用高位水箱或延时自闭式冲洗阀进行冲洗,压力冲洗水经大便器周边的配水孔将大便器冲洗干净,如图 3-7 所示。蹲式大便器比坐式大便器的卫生条件好,接管时需配存水弯。

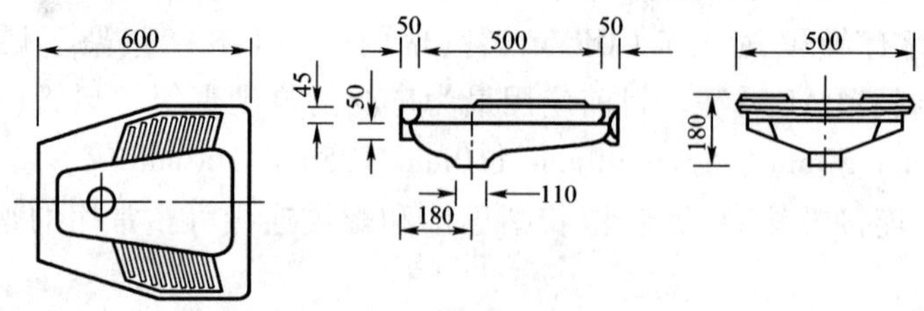

图 3-7　蹲式大便器(尺寸单位:mm)

2)坐式大便器

坐式大便器按冲洗的水力原理可分为冲洗式和虹吸式两种,如图 3-8 所示。

坐式大便器设有大便器座,目前使用内装加热器或温水洁身大便器座比较普及,这些产品有的还备有除臭和室内采暖等附加功能。另外,考虑到清洗问题,市场上销售的大便器座产品有的可以简单拆卸。坐式大便器采用低位水箱冲洗,构造本身带有存水弯。

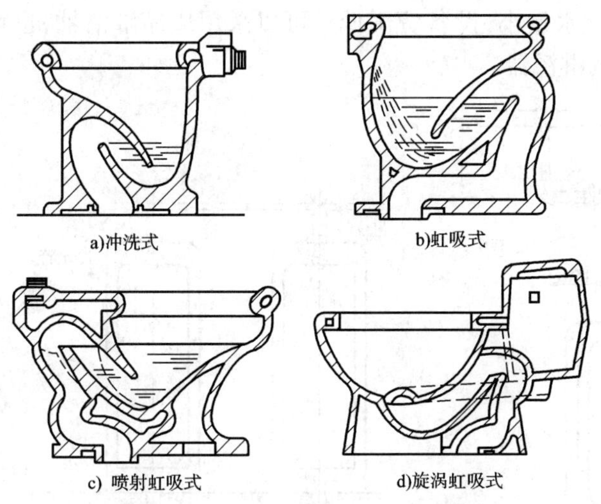

图 3-8 坐式大便器

3)大便槽

大便槽一般用于建筑标准不高的公共建筑或公共厕所内,其优点是设备简单,可代替成排的蹲式大便器,常用瓷砖贴面,造价低。从卫生观点评价,大便槽受污面积大、有恶臭且耗水量大、不够经济。大便槽可采用集中冲洗水箱或红外数控冲洗装置冲洗。红外数控冲洗装置利用光电自控装置自动记录使用人数,当使用人数达到预定数目时,水箱即自动放水冲洗;当人数达不到预定人数时,则延时 20 ~ 30min 自动冲洗一次;如无人入厕,则不冲洗,如图 3-9 所示。

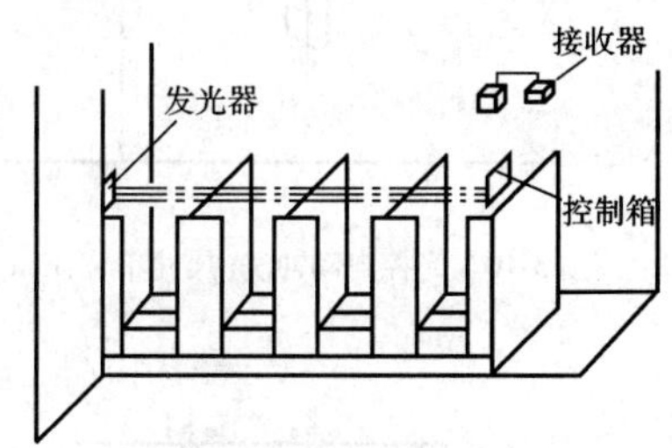

图 3-9 光电数控冲洗装置大便槽

4)小便器

小便器一般用于机关、学校、旅馆等公共建筑的男卫生间内。小便器有挂式、立式和小便槽三类。其中立式小便器用于标准高的建筑。小便槽用于工业企业、公共建筑和集体宿舍等建筑的卫生间。小便器可采用手动启闭截止阀冲洗。如图 3-10、图 3-11所示。

2. 盥洗淋浴用卫生器具

1)洗脸盆

洗脸盆一般用于洗脸、洗手、洗头。洗脸盆的高度及深度应适宜,盥洗不用弯腰较省力,不溅水,用流动水时比较卫生。洗脸盆有长方形、椭圆形和三角形,安装方式有墙架式、台式和柱脚式,如图 3-12 所示。

2)浴盆

浴盆设在住宅、宾馆等建筑的卫生间及公共浴室内,供人们淋浴使用。浴盆的外形一般为长方形、方形、椭圆形。材质有钢板、陶瓷、玻璃钢、人造大理石、木制、热塑性塑料等。浴盆的一端设有冷、热水龙头或混合龙头,有的还配有固定式或活动式淋浴喷头,见图 3-13。随着人们生活水平的提高,开发研制出的浴盆不仅盛热水,而且还带有诸多的附加功能:如对浴缸水进行净化、杀菌、24 小时恒温、水在浴盆内循环喷流按摩等多种类型。

3)淋浴器

淋浴器多用于工厂、学校、机关、部队的公共浴室和体育场馆内。淋浴器占地面积小,清洁卫生,避免疾病传染,耗水量小,设备费用低。可以采用成品淋浴器,也可现场制作安装。图3-14为现场制作安装的淋浴器。

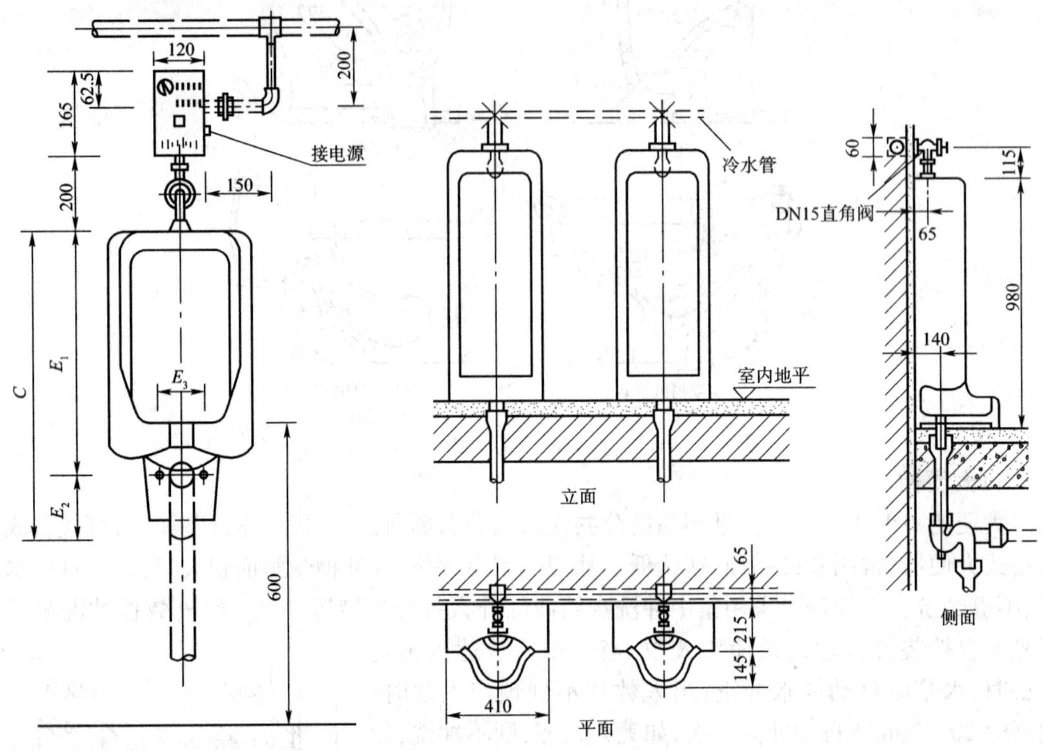

图 3-10　光控自动冲洗(尺寸单位:mm)　　图 3-11　立式小便器安装(尺寸单位:mm)

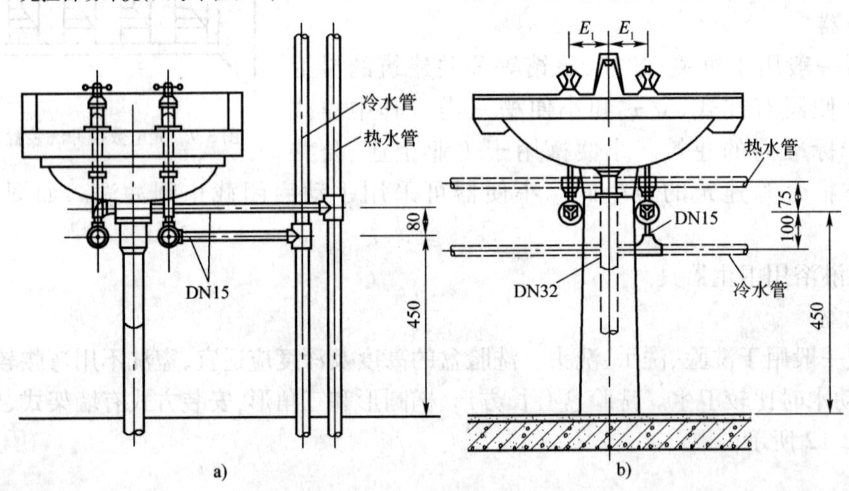

图 3-12　洗脸盆(尺寸单位:mm)

在建筑标准较高的建筑物内的淋浴间,也可采用光电式淋浴器,利用光电打出光束,使用时人体挡住光束,淋浴器即出水,人体离开时即停水,如图 3-15 a)所示。防止疾病传染医院或疗养院可采用脚踏式淋浴器,如图 3-15b)所示。

3. 洗涤器具

1)洗涤盆

洗涤盆常设置在厨房或公共食堂内,用作洗涤碗碟、蔬菜等。医院的诊室、治疗室等处也需设置。洗涤盆有单格和双格之分，双格洗涤盆一格洗涤，另一格泄水，如图3-16所示。洗涤盆规格尺寸有大小之分，材质多为陶瓷或砖砌后瓷砖贴面，较高质量的为不锈钢制品。

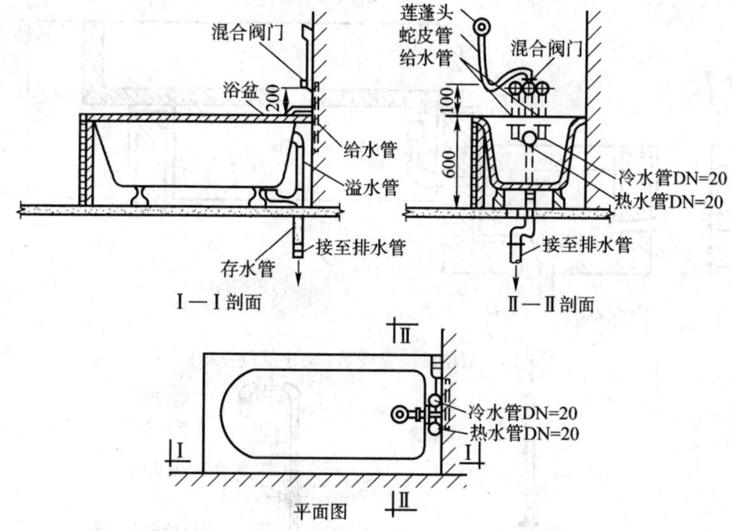

图3-13 浴盆安装(尺寸单位:mm)

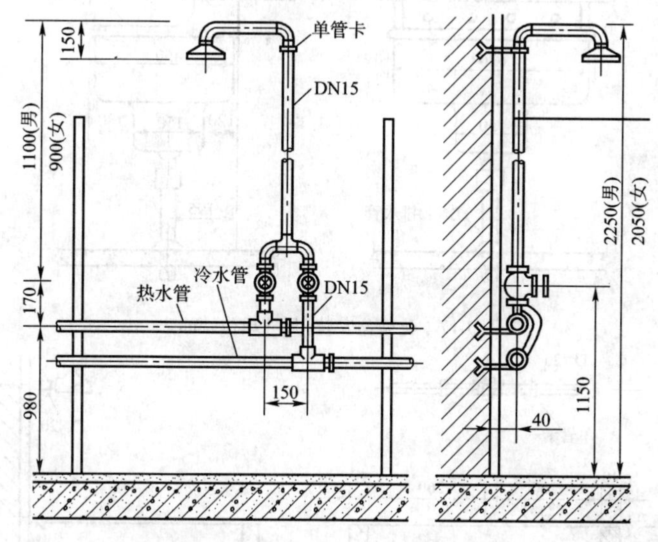

图3-14 淋浴器安装(尺寸单位:mm)

2)化验盆

化验盆设置在工厂、科研机关和学校的化验室或实验室内，根据需要，可安装单联、双联、三联鹅颈水嘴，如图3-17所示。

3)污水盆

污水盆又称污水池，常设置在公共建筑的厕所、盥洗室内，供洗涤拖把、打扫卫生或倾倒污水等。污水盆多为砖砌贴瓷砖现场制作安装，如图3-18所示。

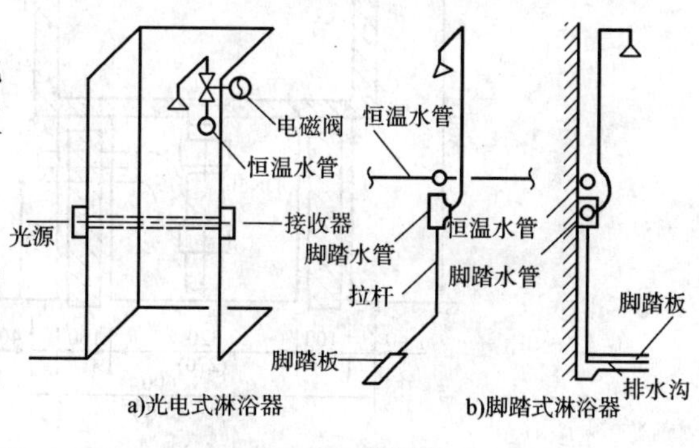

图3-15 淋浴器

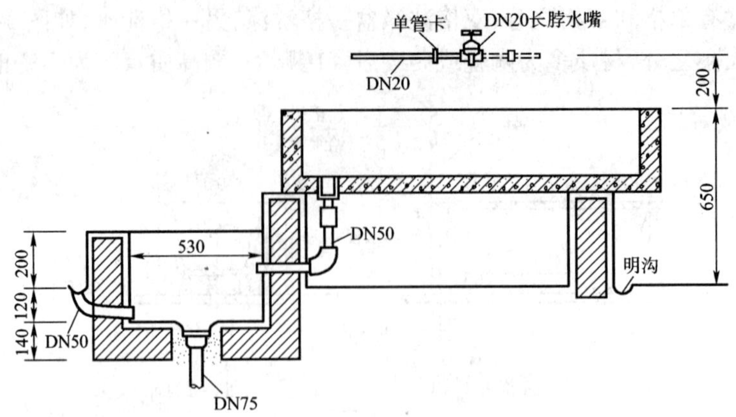

图 3-16 双格洗涤盆安装(尺寸单位:mm)

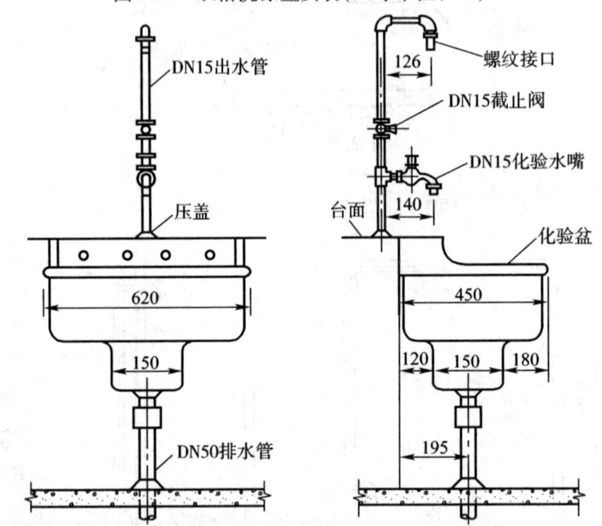

图 3-17 化验盆安装(尺寸单位:mm)

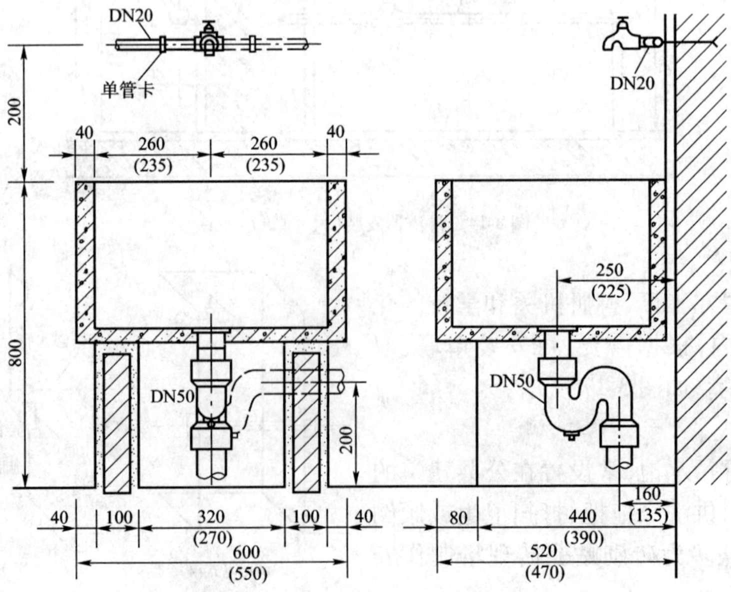

图 3-18 污水盆安装(尺寸单位:mm)

第三节　屋面雨水排水系统

屋面雨水排水系统的作用是汇集降落在建筑物屋面上的雨水和雪水并将其沿一定路线排泄至指定地点中去的系统。坡面屋一般为檐口散排，平屋面则需设置屋面雨水排水系统。

一、屋面雨水排水系统的分类及选用

屋面雨水排水系统分为外排水系统、内排水系统、混合排水系统。各种排水系统（方式）的特点有所不同，应根据建筑形式、使用要求、生产性质、结构特点及气候条件等进行选择。

1. 外排水系统

屋面外排水系统有檐沟外排水和天沟排水两种方式，分别叙述如下。

1）檐沟外排水

檐沟外排水系统又称普通外排水系统或水落管外排水系统。雨水沿屋面坡度流入檐口处檐沟，在檐沟内设雨水收集口，将雨水引入雨水斗，经承雨斗、落水管、连接管等排出，如图3-19所示。

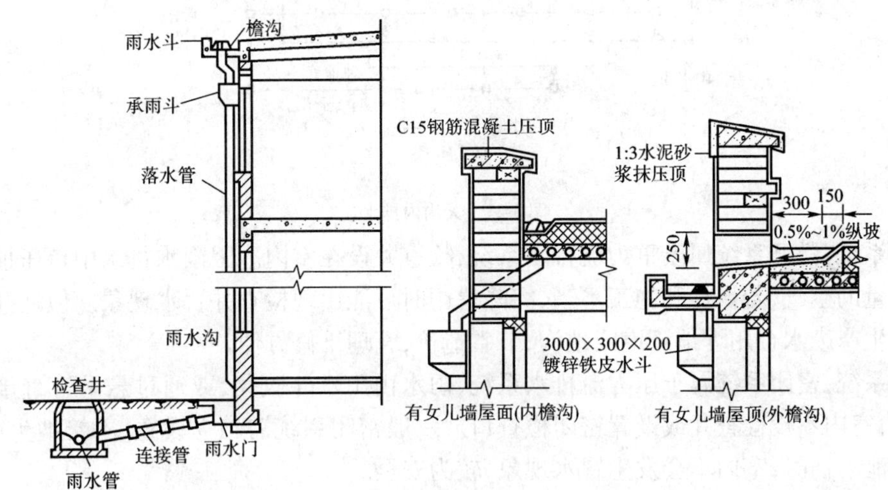

图3-19　檐沟外排水系统（尺寸单位：mm）

雨水系统各部分均设于室外，排水系统简单，不影响室内使用。适于屋面构造简单的建筑屋面排水，如普通住宅、一般公共建筑和小型单跨厂房等。

2）天沟外排水

由屋面构造上形成的天沟汇集屋面雨水，流向天沟末端并进入雨水斗，经立管及排出管排向室外管道系统，如图3-20所示。天沟外排水系统的优点是：雨水系统各部分均设置于室外，室内不会由于雨水系统的设置而产生水患。缺点是：天沟必须有一定的坡度，这需增大垫层厚度，从而增大屋面负荷。另外，天沟防水很重要，一旦天沟漏水，则影响房屋的使用。天沟外排水一般适用于大型屋面排水，特别是多跨的厂房屋面。

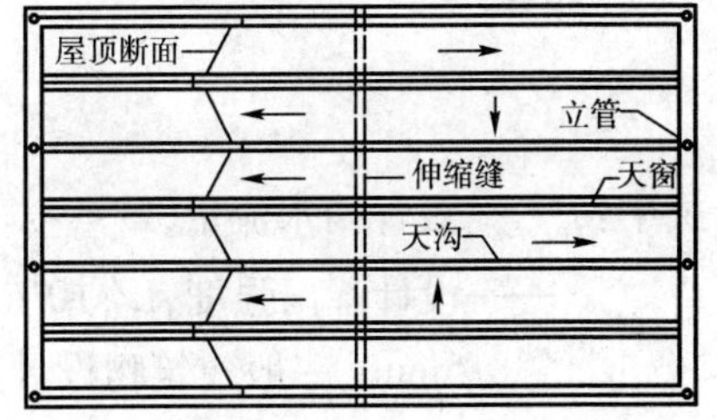

图3-20　天沟外排水

2. 内排水系统

内排水系统是指屋面设置雨水斗，建筑物内部设置

雨水管道的雨水排水系统。内排水系统由雨水斗、连接管、悬吊管、立管、排出管、埋地管和检查井组成,见图3-21。

按内排水雨水排水系统是否与大气相通,一般内排水系统分为敞开系统和密闭系统。

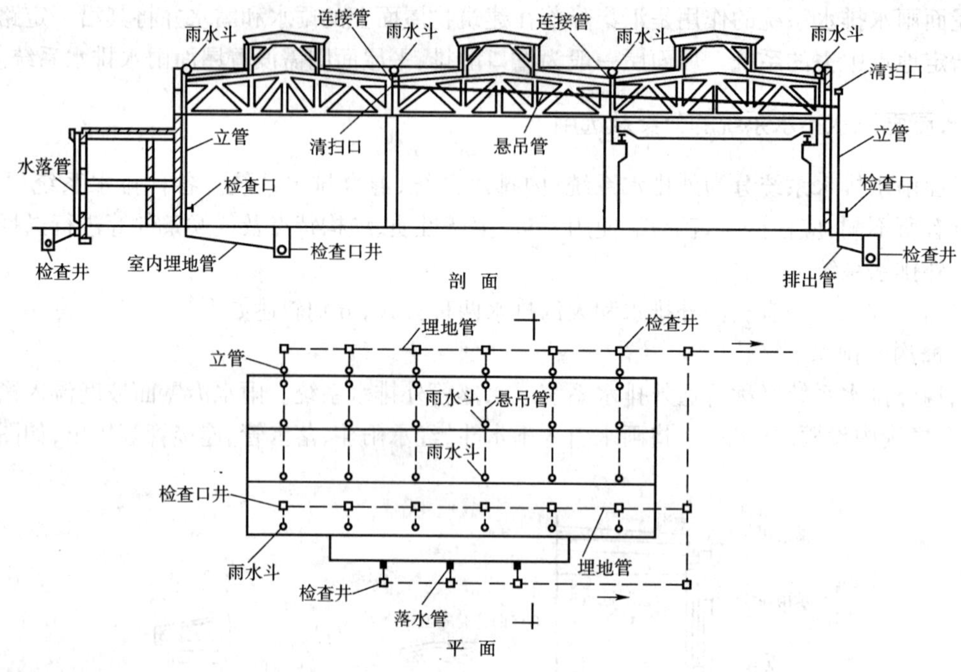

图3-21 天沟内排水

敞开系统:敞开系统属于重力流排水系统,检查井设在室内。因雨水排水中负压抽吸作用会夹带大量的空气,若设计和施工不当,突降暴雨时可能出现检查井冒水现象。但敞开内排水系统可与生产废水合用埋地管道或地沟,节省造价,管理维修方便。

密闭系统:密闭系统属于压力流排水系统,雨水由雨水斗收集,或通过悬吊管直接排入室外的系统,室内不设检查井或设置密闭检查口。一般密闭系统需独立设置,不接纳生产废水。当雨水排泄不畅时,室内不会发生冒水现象,较为安全。

内排水雨水排系统常用于屋面跨度和长度大、屋面曲折、屋面有天窗等设置天沟有困难的情况,以及高层建筑、建筑立面要求较高的建筑、大屋顶建筑、寒冷地区的建筑等不宜在室外设置雨水立管的情况。

二、屋面雨水设计流量计算

流量应根据一定重现期的降水强度和屋面汇水面积计算。屋面雨水设计流量可按式(3-1)计算:

$$q_y = \frac{q_j \psi F_W}{10\,000} \tag{3-1}$$

式中:q_y——设计雨水流量,L/s;

q_j——设计降雨强度,L/s10^4m^2;按当地或相邻地区暴雨强度公式计算,降雨历时一般取5min,一般建筑物设计重现期一般取2~5年,重要公共建筑设计重现期应10年;

ψ——屋面雨水径流系数,取0.9;

F_W——汇水面积，m^2。

汇水面积按屋面水平投影面积计算。高出屋面的侧墙应附加其最大受雨面积正投影的一半作为有效汇水面积；窗井、贴近高层建筑外墙的地下汽车库出入口坡道和高层建筑裙房屋面的汇水面积应附加其高出部分侧墙面积的1/2。

三、雨水内排水系统的水力计算

雨水内排水系统的计算内容为雨水斗、连接管、悬吊管、立管、排出管、埋地管等的选择、布置和确定管径等。

1. 雨水斗

雨水斗是控制屋面雨水排水状态的重要设备，应根据建筑物的具体情况和雨水排水特点等来选择雨水斗形式，然后根据所选雨水斗的泄流量来确定雨水斗的个数和设置位置等。单斗系统中雨水斗、连接管、悬吊管、立管、排出管的口径一般都相同，系统的设计排水流量不应超过表3-2中的数值。

单斗系统的最大排水能力 表3-2

口径(mm)	排水能力(L/s)	口径(mm)	排水能力(L/s)
75	8	150	32
100	16	200	52

多斗系统是指悬吊管上连接一个以上雨水斗的系统。多斗系统各个雨水斗的泄流量不同，距离立管越近的雨水斗泄流量越大。设计时，以最远端的雨水斗为基准，其他各个雨水斗的设计流量依次比上游的雨水斗递增10%，但到第5个斗时，设计流量不再增加。

2. 连接管

连接管是上部连接雨水斗，下部连接悬吊管的一段竖向短管，一般不用计算，采用与雨水斗出水口相同的直径即可，但不宜小于DN100。

3. 悬吊管

悬吊管是上部与连接管相连，下部与排水立管相连接的横向管段，通常沿梁或屋架布置，悬吊管的泄流量与连接的雨水斗个数、管道坡度、管道长度等有关。

4. 立管

立管承接经悬吊管或雨水斗流来的雨水，1根立管连接的悬吊管根数不多于2根，立管管径应经水力计算确定，但不得小于上游管段管径。

5. 排出管

排出管一般不作计算，采用与立管相同的管径，或比立管管径大一号的管径。

6. 埋地管

埋地管按重力流计算，其充满度控制在0.5~0.8范围内。最小管径为200mm，最大不超过600mm。

第四节 高层建筑排水系统

一、高层建筑排水系统的特点

高层建筑的卫生条件要求较高，其排水系统必须通畅，保证水封不受破坏，条件允许的建筑可以采用粪便污水与生活废水分流，以避免水流干扰，改善卫生条件。高层建筑中，一般多装设专用通气系统或环形通气系统。高层建筑的底层排水管应单独排出，以免底层的卫生器具受高层水流的影响而发生冒水的危险。

高层建筑的排水管道数量多而且较长，一条立管负担的排水量大，流速高。因此要求排水设施必须可靠、安全。如采用强度高、耐久性好的金属管道或塑料管道，相配的弯头等配件等。

高层建筑一般都建有地下室，有的深入地面下 2 ~ 3 层或更深些，地下室所排污（废）水要采用离心泵等抽升设备排入室外排水管。另外，高层建筑中噪声的危害也应引起足够重视，具体应做到在设计上要考虑噪声的预防，在施工上要保证工程质量，在运行中要加强维修管理、尽可能使噪声减到最低程度，为建筑物创造良好的环境。

二、高层建筑排水系统的类型

高层建筑中设置专用通气管虽能较好地稳定排水管内气压，提高通水能力，但占地面积大，施工复杂，造价高。

特殊单立管排水系统适用于高层、超高层建筑内部排水系统，能有效解决高层建筑内部排水系统中由于排水横支管多，卫生器具多排水量大而形成的水舌和水塞现象，克服了排水立管和排出管或横干管连接处的强烈冲激流形成的水跃，致使整个排水系统气压稳定，有效地防止了水封破坏，提高了排水能力。

从 20 世纪 60 年代以来，瑞士、法国、日本、韩国等，先后研制成功了多种特殊的单立管排水系统，即苏维托立管排水系统、旋流立管排水系统（又称塞克斯蒂阿排水系统）、芯形排水系统（又称高奇马排水系统）、PVC-U 螺旋排水系统等。

1. 苏维托立管排水系统

苏维托立管系统有两种特殊管件：一种是混合器；另一种是跑气器。混合器设在楼层排水横支管与立管相连接的地方，跑气器设在立管的底部，如图 3-22 所示。混合器内特殊构造有：上部是一个乙字弯，中部对着横支管接入口处有一有缝隙的隔板，下部为混合区。

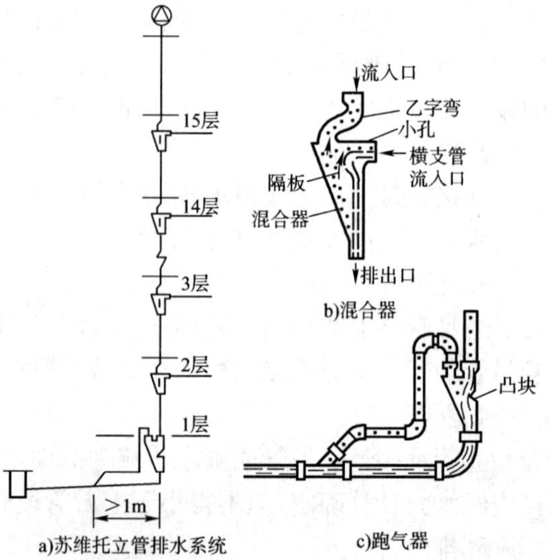

图 3-22　苏维托立管排水系统

苏维托系统改善了排水立管中的水流状态，降低了管内空气压力波动，保护了用水器具的水封不被破坏。这种系统适用于一般高层住宅，具有节省材料和投资的优点。

2. 旋流单立管排水系统

旋流单立管排水系统，也是由两种特殊管件起作用。一是安装于横支管与立管相接处的旋流器；二是立管底部与排出管相接处的大曲率导向弯头，如图 3-23 所示。旋流器由主室和侧室组成。

三、高层建筑排水系统的管道布置

高层建筑排水系统的使用功能较多，装饰要求较高，管道多且管径大。为了使排水管道的布置简洁，管道走向明确，满足使用和装饰要求，并便于安装和检修，常将排水立管和给水管道设在管道井中。

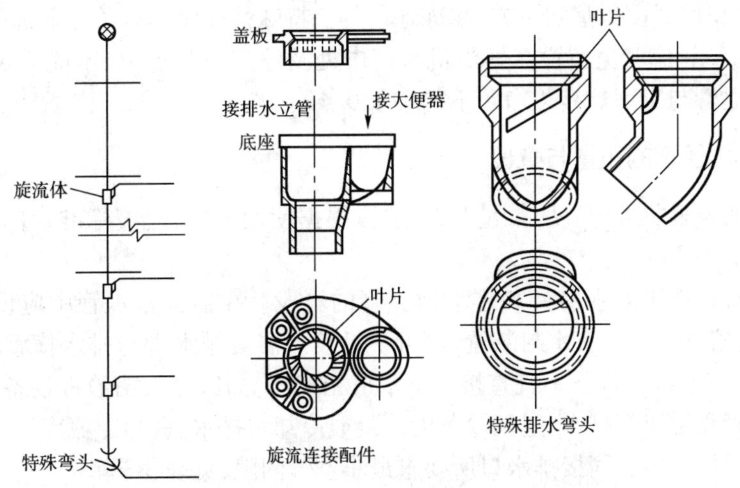

图 3-23　旋流单立管排水系统

一般管道井应设置在用水房间旁边，以使排水横支管最短。管道井垂直贯穿各层，以使立管段能垂直布设。

管道井内应有足够的面积，保证管道安装间距和检修用的空间。为了方便检修，要求管井中在各层楼层高程处设置平台，并且每层有门通向公共走道。有的立管也可直接设在用水房间内而不设管道井，对装饰要求较高的建筑，可采用外包装的方式将其包装起来，但要在闸门、检查口处设置检修窗或检修门。

高层建筑中，即使其使用要求单一，但由于楼层太多，其结构布置和构件尺寸往往也会因层高不同而有变化，这就使排水管道井受其影响而使管道井平面位置有局部变化。另外，当高层建筑中上下两区的房屋使用功能不一样时，若要求上下用水房间布置在同一位置上，会有困难。管道井不能穿过下层房间，最好的办法是在两区交界处一层设备层。立管通过设备层时作水平布置，再进入下面区域的管道井。设备层不仅有排水管道布设，还有给水管道和相关设备布设等。由于排水管道内水流是重力流，宜优先考虑排水管设置位置，并协调其他设备位置布设。设备层的层高可稍微低些，但要具备通风、排水和照明功能。

第五节　排水管道的布置与敷设安装

一、室内排水管道的布置原则

排水管道布置应满足使用要求，且经济美观，维修方便。应力求简短，拐弯最少，有利于排水，避免堵塞，不出现“跑冒滴漏”现象，使管道不易受到破坏，日常管理维护费用较低。同时兼顾到给水管道、热水管道、供热通风管道、燃气管道、电力照明线路、通信线路和共用天线等的布置和敷设要求。建筑物内部排水管道的布置一般应满足以下要求：

(1)排水立管应设置在最脏、杂质最多及排水量最大的排水点处。

(2)排水管道不得布置在遇水会引起爆炸、燃烧或损坏的原料、产品和设备的上面。

(3)排水管不得穿越卧室、客厅，不得布置在食品或贵重物品储藏室、变电室、配电室，不得穿越烟道,不得布置在生活饮用水池、炉灶上方。

(4)排水管道不宜穿越容易引起自身损坏的地方,如建筑沉降缝、伸缩缝、变形缝、烟道、风道,重载地段和重型设备基础下方、冰冻地段等。特殊情况应与有关专业部门协商处理。

(5)排水塑料管应避免布置在易受机械撞击处及地热源附近,如不能避免应采取相应技术。塑料排水立管与家用灶具边净距不得小于0.4m。

二、室内排水管道的布置与敷设

卫生器具的设置位置、高度、数量及选型,应根据使用要求、建筑标准、有关的设计规定及节约用水原则等因素确定。

器具排水管是连接卫生器具和排水横支管的管段。在器具排水管中应设有一个水封装置,若有的卫生器具中本身有水封装置,则可不另设。器具排水管与排水横管垂直连接,应采用90°斜三通。有些排水设备不宜直接与下水道相连接,如医疗灭菌消毒设备的排水、饮用水储水箱的排水管和溢流管排水、空调设备的冷凝或冷却水排水、食品冷藏库房地面的排水与排水系统均要求间接连接。间接排水口所要求最小空气间隙,见表3-3。

排水横支管一般沿墙布设,不得穿越建筑大梁,也不得遮挡窗户。横支管是重力流,要求管道按一定坡度通向立管。排水立管一般设在墙角处或沿墙、沿柱垂直布置,宜靠近排水量最大的排水点,如采用分流制排水系统的住宅建筑的卫生间,污水立管应设在大便器附近,而废水立管则应设在浴盆附近。

最底层排水横支管,应与立管管底有一定的高差,以免立管中的水流形成的正压破坏该横支管上所有连接的水封。立管仅设置伸顶通气管时,最低排水横支管与立管管底的垂直距离见表3-4。最低排水支管连接在排出管或排水横干管上时,连接点距立管底部水平距离不宜小于3m。若不满足上述要求,则排水支管应单独排出室外。

间接排水口最小空气间隙表　表3-3

间接排水管管径(mm)	排水口最小空气间隙(mm)
≤25	50
32~50	100
>50	150

最低横支管与立管连接处至立管管底的垂直距离　表3-4

立管连接卫生器具的层数	垂直距离(m)
≤4	0.45
5~6	0.75
7~12	1.2
13~19	3.0
≥20	6.0

三、室内排水管道的安装

室内排水管道一般按如下安装顺序施工:排出管→底层埋地横管→底层器具排出支管→埋地排水管道灌水试验及验收→排水立管→各楼层排水横管及楼层器具排水支管→卫生器具安装→通水试验和验收。

1. 排出管的安装

排出管是室内排水立管或干管与室外排水检查井之间的连接管段,它接受来自一根或几根立管的污水并排至室外排水管网。排出管是室内排水管道的排水总管,指由底层排水横管三通至室外第一个排水检查井之间的管道。施工时,室外应伸出建筑物外墙1m,室内一般做至一层立管检查口,以便于隐蔽部分的灌水试验及验收,这样,排出管可认为是由L_1、L_2、L_3三个管段组成,如图3-24 a)所示。具体的安装方法如下:

(1)排出管应预制成整体,待接口强度达到后,一次性地穿入基础预留孔洞安装,以确保安装的严密度。

(2)排出管道宜采用两个 45°弯头或弯曲半径不小于 4 倍管径的 90°弯头,也可采用带清通口的弯头接出,如图 3-24b)所示。

(3)排出管安装并经位置校正和固定后,应妥善封填预留孔洞。做法是:用不透水材料(如沥青油麻或沥青玛蹄脂)封填严实,并在内外两侧用 1:2水泥砂浆抹面。

(4)与高层排水立管直接连接的排出管弯管底部应用混凝土支墩承托。支墩的施工质量应严格掌握,以保证具有足够的承压能力。

(5)排出管应埋设于冰冻线以下。在湿陷性黄土地区,排出管应做检漏沟。

2. 底层排水横管的安装

底层排水横管多为直接埋地敷设,或以托、吊架悬吊于地下室顶板下或地沟内。安装时应先进行预制,待达到接口强度后再与排出管整体连接。

底层排水横管的预制与安装,应以所连接的卫生器具安装中心线以及已安装的排出管斜三通及 45°弯头承口内侧为基准,确定各组成管段的管段长度,并打口预制,见图 3-25。

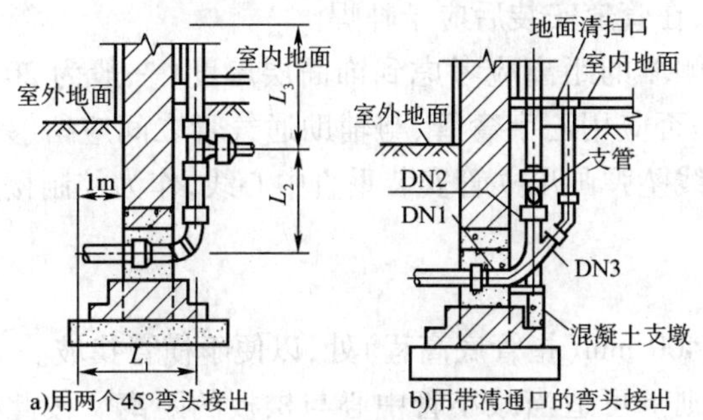

图 3-24　排出管的安装

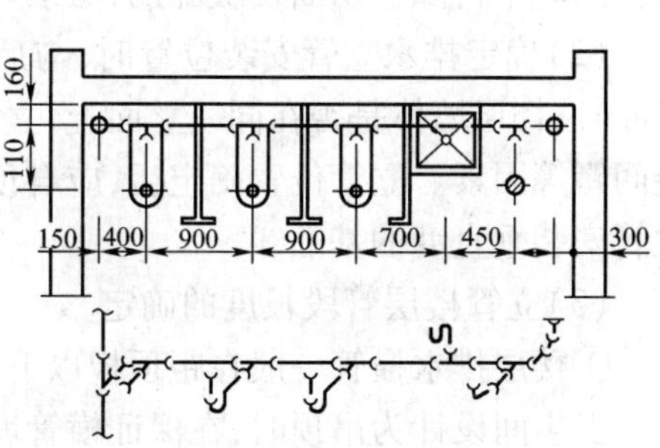

图 3-25　排水横管、支管的安装(尺寸单位:mm)

测量时,尺头顶入 45°弯头内侧,量第一个卫生器具中心线,得第一个组成管段长度,以下各卫生器具中心距即为各相应组成管段长度。

测量下料时,除蹲式大便器采用 P 形存水弯连接时允许使用正三通外,排水横管上的三通均应采用斜三通并配一个 45°弯头。测量后画出各组成管段中间的接管长度,继而进行切管,打口预制。

为使横管上连接的器具支管能准确地安装在卫生器具的排水口处,横管上的三通或端部的弯头允许向墙里或墙外偏斜一个适当的角度。

当横管过长时,可分两段预制与排出管连接。横管预制和安装时,应注意使管子和管件的铸造肋对齐,并安装于上下垂直位置,以保持横管整体的美观。

3. 底层排水支管的安装

从排水横管上接出,与卫生器具排水口相连接的一段垂直短管叫排水支管或器具支管。由于在土层内或楼板下操作不便,一般是在地面做预制。预制横管必须对各卫生器具及附件的水平距离进行实测。对承接大便器及拖布盆、清扫口的横管,根据土建图纸和现场测出它们的中心距及三通口的方向。如大便器的三通口要朝上,而拖布盆由于离墙较远,需用直弯将短支管引到靠墙所规定的尺寸,则该三通应有朝墙方向 45°的角度。测出尺寸及方向,绘在草图上便可在地面预制,如图 3-25、图 3-26 所示。预制后的管子,如果用水泥接口,则要在养护一段时间待水泥具有初步强度后,才可吊装连接。

所有器具支管均应实量下料长度,在横管安装并固定好后接至卫生器具的排水口处,并妥善进行管口封闭,以备安装卫生器具。

4. 底层隐蔽排水管道的灌水试验

排出管、底层排水支管及器具排水支管安装后,可用砖块(或圆木)及水泥砂浆封闭各敞露管口,从一层立管检查口处灌水试漏(灌水水面高度至检查口灌水口处),验收后方可回填。

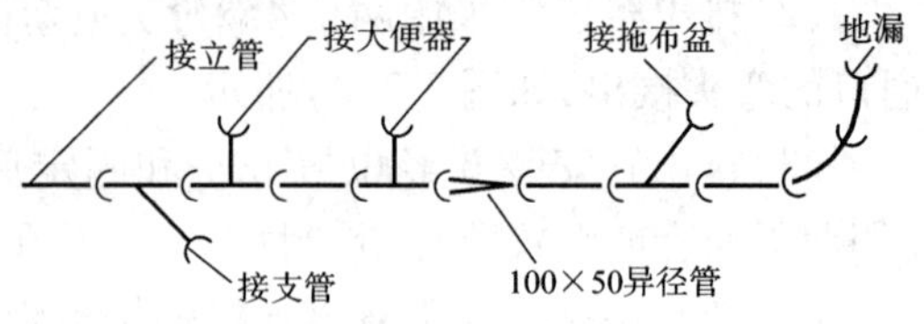

图 3-26 底层排水横支管的预制示意图

5. 排水立管的安装

排水立管(包括通气管)的安装是从一层立管检查口承口内侧,直到通气管伸出屋面。一般北方地区为屋面上 700mm,南方地区为屋面上 300mm。如屋面停留人,应高出屋面 1.8m。安装应采用分层测量确定楼层管段长度,预制时按每层一组自下而上安装和固定的方法施工。排水立管安装技术要求如下:

(1)立管穿越楼板的孔洞、器具支管穿越楼板的孔洞均应参照设计要求的尺寸预留。现场打洞时不得随意切断楼板配筋,必须切断时,在管道安装后应予补焊。

(2)确定排水立管安装位置时,与后墙及侧墙的距离应考虑到饰面层厚度(一般为 20 ~ 25mm)、楼层墙体是否在同一立面上、立管上是否应用乙字弯管、与辅助通气管之间应留够安装间距等因素。立管位置确定后,应自顶层吊线坠弹画出立管安装垂直中心线,作为控制楼层立管安装垂直度的基准线。

(3)立管楼层管段长度的确定

①楼层排水横管一般在距顶板以下 350 ~ 400 mm(指管底高程)处,以便于横管找坡。

卫生间设计为吊顶时,在保证横管坡度原则下可适当减小管中心与楼板的距离。按此横管的安装高度在立管垂直中心线上画出十字线。

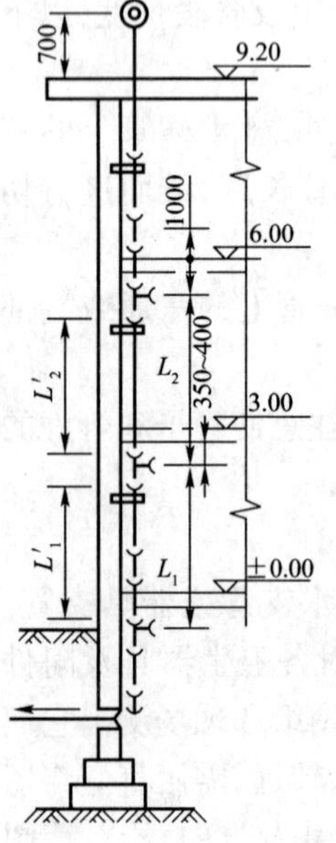

图 3-27 排水立管的安装(尺寸单位:mm)

②立管检查口安装高度为中心距地面 1m,每隔一层设置一个,以此组合各楼层预制管段(立管检查口高度如与给水支管有矛盾,可适当升高或下降 10cm)。

③将皮尺穿过各立管孔洞,测量各楼层间十字中心线的距离,即为各楼层预制管段长度,如图 3-27 所示。

(4)立管楼层管段的预制与安装

①按实测的各楼层管段长度 L_1、L_2、……以及采用的管件(一般应用斜三通及 45°弯头做成横管的连接管件)进行测量,以确定各段连接直管长度。

②立管楼层管段组合时,立管检查口的朝向应便于疏通操作(朝外,与横管管口成 45°角)。立管上使用乙字弯管时,弯管上应有清通口,中间所配直管段的长度应做到均匀,管子与管件的铸造肋应对齐,立管安装时应使铸造肋不露在正面。

各楼层管段打口连接预制后,应编号,接口达到强度后,即可自下而上逐层安装。

③每层立管安装后,均应立即以管夹($L50\times5$ 及 $\phi12$U 形螺栓栽埋管夹)固定,以保持安装的稳固性。U 形管夹的横梁应栽埋于管子内

侧,夹在承口下缘处。

④通气立管伸出屋面时,应采用不带承口的光管并插入安装铅丝球或通气伞罩。

6. 清扫口和检查口安装

当污水横管的直线管段较长时,应按规范规定的距离设置检查口或清扫口。连接两个以上大便器或三个及三个以上卫生器具的污水管上与地面相平的地方,转角小于135°的污水横管上通常设置清扫口。清扫口的安装如图3-28所示。横管在楼板下悬吊敷设时,清扫口应设在上一层楼地面上。若在污水管起点设置堵头代替清扫口,则堵头与墙面的距离不得小于400mm或以清通方便为准。

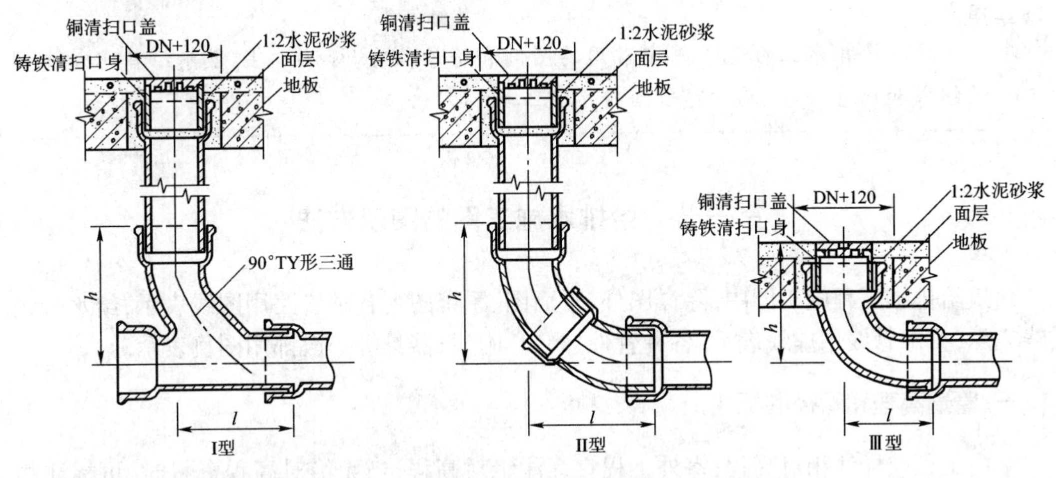

图3-28 清扫口的安装

7. 楼层排水横管及支管的安装

每一层的排水横支管应整体预制、整体吊装。横管安装前,必须准确确定安装位置,弹画坡度线。支、吊架安装后才能进行横管预制管段与排水立管的连接,每根支管长度应根据楼面安装要求及横管坡度确定。

思考题及实践练习

1. 简述分流制生活污水排水系统组成。
2. 生活排水系统采用分流制有哪些优缺点?
3. 建筑内部排水系统一般由哪些部分组成?
4. 建筑排水系统中水封的作用是什么?应如何防止水封受破坏?
5. 雨水排水系统有几类?
6. 卫生器具布置时应注意哪些问题?
7. 建筑内部排水系统常用的管材有哪些?各有什么特点?
8. 室内排水管道的布置与敷设应该注意哪些原则?
9. 实际参观了解排水管材预制加工、连接、支架制作方法,熟悉管道附件的特点和功能。
10. 结合施工现场实习,熟悉排水管道安装方法和过程。

第四章　建筑给排水施工图

本章重点

了解给排水工程施工图中常用的图例和符号，熟悉标注方法，熟悉给排水施工图的组成和内容，掌握阅读建筑给排水施工图的方法。

第一节　给排水施工图的图示方法

建筑给排水工程施工图中，除详图外，平面图、系统图上各种管路用图线表示，给水管线用实线表示，排水管线用虚线表示，各种管件、阀门、附件、器具等一般都用图例表示。

一、管道高程和管径的标注

室内工程应标注相对高程；室外工程宜标注绝对高程，当无绝对高程资料时，可标注相对高程，但应与总图专业一致。施工图中管道高程的标注方法见图4-1～图4-4。

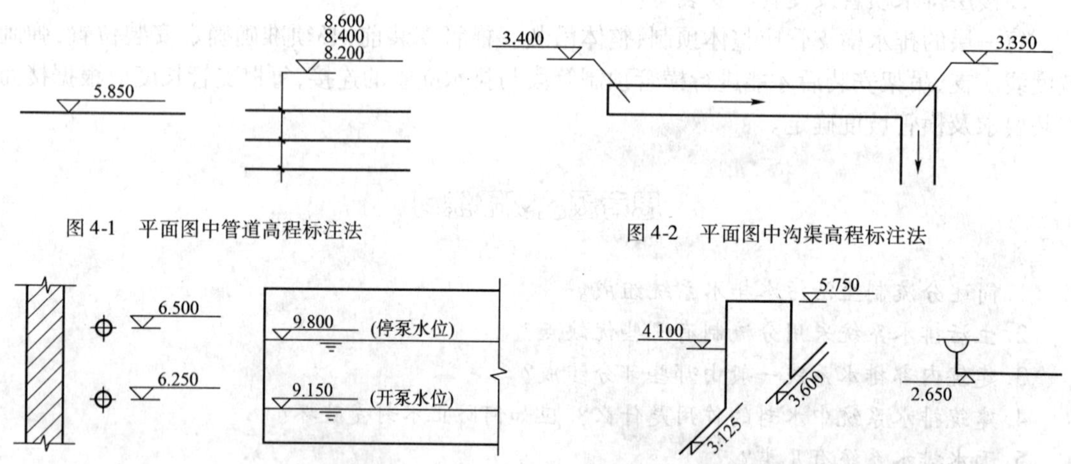

图4-1　平面图中管道高程标注法

图4-2　平面图中沟渠高程标注法

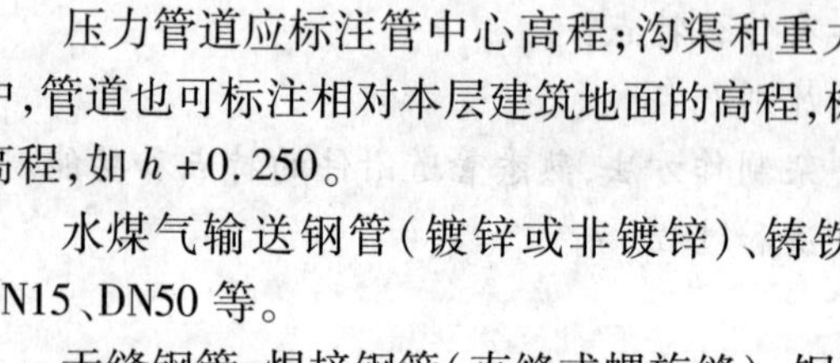

图4-3　剖面图中管道及水位高程标注法(高程单位:m)

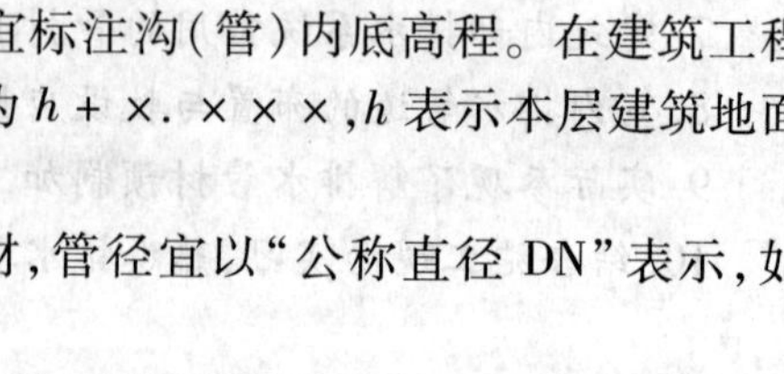

图4-4　轴测图中管道高程标注法

压力管道应标注管中心高程；沟渠和重力流管道宜标注沟(管)内底高程。在建筑工程中，管道也可标注相对本层建筑地面的高程，标注方法为 h + ×. ×××，h 表示本层建筑地面高程，如 h +0.250。

水煤气输送钢管(镀锌或非镀锌)、铸铁管等管材，管径宜以“公称直径 DN”表示，如 DN15、DN50 等。

无缝钢管、焊接钢管(直缝或螺旋缝)、铜管、不锈钢管等管材，管径宜以“外径 D ×壁厚”表示，如 D108 ×4、D159 ×4.5 等。

钢筋混凝土(或混凝土)管、陶土管、耐酸陶瓷管、缸瓦管等管材,管径宜以内径 d 表示,如 d230、d380 等。

塑料管材、管径宜按产品标准的方法表示。

管径的标注方法应符合图 4-5、图 4-6 的规定。

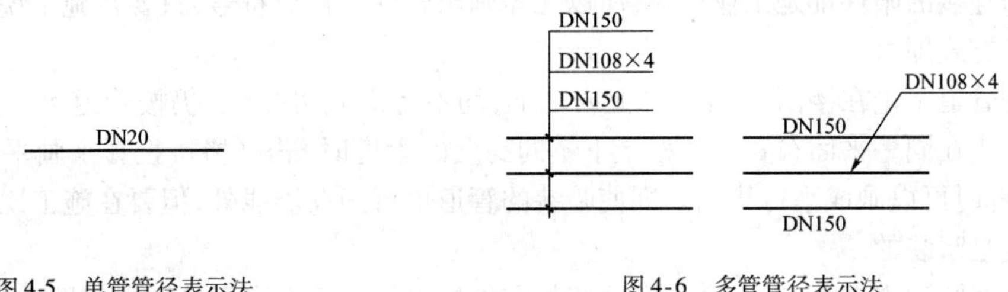

图 4-5 单管管径表示法

图 4-6 多管管径表示法

二、系统编号的标注

当建筑物的给水引入管或排水排出管的数量超过 1 根时,宜进行编号,编号宜按图 4-7 的方法表示。建筑物内穿越楼层的立管,其数量超过 1 根时宜进行编号,编号宜按图 4-8 的方法表示。

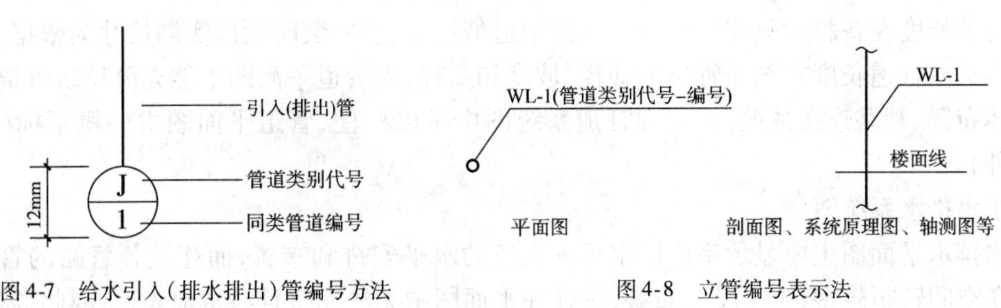

图 4-7 给水引入(排水排出)管编号方法

图 4-8 立管编号表示法

第二节 给排水施工图的识读

一、给排水施工图的分类和组成

给水排水施工图分为室内给水排水施工图和室外给水排水施工图。

室外给水排水施工图表达的范围比较广,它可以表示一个城市的给排水工程,也可以表示工矿企业内的厂区或一幢建筑物外部的给水排水工程设施。其内容包括平面图、高程图、纵剖面图和横剖面图以及详图。

室内给水排水施工图表示一幢建筑物内部的给水排水工程设施情况,主要画出房屋内的浴厕、厨房等房间或工业厂房中的锅炉间、澡堂、化验室以及需要用水的车间的用水部门的管道布置,一般包括平面图、系统图、屋面排水平面图、剖面图和详图、设计说明和设备及材料明细表等。

1. 给水排水平面图

室内给水排水平面图是建筑给水排水施工图中最基本的图样,它主要反映卫生洁具、管道及其构件相对于房屋的平面位置。各种功能管道、管道附件、卫生器具、用水设备,均应用各种图例表示;各种横干管、立管、支管的管径、坡度等,均应标出;平面图上管道都用单线绘出,沿墙敷设不注管道距墙面距离。

为了便于读图,在底层管道平面图中各种管道要按系统予以编号。系统的划分视具体情况而异,一般给水管可以每一室外引入管(即从室外给水干管上引入室内给水管网的水平进户管)为一系统,污、废水管道以每一个承接排水管的检查井为一系统。

管道连接的附件都是工业产品,所以无需画出管件及接口符号,只要在施工说明中写明管材和连接方式即可。

各种管道不论在楼面(地面)之上或之下,均不考虑其可见性,仍按管道类别用规定的线型画出。当在同一平面布置有几根上下不同高度的管道时,若严格按投影来画平面图会重叠在一起,此时可以画成平行排列。即使暗装的管道也可画在墙线外,但要在施工说明中说明该管道系统是暗装的。

给水系统的引入管和污、废水管系统的室外排出管仅需在底层管道平面图中画出,楼层管道平面图中一概不需绘制。

房屋的水平方向尺寸,一般在底层管道平面图中只需注出其轴线间尺寸;至于高程,只需标注室外地面的整平高程和各层楼地面高程。

卫生洁具和管道一般都是沿墙靠柱设置的,不必标注定位尺寸。必要时,以墙面或柱面为基准标出。卫生洁具的规格可用文字标注在引出线上,或在施工说明中写明。

管道的长度在备料时只需用比例尺从图中近似量出,在安装时则以实测尺寸为依据,所以图中均不标注管道长度。至于管道的管径、坡度和高程,因管道平面图不能充分反映管道在空间的具体布置、管路连接情况,故均在管道系统图中予以标注,管道平面图中一概不标(特殊情况除外)。

2. 给水排水系统图

给水排水平面图主要显示室内给水排水设备的水平安排和布置,而连接各管路的管道系统因其在空间转折较多,上下交叉重叠,往往在平面图中无法完整且清楚地表达,因此,需要有一个同时能反映空间三个方向的图来表达,这种图被称为给水排水系统图,也称轴测图。它是根据各层平面图中用水设备、管道的平面位置及竖向高程用斜轴测投影绘制而成的,能反映各管道系统的管道空间走向和各种附件在管道上的位置。

系统图上应标明管道的管径、坡度,标出支管与立管的连接处、管道的各种附件的安装高程,即以底层室内地面作为高程 ±0.00。在给水系统图中,高程以管中心为准,一般要求注出横管、阀门、放水龙头、水箱等各部位的高程。在污(废)水系统图中,横管的高程以管底为准,一般只标注立管的管顶、检查口和排出管的起点高程,其他污(废)水横管的高程一般由卫生洁具的安装高度和管件的尺寸所决定,所以不必标注;当有特殊要求时,亦应注出其管的起点高程。此外,还要标注室内地面、室外地面、各层楼面和屋面等的高程。

系统图中对用水设备及卫生器具的种类、数量和位置完全相同的支管、立管,可不重复完全绘出,但应用文字标明。当系统图立管、支管在轴测方向重复交叉影响识图时,可断开移到图面空白处绘制。

3. 施工详图

凡平面布置图、系统图中局部构造因受图面比例限制而表达不完善或无法表达的,为使施工概预算及施工不出现失误,需将局部构造进行放大绘出施工详图。通用施工详图系列,如卫生器具安装、排水检查井、雨水检查井、阀门井、水表井、局部污水处理构筑物等,均有各种施工标准图,施工详图首先采用标准图。

4. 设计施工说明

设计图纸上用图或符号表达不清楚的问题,需要用文字写出设计施工说明。主要内容有:用工程绘图无法表达清楚的给水、排水、热水供应、雨水系统等管材防腐、防冻、防露的做法;或难于表达的诸如管道连接、固定、竣工验收要求、施工中特殊情况技术处理措施;或施工方法要求严格必须遵守的技术规程、规定等。

一般中小型工程的设计说明直接写在图纸上,工程较大、内容较多时则要另用专页编写。

5. 设备及材料明细表

工程选用的主要材料及设备表,应包括材料类别、规格、数量,设备品种、规格和主要尺寸等。施工图中涉及的设备、管材、阀门、仪表等均列入表中,以便施工备料。不影响工程进度和质量的零星材料,允许施工单位自行决定的可不列入表中。

施工图中选定的设备对生产厂家有明确要求时,应将生产厂家的厂名写在明细表的附注里。

简单工程可不编制设备及材料明细表。

二、看给排水施工图应注意的问题

(1)首先弄清图纸中的方向和该建筑在总平面图上的位置。

(2)看图时先看设计说明,明确设计要求。

(3)给水排水施工图所表示的设备和管道一般采用统一的图例,在识读图纸前应查阅和掌握有关的图例,了解图例代表的内容。

(4)给水排水管道纵横交叉,平面图难以表明它们的空间走向,一般采用系统图表明各层管道的空间关系及走向,识读时应将系统图和平面图对照识读,以了解系统全貌。

(5)给水系统可以从管道入户起顺着管道的水流方向,经干管、立管、横管、支管到用水设备,将平面图和系统图对应着一一读遍,弄清管道的方向,分枝位置,各段管道的管径、高程、坡度、坡向、管道上的阀门及配水龙头的位置和种类,管道的材质等。

(6)排水系统可从卫生器具开始,沿水流方向,经支管、横管、立管,一直查看到排出管。弄清管道的方向,管道汇合位置,各管段的管径、高程、坡度、坡向,检查口、清扫口、地漏的位置、风帽的形式等。同时注意图纸上表示的管路系统,有无排列过于紧密,用标准管件无法连接的情况等。

(7)结合平面图、系统图及说明看详图,了解卫生器具的类型、安装形式、设备规格型号、配管形式等,清楚系统的详细构造及施工的具体要求。

(8)识读图纸中应注意预留孔洞、预埋件、管沟等的位置及对土木建筑的要求查看有关的土木建筑施工图纸,以便施工中加以配合。

三、给排水施工图阅读实例

1. 室内给排水平面图的阅读

图 4-10 是某企业三层办公楼的一层给排水平面图,从图中可以看到:给水引入管从办公楼东侧外墙引入,管径为 DN32。配水干管沿南墙布设,一直到厨房,水平支管连接厨房的洗涤盆、卫生间的卫生器具以及餐厅的洗涤盆。两根给水立管分别为 JL1、JL2 表示,一根靠近卫生间的洗涤盆,一根靠近大便器。

设计与施工说明

一.本设计为室内给排水施工图设计.

二.生活给水设计

1.给水由水厂配水管道直接供水，配水方式为下行上给式.

2.生活给水管采用PP-R给水塑料管及相应的管件和阀门，黏结.
管材等级应采用≥1.0MPa.

3.给水横管应有i=0.003的坡度，坡向泄水装置.

4.给水阀门的选择：采用球阀.

5.给水管道安装完毕后，应进行水压试验，在0.6MPa试验压力下稳压1小时，压力降不得超过0.05MPa.然后在0.209MPa状态下稳压2小时,压力降不得超过0.03MPa,同时不渗不漏为合格.

6.给水管支吊架最大间距，见下表:

公称内径ND(mm)		20	25	32	40	50	65	75
间距(mm)	横管	650	800	950	1100	1250	1400	1500
	竖管	1000	1200	1500	1700	1800	2000	2200

三.消防设计

消火栓:

消火栓箱采用铝合金箱体，消火栓支管及阀口直径均为DN50；水枪口径为ϕ=16mm，水龙带为麻质，长度L=25m.消火栓均为明装,消火栓阀口中心距地面1.10m.厂房内在冬季应有防止冻坏管道的措施.

建筑灭火器配置:

1.根据规范规定，本工程室内配置灭火器，配置基准为轻危险等级.

2.建筑灭火器选用磷酸铵盐干粉型.每处灭火等级为5A类.在厂房房内及每个消火栓箱底部距设置5A×2.

四.排水设计

1.排水管采用UPVC排水塑料管，黏结，每层设伸缩节.
排水管横管与横管，横管与立管的连接，应采用45° 三通或45° 四通和90° 斜四通或斜三通.也可采用直角顺水三通或直角顺水四通等配件.
排水立管与排出管的连接，应采用两个45° 弯头或弯曲半径不小于4倍管径的90° 弯头.

2.排水立管底部回填土应夯实，垫300mm×300mm×150mm混凝土垫块，管道与垫块之间用砂浆稳好.
暗装或埋地的排水管道在隐蔽前必须做灌水试验，做灌水试验的灌水高度应不低于底层地面高度.
检验的标准是以满水15分钟后，再灌满并延续5分钟，液面不下降，管道及接口无渗漏为合格.

3.排水主立管及水平干管管道均应做通球试验，通球球径不小于排水管道管径的2/3通球率必须达到100%.

4.卫生器具及附件均采用节水型和新型阀门，其材质和技术要求均应符合现行的有关产品标准中规定的材质和技术要求，安装高度按有关规范规定执行.

5.如图中无特殊注明管道吊点均采用膨胀螺栓.

五.给水、排水管道安装见辽标2002S302.303.

六.图中给水管高程指管中心，排水管高程指管底，高程单位为米，尺寸单位为毫米.

七.本说明未尽事宜，按《建筑给水排水设计规范GB J15—88》、《建筑给水排水及采暖工程施工质量验收规范GB 50242—2002》、《建筑给水硬聚氯乙烯管道设计与施工验收规程》、《建筑排水硬聚氯乙烯管道工程技术规程CJJ/T 29—98》及当地消防部门有关规定执行.

给排水标准图目录

序号	标准图名称	图号	备注
1	卫生设备安装	99S304	
2	管道支架及吊架	S161	
3	管道和设备保温	87S159	
4	圆形排水检查井	S231	
5	地面操作立式阀门井	S143-17-5	
6	排水设备附件构造及安装	92S220	
7	单栓室内消火栓箱(甲,乙型)	99S202	
8	无规共聚聚丙烯(PP-R)给水管安装	02SS405-2	

图例

图例	名称	图例	名称	图例	名称	图例	名称
GL-	给水立管		水嘴		蝶阀		便器、洗脸盆、洗涤盆排水
XL-	消火栓给水立管		冲洗水箱		闸阀		排水检查井
PL-	排水立管		存水弯		截止阀		生活给水阀门井
	给水管		检查口		水表		消火栓给水阀门井
	排水管		地漏		单阀单出口消火栓		
	消火栓给水管		清扫口		建筑灭火器		

图4-9 某办公楼给排水设计与施工说明

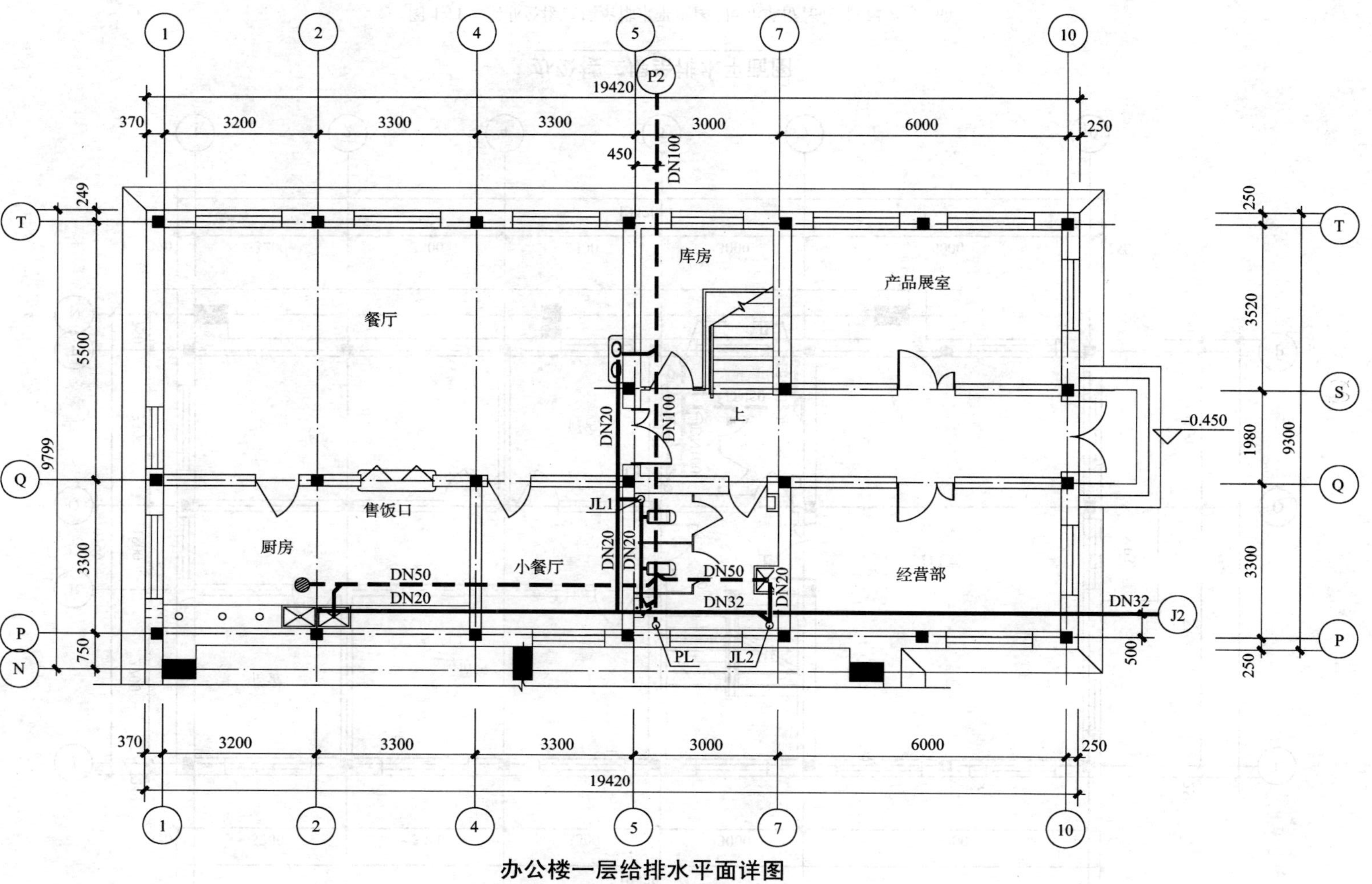

图 4-10 某办公楼一层给排水平面图(尺寸单位:mm,高程单位:m)

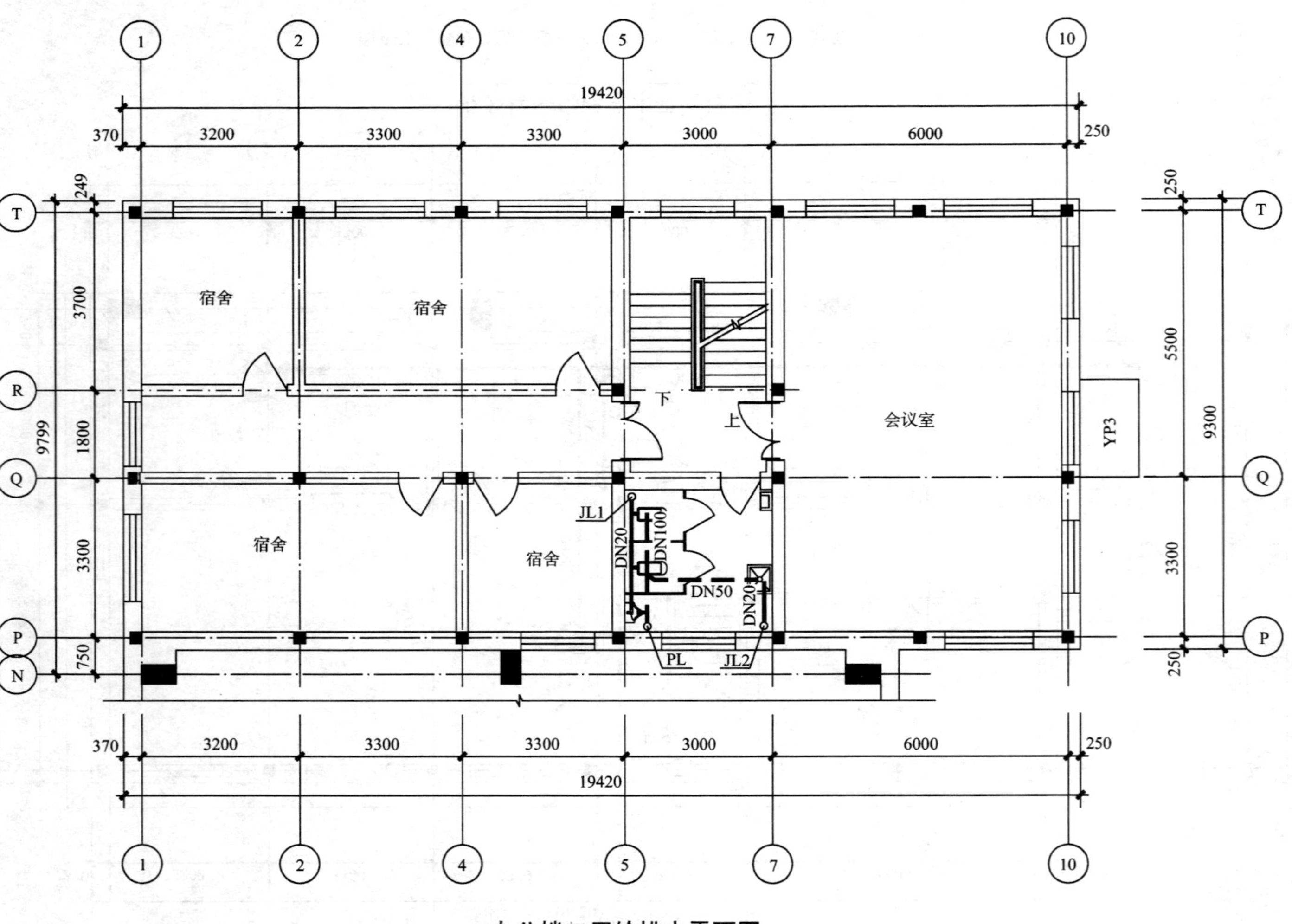

图 4-11　某办公楼二层给排水平面图(尺寸单位:mm,高程单位:m)

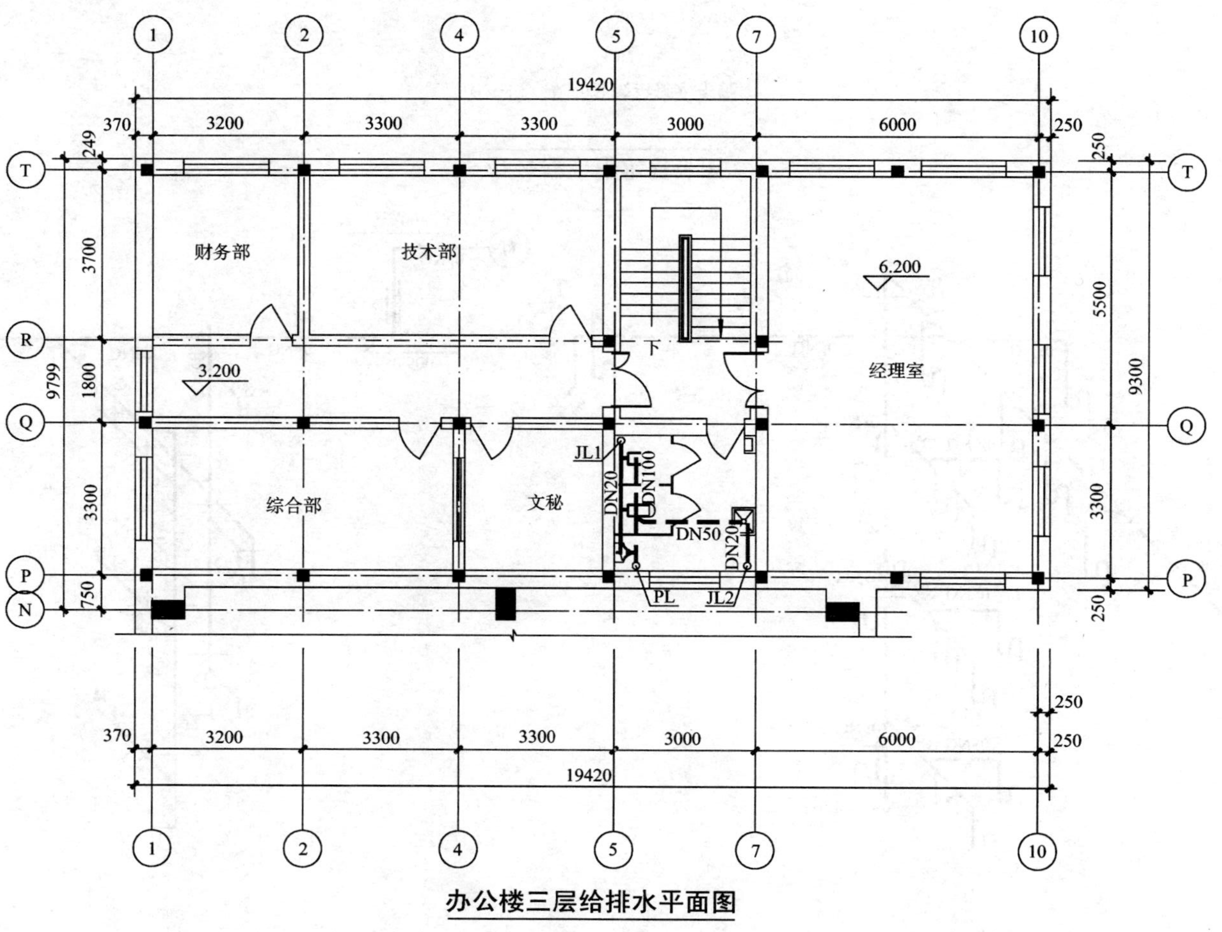

办公楼三层给排水平面图

图 4-12 某办公楼三层给排水平面图(尺寸单位:mm,高程单位:m)

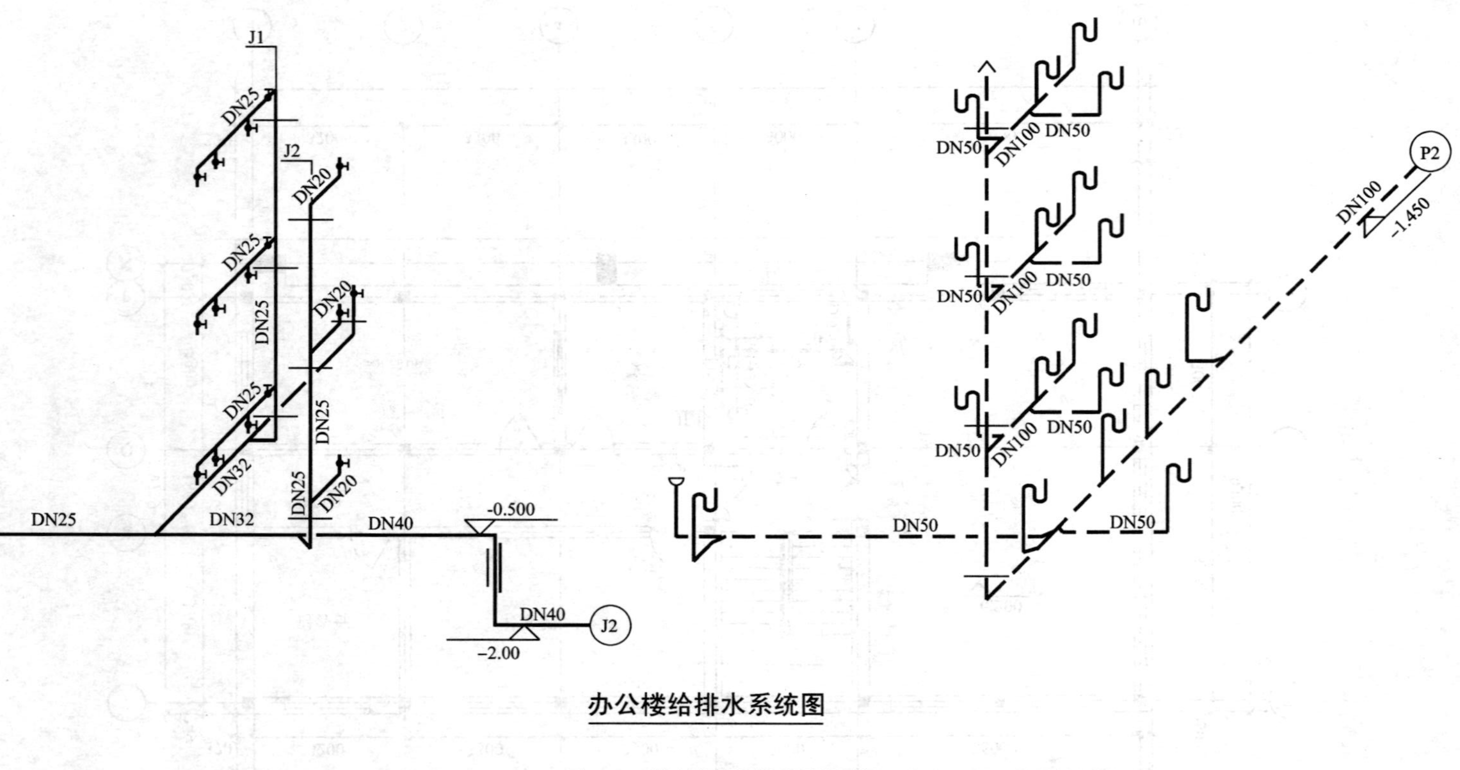

图 4-13　某办公楼给排水系统图

排水部分是，各种卫生器具的污水通过排水支管汇入南北方向的排水管由建筑物北侧排出，排出管管径为DN100。

图4-11是某企业办公楼的二层给排水平面图，比较简单，只有卫生间的给水和排水，给水通过JL1、JL2送到上部楼层，通过给水支管给卫生器具供水。排水通过排水支管收集汇入PL中排出。图4-12三层的给排水平面图同二层。

图4-9为此给排水施工图的设计与施工说明。

2. 室内给排水系统图的阅读

识读给水系统图时，可以按照循序渐进的方法，从室外水源引入处入手，顺着管路的走向，依次识读各管路及用水设备。也可以逆向进行，即从任意一用水点开始，顺着管路，逐个弄清管道、设备的位置，管径的变化以及所用管件等内容。

图4-13的左侧部分是给水系统图。从图中可以看出引入管的高程是-2.00m，引入室内后，然后向上引到-0.500m处沿墙布置至一楼的厨房处，在洗涤盆处立起，穿过楼板到达二、三楼。另一立管是从水平支管上由大便器处穿过楼板到达二、三楼。立管的管径是DN25，水平干管管径DN40、DN32、DN25渐变。

图4-13的右侧部分是排水系统图。室内排水系统从污水收集口开始，经由排水支管、排水干管、排水立管、排出管排出。立管的管径为DN100，直至三楼；三层上出屋面部分为通气管，管径DN100，与立管相连的排出管管径为DN100，埋深为1.45m。

思考题及实践练习

1. 一套建筑给排水施工图一般包括哪些图纸内容？
2. 建筑给排水平面图一般由哪些图纸组成？
3. 建筑给排水施工图总说明的内容包括哪些？
4. 室内给排水系统图是怎么形成的？
5. 给排水系统图侧重于反映哪些内容？
6. 何为给排水施工详图？
7. 调查周围建筑物的室内给水方式及排水形式，并绘出其平面图和系统图。

第二篇　建筑暖通与空调工程

学习要点

1. 掌握建筑暖通与空调系统的分类和组成，理解工作原理和系统选择原则。
2. 熟悉建筑暖通与空调系统中常见设备、管材的功能和特点。
3. 掌握管道布置基本原则和敷设方法，了解系统安装过程。
4. 掌握建筑暖通与空调设备施工图识读方法。

第五章　建筑采暖工程

本章重点

明确建筑采暖的意义，熟悉建筑采暖的基本形式；理解热水采暖的基本原理，掌握系统的分类和组成，熟悉蒸汽采暖的特点；熟悉采暖系统常见的设备及附件的功能，掌握管道布置基本原则及敷设方法，了解系统安装过程；了解高层建筑采暖形式。

第一节　建筑采暖系统概述

一、采暖的目的和任务

在冬季寒冷地区，室外环境温度往往低于室内所需温度。此时室外的冷空气会通过门窗缝隙或外门的开启侵入房间并消耗室内热量，同时室内的热空气会通过建筑物的外围结构，如外墙、屋顶、地坪、门、窗等，将热量传播到室外。因此，为了维持室内正常的环境温度，满足人们进行正常生活和生产的需要，必须不断地向室内空间提供热量，以补偿房间内热量的损耗。将热能媒介通过供热管道从热源输送至热用户，并通过散热设备将热量传递给室内空气、人体或物体等，然后又将冷却的热媒输送回热源，再次加热供给热量，这样的系统称为采暖系统。

二、采暖系统的分类

1. 按照作用范围不同

1）局部采暖

将热源和散热设备合并成一个整体,分散设置在各个采暖房间里,叫做局部采暖。如火炉、火炕、电炉、煤气炉、电红外线采暖等,他们的构造简单,易于实现,但其经济性、卫生性和安全性较差,尤其是火炉采暖产生的烟气和灰尘会严重污染室内外空气。

2)集中采暖

由热源、输热管道和散热设备的三部分组成的工程设施,称为集中采暖系统。作为采暖热源的锅炉,设置在锅炉房内,锅炉生产的热水或蒸汽,经管道输送到各个房间,通过散热设备散热后返回锅炉重新受热,如此不断循环,如图 5-1 所示。

大规模集中采暖系统是由一个或几个大型热源生产的热水或蒸汽,通过区域性供热管网,供给城市某区域以至整个城市的建筑物采暖,或者生活和生产用热,其称为区域供热系统。

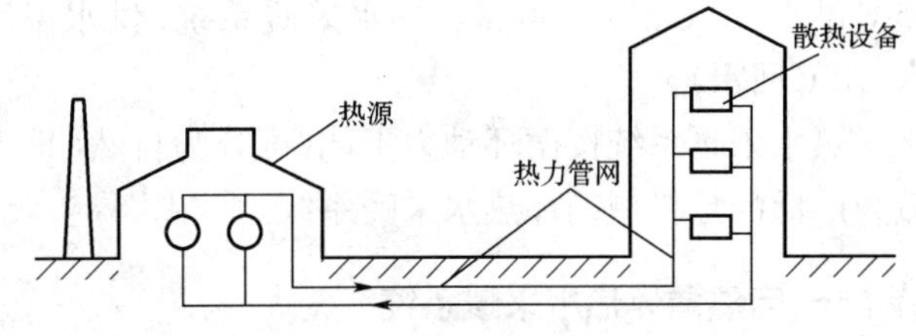

图 5-1　集中采暖系统示意图

区域供热系统的热源通常选用的形式有热电厂、区域锅炉房或工业余热。此外,还有以核能、太阳能、地热等作为热源的供热或采暖系统形式。其中以热电厂和区域锅炉房为热源的集中供热系统,是目前最常见的形式。

在区域供热系统中采用大型现代化锅炉,其燃烧效率高,尤其是热电联产的热电厂,可以大量节省能源。大型区域供热系统供热半径长,热源可以远离城市中心人口稠密区,并可装设有效的排烟脱硫和除尘设备,大大减轻了城市环境的污染。

2. 按照热媒的不同

1)热水采暖

热水作为热媒的优点是:热能利用率高,节省燃料、供热稳定、热能损失低、供热半径大、卫生、安全等。对于仅有采暖热负荷的区域锅炉房采暖系统,宜采用热水采暖系统。低温热水采暖系统适用于居住建筑以及医院、幼儿园、旅馆、学校、办公楼等民用建筑;高温热水采暖系统可用于食堂、车站、商业建筑、影剧院等公共建筑中。

2)蒸汽采暖

蒸汽作为热媒具有应用范围大、热媒温度高、所需散热面积小、节省散热器投资等优点,但对居住建筑存在使用不安全、不卫生等问题。

当供热系统既有采暖热负荷,又有工业通风、生产工艺要求的热负荷时,通常多以蒸汽作为热媒用于满足生产工艺的要求,对于仅为建筑采暖,有条件时可以利用工业余热(多余的蒸汽)根据不同的用户采用各种热交换装置,为热水或蒸汽采暖系统提供热媒。

3)热风采暖

热风采暖系统以空气作为热媒,多用于消耗热量大、所需采暖面积大,定时使用的建筑物中,如影剧院、体育场等大型公共建筑,也可用于有特殊要求的工业厂房中。

热风采暖与前面所述两种采暖系统(即热水和蒸汽采暖系统)相比,具有升温快,设备简单、投资较小等优点,但采暖系统噪声比较大,不宜应用在住宅建筑中。

3. 按照散热器的散热方式不同

按照散热器的散热方式不同,采暖系统可分为对流采暖系统和辐射采暖系统。通常我们使用的暖气片是通过自然对流采暖。

习惯上把辐射传热比例占总热量 50% ~70% 或更多的采暖系统称为辐射采暖系统。辐射采暖系统是一种卫生条件和舒适标准都比较高的采暖方式。辐射采暖包括金属辐射板、电热膜采暖系统和地板辐射式采暖系统等,它是利用建筑物内部的顶面、墙面、地面或其他表面进行采暖的系统。

第二节 热水采暖

热水采暖系统按热水参数的不同分为低温热水采暖系统(供水温度低于100℃,一般为95℃供水,70℃回水)和高温热水采暖系统(供水温度高于100℃,国内一般为100～150℃供水,70℃回水)。

热水采暖系统按循环动力不同,可分为自然(重力)循环系统和机械循环系统。目前应用最为广泛的是机械循环热水采暖系统。

一、自然循环热水采暖系统

图5-2是自然循环热水采暖系统的工作原理图。在图中假设整个系统只有一个放热中心(散热器)和一个加热中心(锅炉),用供水管和回水管把锅炉与散热器相连接。在系统的最高处连接一个膨胀水箱,用它容纳水在受热后膨胀而增加的体积。

在系统工作之前,先将系统中充满冷水。当水在锅炉内被加热后,密度减小,同时受从散热器流回密度较大的回水的驱动,使热水沿供水干管上升,流入散热器。在散热器内水被冷却,再沿回水干管流回锅炉。这样形成如图5-2箭头所示方向的循环流动。假设循环环路内,水温只在锅炉(加热中心)和散热器(冷却中心)两处发生变化,假想在循环环路最低点的断面*A—A*处有一个阀门。若突然将阀门关闭,则在断面*A—A*两侧受到不同的水柱压力。这两方面所受到的水柱压力差就是驱使水在系统内进行循环流动的作用压力。

设P_1和P_2分别表示*A—A*断面右侧和左侧的水柱压力,则:

$$P_1 = g(h_0\rho_h + h\rho_h + h_1\rho_g)$$

$$P_2 = g(h_0\rho_h + h\rho_g + h_1\rho_g)$$

断面*A—A*两侧水柱压力之差值,就是系统的循环作用压力:

$$\Delta P = P_1 - P_2 = gh(\rho_h - \rho_g) \qquad (5\text{-}1)$$

式中:ΔP——自然循环系统的作用压力,Pa;

g——重力加速度,9.81m/s^2;

h——冷却中心至加热中心的垂直距离,m;

ρ_h——回水密度,kg/m^3;

ρ_g——供水密度,kg/m^3。

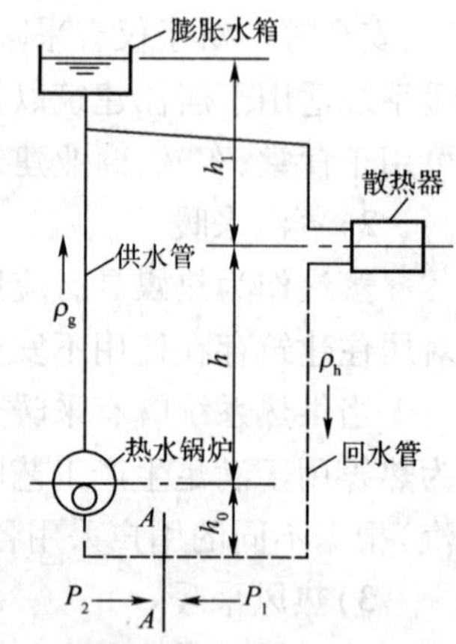

图5-2 自然循环热水采暖系统工作原理图

由式(5-1)可见,循环压力取决于冷热水之间的密度差及冷却中心与加热中心的高差。为了提高系统的循环作用压力,锅炉的位置尽可能低。

自然循环采暖系统不需要外来动力,运行时无噪声、设备安装简单、调节方便、维护管理方便。由于作用压力小,所需管径大,只宜用于没有集中采暖热源的小型建筑物中,特别适用于面积不大的一、二层的小住宅、小商店等民用建筑采用。

如图5-3所示为自然循环热水采暖系统的两种主要形式。左侧为双管上供下回式系统,右侧为单管上供下回顺流式系统。上供下回式系统的供水干管敷设在所有散热器之上,回水干管敷设在所有散热器之下。

双管上供下回式系统各层的散热器都并联在供水立管间,使热水直接分配到各层散热器,而冷却后的水,则由回水支管经立管、干管流回锅炉。由于热水同时在上下两层散热器内冷却,所以形成了两个冷却中心和两个并联支路。在双管系统中,由于各层散热器与锅炉的高差不同,两个并联支路的作用压力必然不同,上层散热支路的作用压力大于下层,会引起上热下冷现象。必须采取平衡措施。

单管上供下回式系统特点是:热水进入立管后,由上向下顺序通过各层散热器,水温逐层降低,各组散热器串联在立管上。每根立管(包括立管上各组散热器)与锅炉、供回水干管形成一个循环环路。这种单管顺序式系统具有节省管材、施工方便的优点,是办公楼、住宅、集体宿舍等多层建筑采暖最普遍的布置形式。但是这种顺序式系统中下层散热器热媒水温低于上层散热器热媒水温,因此应当增加下层采暖房间的散热面积。

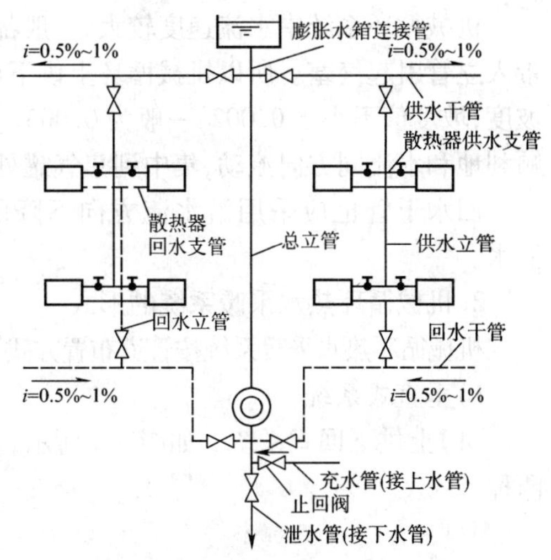

图 5-3 自然循环热水采暖系统

热水采暖系统在运行时,随着水温的升高或水在流动中压力的降低,水中溶解的空气会逐渐析出,空气会在管道的某些高点处形成气塞,阻碍水的流动,空气如果积存于散热器中,散热器就会不热。另外,氧气还会加剧管路系统的腐蚀。所以,热水采暖系统应该考虑如何排除系统内的空气。自然循环上供下回式热水采暖系统可通过设在供水总立管最上部的膨胀水箱及设置必要的管道坡度排除空气。

在自然循环系统中,水的循环作用压力较小,管中水的流速较低,管中空气气泡的浮生速度一般都超过了水的流动速度,因此空气能够逆着水流方向向高处聚集。

自然循环上供下回式热水采暖系统的供水干管应顺水流方向设下降坡度,坡度值为0.005~0.01,散热器支管也应沿水流方向设下降坡度,坡度值为0.01,以便空气能逆着水流方向上升,聚集到供水干管最高处设置的膨胀水箱排出。

回水干管应该有向锅炉方向下降的坡度,以便于系统停止运行或检修时,能通过回水干管顺利泄水。

二、机械循环热水采暖系统

机械循环热水采暖系统与自然循环热水采暖系统的主要差别是在系统中设置了循环水泵,靠水泵的机械能,使水在系统中强制循环。这虽然增加了运行管理费用和电耗,但系统循环作用压力大,管径较小,系统的作用半径会显著增加。机械循环热水采暖系统不仅可用于单幢建筑物中,也可以用于多幢建筑,并可发展为区域热水采暖系统。

1. 机械循环系统与自然循环系统的区别

图 5-4 所示为机械循环系统,系统中设置了循环水泵、膨胀水箱、集气罐和散热器等设备。机械循环系统与自然循环系统的主要区别如下。

1)循环动力不同

机械循环系统靠水泵提供动力,强制水在系统中循环流动。循环水泵一般设在锅炉入口前的回水干管上,该处水温最低,可避免水泵出现气蚀现象。

2)膨胀水箱连接点和作用不同

机械循环系统膨胀水箱设在系统的最高处,水箱下部接出的膨胀管连接在循环水泵入口前的回水干管上。其作用除了容纳水受热膨胀而增加的体积外,还能恒定水泵入口压力,保证水泵入口压力稳定。

3)排气方式不同

机械循环系统中水流速度较大,一般都超过水中分离出的空气泡的浮升速度,易将空气泡带入立管引起气塞。所以机械循环上供下回式系统水平敷设的供水干管应沿水流方向设上升坡度,坡度值不小于0.002,一般为0.003。在供水干管末端最高点处设置集气罐,以便空气能顺利地和水流同方向流动,集中到集气罐处排除。

回水干管也应采用沿水流方向下降的坡度,坡度值不小于0.002,一般为0.003,便于泄水。

2. 机械循环热水采暖系统的形式

机械循环热水采暖系统按管道布置方式不同,分为垂直式系统、水平式系统和分户式系统。

1)垂直式系统

(1)上供下回式系统。如图5-5所示,上供下回式机械循环热水采暖系统也有单管和双管两种形式。

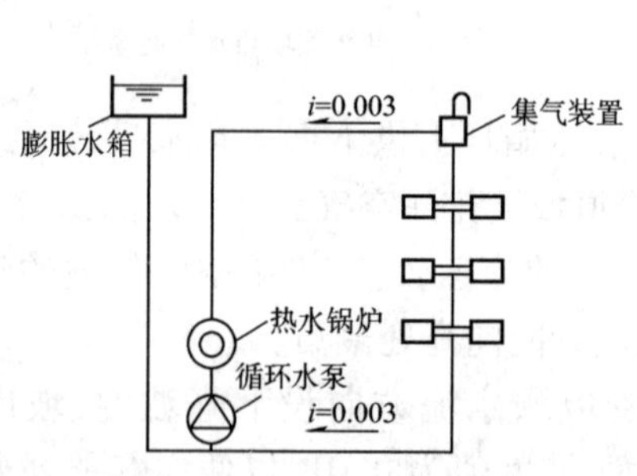

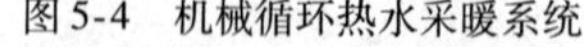
图5-4 机械循环热水采暖系统

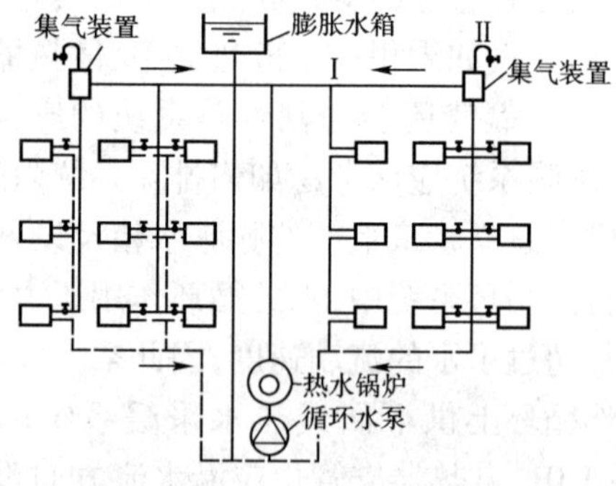

图5-5 机械循环上供下回式热水采暖系统

图5-5左侧为双管系统,双管系统的垂直失调问题在机械循环热水采暖系统中仍然存在。图5-5右侧为单管系统,立管I为单管顺流式;立管II为单管跨越式,立管中的水一部分进入散热器,另一部分直接通过跨越管与散热器的出水混合,进入下一层散热器。机械循环单管上供下回式热水采暖系统,形式简单,施工方便,造价低,是一种被广泛采用的形式。

(2)异程式系统与同程式系统。在采暖系统供、回水干管布置上,通过各个立管的循环环路的总长度不相等的布置形式称为异程式系统,如图5-6所示。前面介绍的垂直式系统均是异程式系统。而通过各个立管的循环环路的总长度相等的布置形式则称为同程式系统。

在机械循环系统中,由于作用半径较大,连接立管较多,异程式系统的各立管循环环路长短不一,压力损失较难平衡。会出现近处立管流量超过要求,而远处立管流量不足。从而引起各立管在水平方向冷热不均的现象,称为系统的水平失调。

为了消除或减轻系统的水平失调,可采用同程式系统。如图5-7所示,通过最近立管的循环环路与通过最远处立管的循环环路的总长度都相等,因而压力损失易于平衡,有效地避免了水平失调现象。因而在较大的建筑物中,常采用同程式系统。但同程式系统干管材料的消耗量要多于异程式系统。

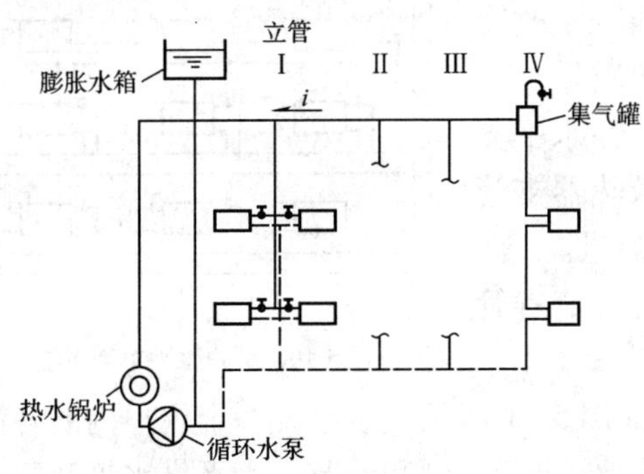

图 5-6　异程式系统

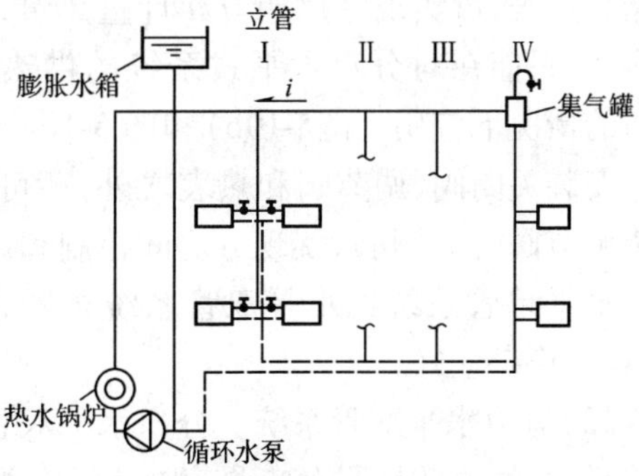

图 5-7　同程式系统

2)水平式系统

水平式系统按供水管与散热器的连接方式可分为顺流式(图5-8)和跨越式(图5-9)两类。

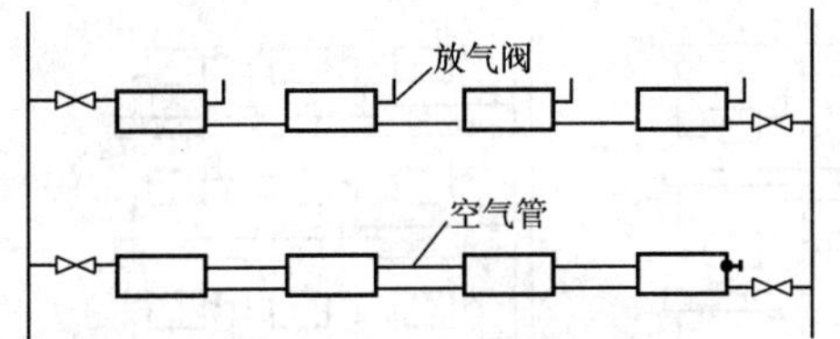

图 5-8　水平单管顺流式系统

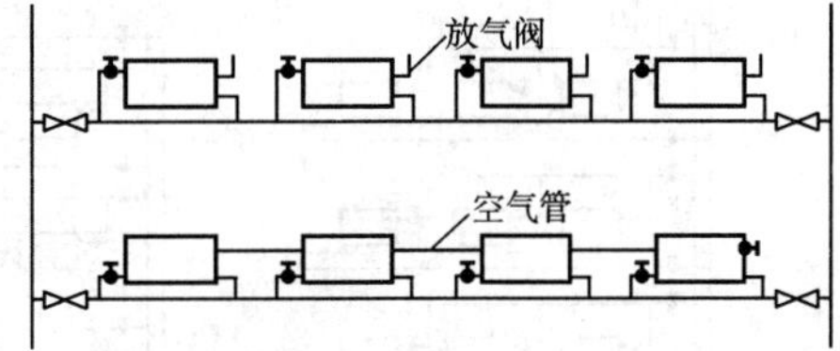

图 5-9　水平单管跨越式系统

水平式系统的排气方式要比垂直式上供下回系统复杂些。它需要在散热器上设置放气阀分散排气,或在同一层散热器上部串联一根空气管集中排气。对较小的系统,可用分散排气方式。对散热器较多的系统,宜采用集中排气方式。

水平式系统与垂直式系统相比,具有如下优点:

(1)系统的总造价,一般要比垂直式系统低;

(2)管路简单,无穿过各层楼板的立管,施工方便;

(3)对一些各层有不同使用功能或不同温度要求的建筑物,采用水平式系统,更便于分层管理和调节。

3)分户热计量采暖系统

为了便于各用户按实际耗热量计费、节约能源和满足用户对采暖系统多方面的功能要求,分户热计量采暖系统应运而生。分户热计量系统应便于分户管理及分户分室控制、调节供热量。

分户热计量采暖系统的共同点是在每一个用户管路的起止点安装关断阀和在起止点其中之一处安装调节阀,在有条件时应安装流量计或热表。每户的关断阀及向各楼层、各住户供给热媒的供回水立管(总立管)及热计量装置设在公共的楼梯间竖井内,竖井有检查门,便于供热管理部门在住户外启闭各户水平支路上的阀门、调节住户的流量、抄表和计量供热量。

分户式采暖中建筑物的一个单元设一组供回水立管,多个单元的供回水干管可设在室内或室外管沟中。干管可采用同程式或异程式,单元数较多时宜用同程式。

(1)分户水平单管系统。分户水平单管系统如图 5-10 所示,与以往采用的水平系统的主要区别是:水平支路长度限于一个住户之内;能够分户计量和调节供热量;可分室改变供热量,满足不同的室温要求。

分户水平单管系统可采用水平顺流式如图 5-10a)所示,散热器同侧接管的跨越式如图

5-10b)所示和异侧接管的跨越式如图5-10c)所示。其中图5-10a)在水平支路上设关闭阀、调节阀和热表,可实现分户调节和计量热量,但不能分室改变供热量,只能在对分户水平式系统的供热性能和质量要求不高的情况下应用。图5-10b)和图5-10c)除了可在水平支路上安装关闭阀、调节阀和热表之外,还可在各散热器支管上装调节阀(温控阀),实现分房间控制和调节供热量。

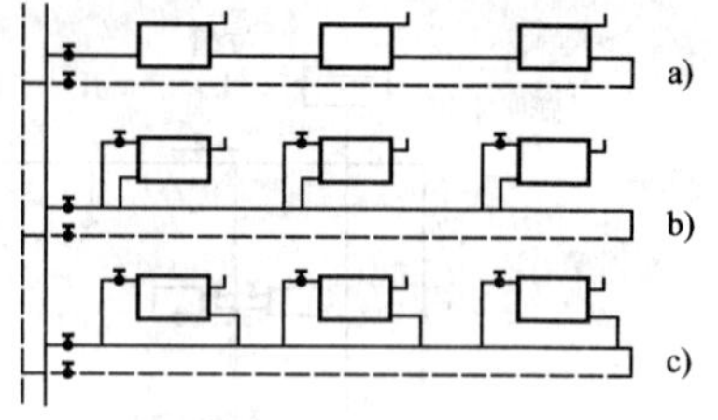

图5-10　分户水平单管系统

水平单管系统比水平双管系统布置管道方便,节省管材,水力稳定性好。

(2)分户水平双管系统。分户水平双管系统如图5-11所示。该系统一个住户内的各散热器并联,在每组散热器上装调节阀或恒温阀,以便分室进行控制和调节。水平供水管和回水管可采用图5-11所示的多种方案布置。该系统的水力稳定性不如单管系统,耗费管材。图5-12所示的分户水平单、双管系统兼有上述分户水平单管和双管系统的优缺点,可用于面积较大的户型以及跃层式建筑。

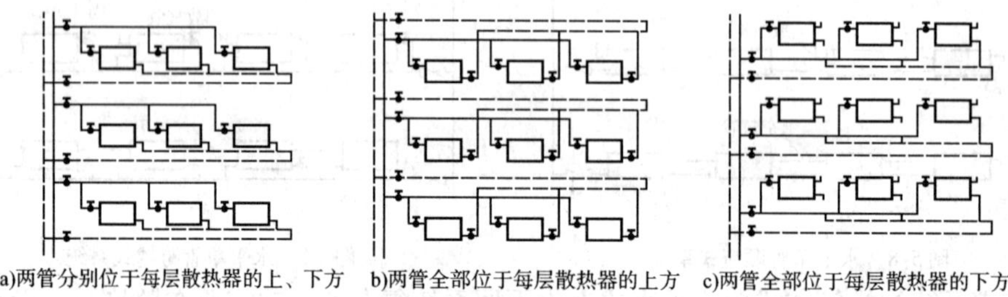
a)两管分别位于每层散热器的上、下方　b)两管全部位于每层散热器的上方　c)两管全部位于每层散热器的下方

图5-11　分户水平双管式系统

(3)分户水平放射式系统。水平放射式系统在每户的供热管道入口设小型分水器和集水器,各散热器并联,如图5-13所示。从分水器引出的散热器支管呈辐射状埋地敷设至各个散热器,散热器可单独调节。支管采用铝塑复合管等管材。为了计量各用户供热量,入户管装有热表。为了调节各室用热量,通往各散热器的支管上设有调节阀。

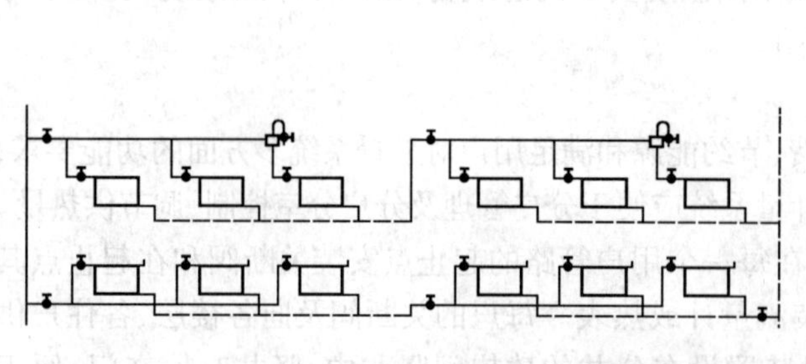
图5-12　分户水平单、双管系统

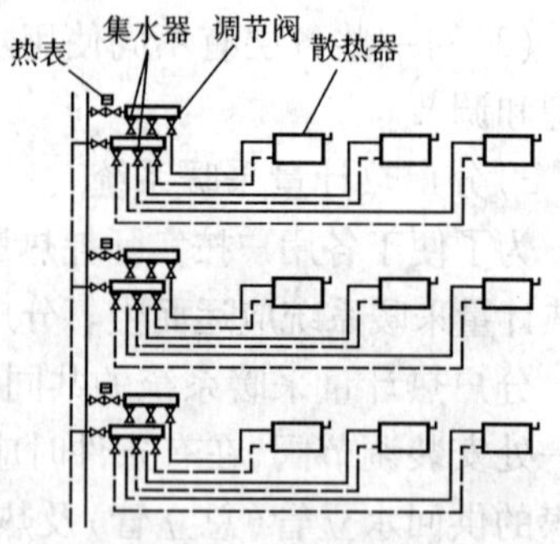

图5-13　分户水平放射式采暖系统

第三节　蒸汽采暖

一、蒸汽采暖系统的特点

蒸汽采暖的基本原理如图5-14所示,水在锅炉中被加热成具有一定压力和温度的蒸汽,

蒸汽靠自身压力作用通过管道流入散热器内，在散热器内放热后，蒸汽变成凝结水，凝结水靠重力或自身热压经过疏水器（阻汽疏水）后沿凝水管道返回凝结水箱内，再由凝结水泵送入锅炉重新加热变成蒸汽。

与热水采暖系统相对比，蒸汽采暖系统具有如下一些特点：

(1)蒸汽采暖系统中蒸汽凝结放出汽化潜热比水通过有限的温降放出的热量要大得多，因此，对同样的热负荷，蒸汽采暖时所需的蒸汽的质量流量要比热水的质量流量少得多，所需散热设备面积也比热水采暖时少。

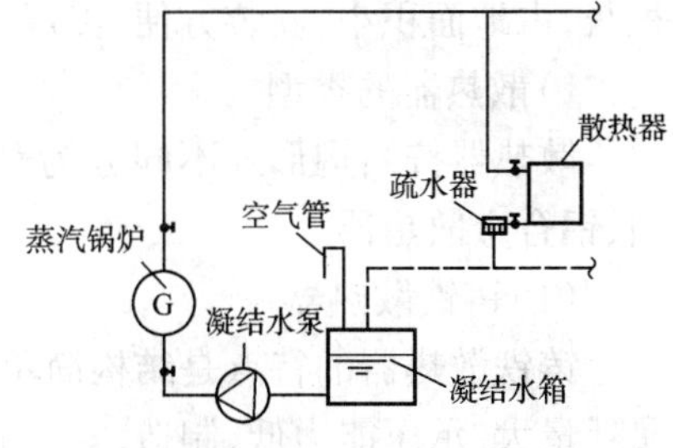

图5-14 蒸汽采暖系统原理图

(2)蒸汽和凝水在系统管路内流动时，其状态参数变化比较大，还会伴随相态变化。从散热设备流出的饱和凝水，通过疏水器或阀门在凝结水管路中压力下降，沸点改变，凝水部分重新汽化，形成所谓“二次蒸汽”，以两相流的状态在管路内流动。

(3)蒸汽采暖系统中蒸汽和凝结水状态变化较大，系统设计和管理不当时，容易出现蒸汽的“跑、冒、漏、滴”现象，造成热量浪费，并影响系统和设备的正常使用。

(4)蒸汽采暖系统散热器热媒平均温度一般都高于热水采暖系统。因此，蒸汽采暖系统散热器表面温度高，易烧烤积在散热器上的有机灰尘，产生异味，卫生条件较差。

(5)蒸汽采暖系统中的蒸汽质量体积，较热水质量体积大得多。相同质量流量时，可采用较大的流速，而不会产生过大的阻力，从而可减小管径，节省投资。

(6)由于蒸汽具有比容大，密度小的特点，因而在高层建筑采暖时，不会像热水采暖那样，产生很大的静水压力。

(7)蒸汽采暖系统的热惰性小，供汽时热得快，停汽时冷得也快，很适宜用于间歇供热的用户，如会议厅、影剧院等。但蒸汽系统间歇工作时，管内蒸汽、空气交替出现，加剧了管道内壁的氧化腐蚀，因此蒸汽系统的使用寿命比热水系统要短。

二、蒸汽采暖系统分类

按供汽压力的大小分类：当供汽压力高于70kPa时，称为高压蒸汽采暖；供汽压力等于或低于70kPa时，称为低压蒸汽采暖。

按立管的布置特点，蒸汽采暖系统可分为单管式和双管式。目前国内绝大多数蒸汽采暖系统采用双管式。

按回水动力不同，蒸汽采暖系统可分为重力回水和机械回水两类。高压蒸汽采暖系统都采用机械回水方式。

第四节 采暖系统的设备与附件

一、散热设备

散热设备是安装在采暖房间里的一种放热设备，它把热媒的部分热量传给室内空气，用以补偿建筑物热能损失，从而使室内维持所需要的温度，达到采暖目的。我国大量使用的散热设备有散热器、辐射板和暖风机三大类。

1. 散热器

散热器是以对流和辐射两种方式向室内散热的设备。散热器应有较高的传热系数,有足够的机械强度,能承受一定压力,耗金属材料少,制造工艺简单,同时表面应光滑,易清扫,不易积灰,占地面积小,安装方便,美观,耐腐蚀。

1)散热器的类型

散热器按结构形式不同分为管型、翼型、柱型和平板型散热器;按材质不同分为铸铁、钢制、铝合金散热器。

(1)铸铁散热器

铸铁散热器的特点是结构简单,防腐性能好,使用寿命长,热稳定性好,价格便宜。它的金属耗量大、承压能力低,制造、安装和运输劳动繁重。

①翼型散热器。翼型散热器的壳体外有许多肋片,这些肋片与壳体形成连为一体的铸件。在圆管外带有圆形肋片的称为圆翼型散热器(图5-15),扁盒状带有竖向肋片的称为长翼型散热器(图5-16)。翼型散热器现已逐渐被柱型散热器取代。

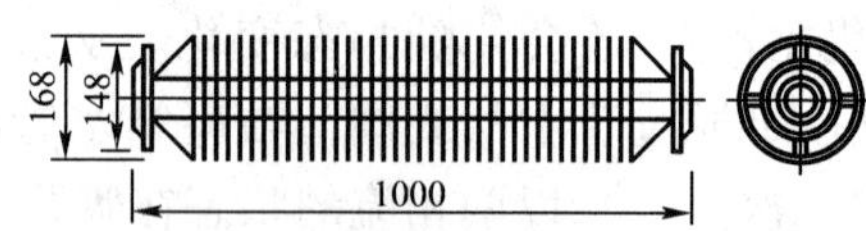

图5-15 圆翼型铸铁散热器(尺寸单位:mm)

②柱型散热器。柱型散热器是单片组合而成,每片成柱状形,表面光滑,内部有几个中空的立柱相互连通,如图5-17所示。按照所需散热量,选择一定的片数,用对丝将单片组装在一起,形成一组散热器。柱型散热器根据内部中空立柱的数目分为2柱、4柱、5柱等,每个单片有带脚和不带脚两种,以便于落地或挂墙安装。其单片散热量小,容易组对成所需散热面积,积灰较易清除。

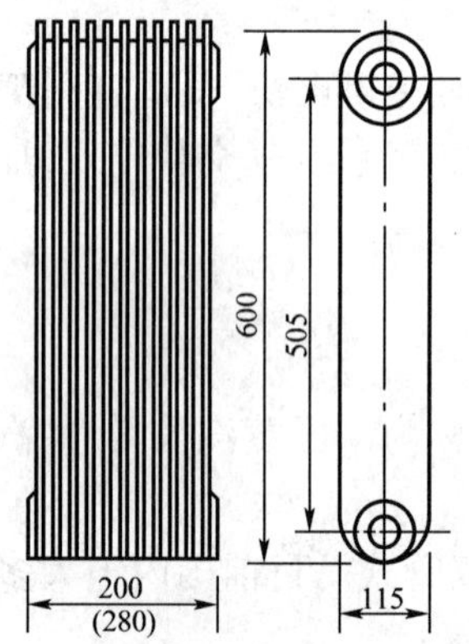

图5-16 长翼型铸铁散热器(尺寸单位:mm)

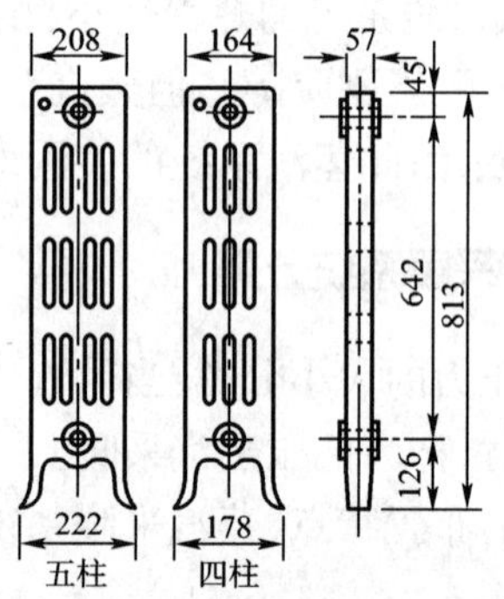

图5-17 柱型铸铁散热器(尺寸单位:mm)

(2)钢制散热器

钢制散热器金属耗量少,耐压强度高,外形美观,占地小,便于布置。钢制散热器的主要缺点是容易腐蚀,使用寿命比铸铁散热器短;除钢制柱型散热器外,其他钢制散热器的水容量少,持续散热能力低,热稳定性差。

因蒸汽采暖系统的含氧量、pH值不易控制,所以蒸汽采暖系统不宜使用钢制散热器,对有酸、碱腐蚀性气体的生产厂房或相对湿度较大的房间不宜设置钢制散热器。使用钢制散热器的系统非工作时间宜满水养护,使用钢制散热器的系统应尽量采用封闭的循环系统。

钢制散热器的主要类型介绍如下:

①闭式钢串片散热器。闭式钢串片散热器由钢管上串0.5mm的薄钢片构成，钢管与联箱相连，串片两端折边90°形成封闭形，在串片折成的封闭垂直通道内，空气对流能力增强，同时也加强了串片的结构强度，如图5-18所示。另外还有在钢管上加上翅片的形式，即为钢质翅片管式散热器。

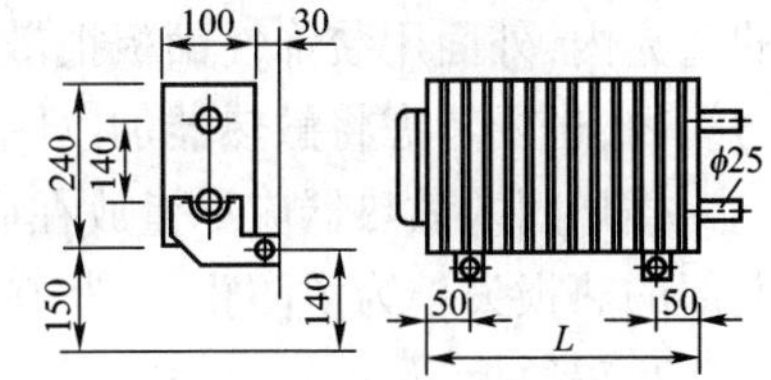

图5-18　闭式钢串片散热器

（尺寸单位：mm）

②钢制板式散热器。板式散热器由面板、背板、进出口接头等组成，如图5-19所示。背板分带对流片和不带对流片两种板型。面板和背板多用1.2～1.5mm厚的冷轧钢板冲压成型，在面板上直接压出呈圆弧或梯形的水道，热水在水道中流动放出热量。水平联箱压制在背板上。为增大散热面积，在背板后面焊上0.5mm的冷轧钢板对流片。

③钢制柱式散热器。钢制柱式散热器与铸铁柱式散热器的构造相类似，如图5-20所示，也是由中空的散热片串联而成。它是用1.25～1.5mm厚的冷轧钢板加工焊制而成。

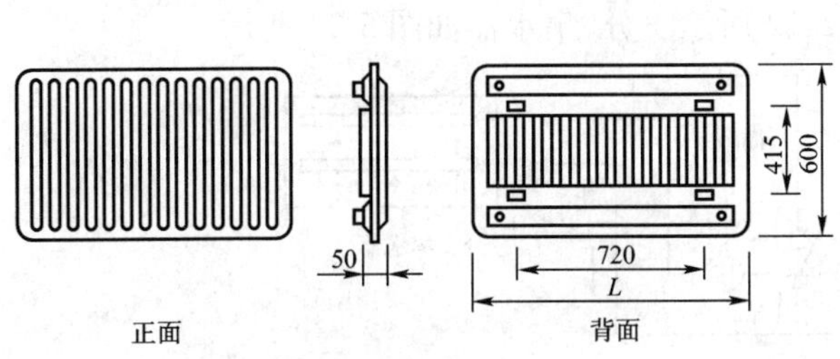

图5-19　钢制板式散热器（尺寸单位：mm）

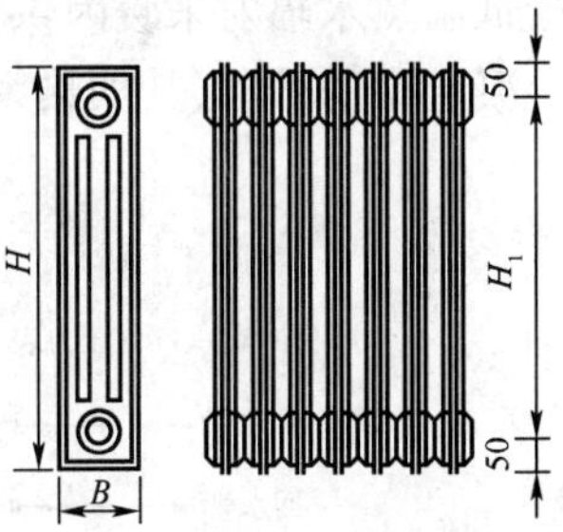

图5-20　钢制柱式散热器（尺寸单位：mm）

④钢制扁管式散热器。钢制扁管式散热器由数根矩形扁管焊接在一起，两端加上联箱制成的。扁管散热器的板型有单板、双板、单板带对流片和双板带对流片四种结构形式。

单、双板扁管散热器两面均为光板，板面温度较高，辐射热比例高；带有对流片的单、双板扁管散热器主要以对流方式传热，如图5-21所示。

（3）铝制散热器

铝制散热器的材质为耐腐蚀的铝合金，经过特殊的内防腐处理，采用焊接连接形式加工而成。铝制散热器重量轻，热工性能好，使用寿命长。

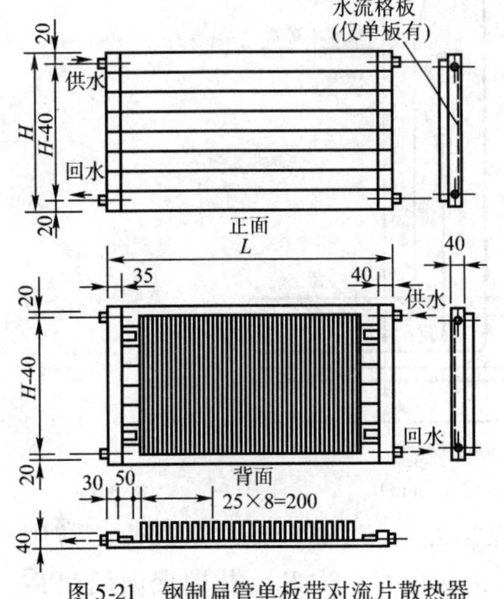

图5-21　钢制扁管单板带对流片散热器

（尺寸单位：mm）

（4）铜铝、钢铝复合型散热器

复合材料的散热器与钢制散热器类型相近。主要有柱翼型散热器、翅片管散热器、铜管铝串片式散热器等形式。它们具有加工方便、质量轻、外形美观、传热系数高、金属热强度高等特点。但造价较钢制散热器高。

2）散热器的布置

散热器一般应明装，房间有外窗时，最好每个外窗下设置一组散热器，这样从散热器上升的热气流能阻挡和改善从外窗下降的冷气流和冷辐射影响，同时对由窗缝隙渗入的冷空气也起到迅速加热的作用，使流经室内工作区的空气比较暖和舒适。进深较大的房间宜在房间内外侧分别设置散热器。

散热器明装布置,散热效果好,易于清除灰尘。建筑物为了美观,也可将散热器装在窗下的壁龛内,外面用装饰性面板把散热器遮住。另外,在幼儿园、托儿所和采用高压蒸汽采暖的房间内,也要考虑将散热器加以围挡,防止烫伤人体。

楼梯间内散热器应尽量放在底层,因为底层散热器所加热的空气能够自行上升,从而补偿上部的热损失。为了防止冻裂,在双层门的外室以及门斗中不宜设置散热器。

2. 辐射板

辐射采暖按照辐射板板面温度可分为:低温辐射(≤80℃)、中温辐射(80~200℃)和高温辐射(500℃)。按照辐射板安装位置可分为:顶面式、墙面式、地面式。按照使用热媒可分为:低温热水式、高温热水式、蒸汽式、热风式、电热式、燃气式。

低温辐射采暖是指辐射板表面温度低于80℃的辐射采暖形式。埋管式地板低温热水辐射采暖以其温度梯度小、室内温度均匀、脚感温度高、易于敷设和施工等特点被广泛采用。埋管式地板低温热水辐射采暖因供水温度一般小于60℃,管路基本不结垢,多采用管路一次性埋设于混凝土中的做法,其加热系统如图5-22所示。分、集水器如图5-23所示。

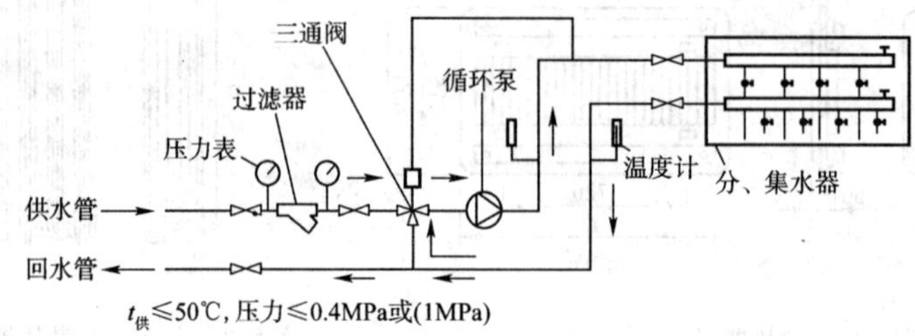

图5-22 加热管系统图

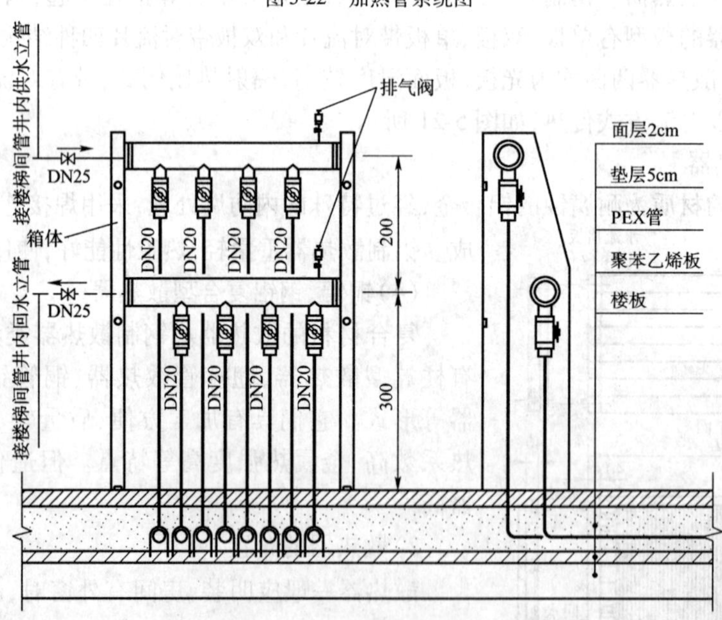

图5-23 分、集水器正面与侧面视图(尺寸单位:mm)

低温热水地板辐射采暖主要由三部分构成:热源、热媒集配系统、地板辐射采暖管。常用的采暖散热管有交联聚乙烯(PE-X)、聚丁烯(PB)、无规共聚聚丙烯(PP-R)、共聚聚丙烯(PP-C)和交联铝塑复合管(XPAP)等管材。

地板辐射板应采用双管系统，以利于调节和控制，如图 5-24 所示。

布置地板采暖辐射板时，应使温度较高的供水管靠近外墙。用铝塑复合管的埋管式地板管道设置如图 5-25 所示。加热管用卡钉锚固在隔热层上。管子上方混凝土的厚度根据热媒温度和地表覆盖层材料的性能来确定，但不得小于 30mm。

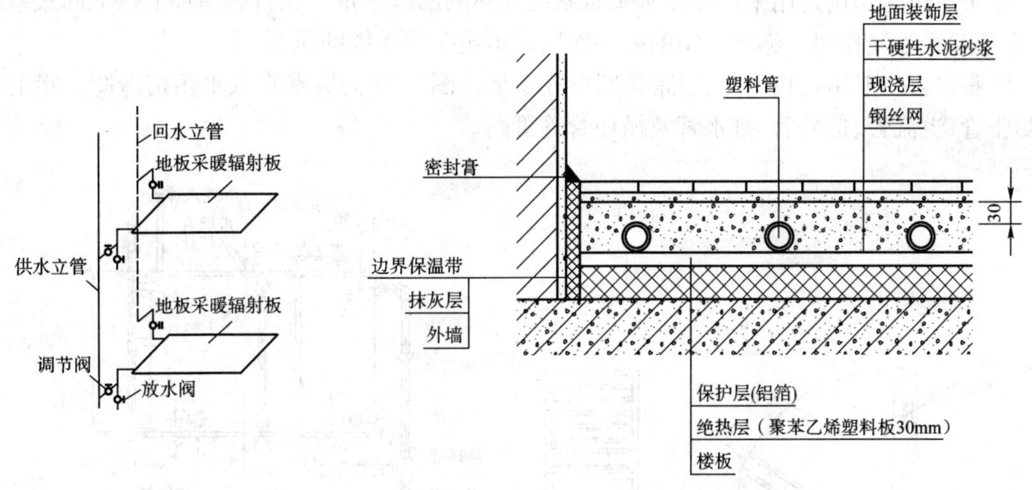

图 5-24　上供下回双管系统中的地板采暖辐射板

图 5-25　地板采暖辐射管的设置（尺寸单位：mm）

地板采暖辐射的加热管有几种布置方式（图 5-26）：S 形排管、蛇形排管和回形排管。S 形排管易于布置，板面温度变化大，适合于各种结构的地面；蛇形排管平均温度较均匀，但弯头曲率较小；回形排管施工方便，大部分曲率半径较大，但温度不均匀。

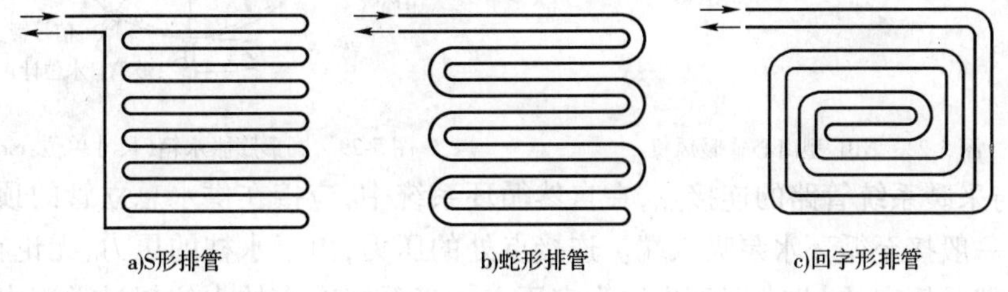

图 5-26　低温地板辐射采暖

3. 暖风机

暖风机是由通风机、电动机和空气加热器组成的联合机组，它吸入空气经空气加热器加热后送入室内，以维持室内所要求的温度。

暖风机分为轴流式（小型）和离心式（大型）两种。根据其结构特点及适用的热媒又可分为蒸汽暖风机、热水暖风机、蒸汽-热水两用暖风机和冷-热水两用暖风机等。

图 5-27 为 NC 型轴流式暖风机。轴流式风机结构简单，体积小，出风射程远，风速低，送风量较小。一般悬挂或支架在墙上或柱子上，可用来加热室内循环空气。

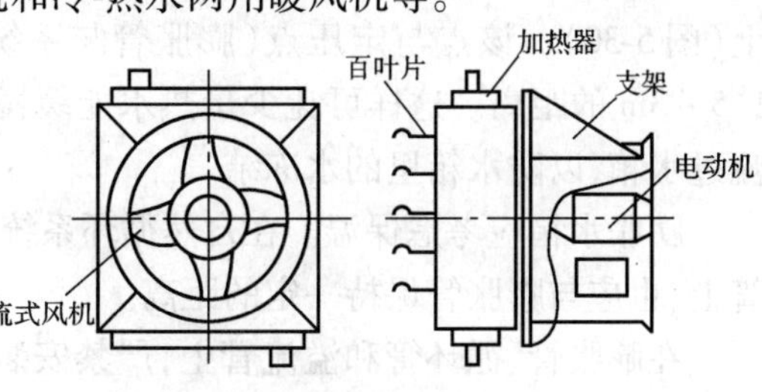

图 5-27　NC 型轴流式暖风机

离心式风机主要有热水、蒸汽两用的 NBL 型暖风机，如图 5-28 所示，可用于集中输送大流量的热空气。离心式风机气流射程长，风速高，作用压力大，送风量大且散热量大。除了可用来加热室内再循环空气外，还可用来加热一部分室外的新鲜空气。这类大型暖风机是由地脚螺栓固定在地面的基础上的。

二、膨胀水箱

膨胀水箱的作用是用来储存热水采暖系统加热的膨胀水量。在自然循环上供下回式系统中，它还起着排气作用。膨胀水箱的另一作用是恒定采暖系统的压力。

膨胀水箱一般用钢板制成，通常是圆形或矩形。图 5-29 为圆形膨胀水箱构造图。箱上连有膨胀管、溢流管、信号管、排水管及循环管等管路。

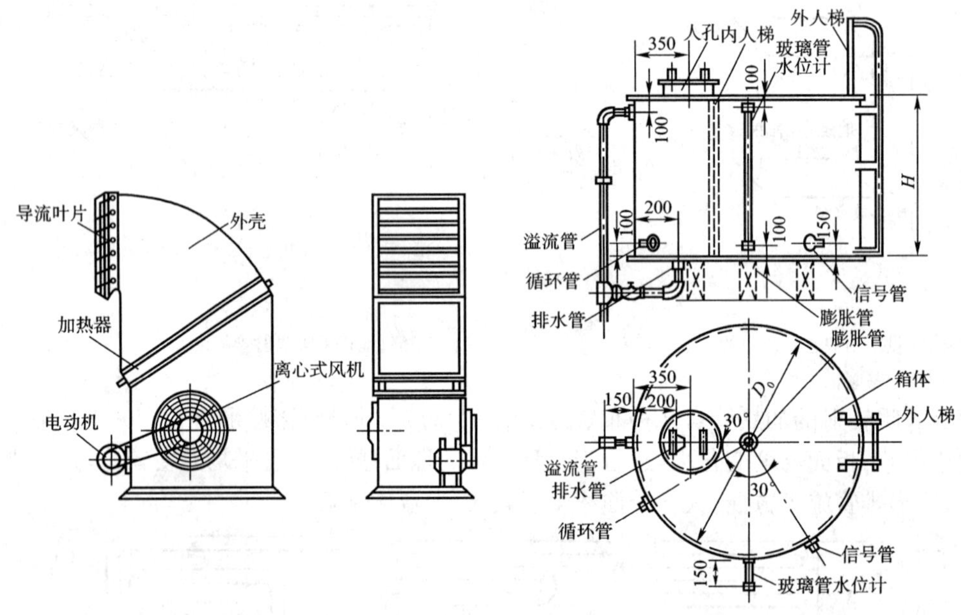

图 5-28　NBL 型离心式暖风机

图 5-29　圆形膨胀水箱（尺寸单位：mm）

膨胀管与采暖系统管路的连接点，在自然循环系统中，应接在供水总立管的顶端；在机械循环系统中，一般接至循环水泵吸入端。连接点处的压力，由于水柱的压力，无论在系统不工作或运行时，都是恒定的，此点因而也称为定压点。当系统充水的水位超过溢流水管口时，通过溢流管将水自动溢流排出。溢流管一般可接到附近排水管。

信号管用来检查膨胀水箱是否存水，一般应引到管理人员容易观察到的地方（如锅炉房或建筑物底层的卫生间等）。排水管是清洗水箱时放空存水和污垢用的，它可与溢流管一起接至附近下水道。

在机械循环系统中，循环管应接到系统定压点前的水平回水干管上（图 5-30）。该点与定压点（膨胀管与系统的连接点）之间应保持 1.5 ~ 3m 的距离。这样可让少量热水能缓慢地通过循环管和膨胀管流过水箱，以防水箱里的水冻结。

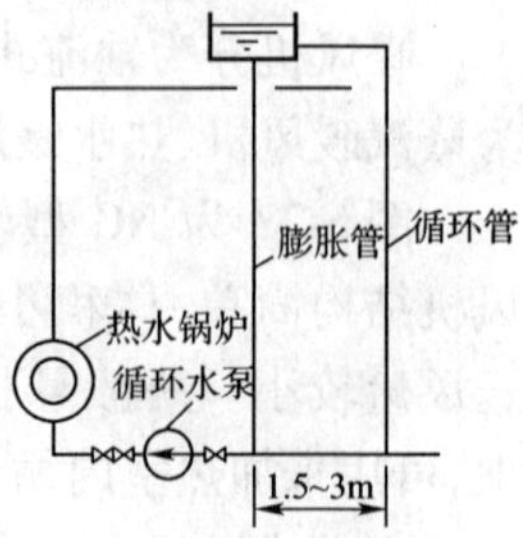

膨胀水箱应考虑保温。在自然循环系统中，循环管也接到供水干管上，也应与膨胀管保持一定的距离。

在膨胀管、循环管和溢流管上，严禁安装阀门，以防止系统超压，水箱水冻结或水从水箱溢出。

膨胀管　循环管
热水锅炉
循环水泵
1.5~3m

图 5-30　膨胀水箱与机械循环系统的连接方式

三、采暖系统排除空气的设备

系统的水被加热时,会分离出空气。在系统停止运行时,通过不严密处也会渗入空气。系统充水后,也会有空气残留在系统内。系统中如果积存空气,就会形成气塞,影响水的正常循环。因此,系统中必须设置排除空气的设备。目前常见的排气设备,主要有集气罐、自动排气阀和冷风阀等几种。

1. 集气罐

集气罐用直径 100 ~ 250mm 的短管制成,它有立式和卧式两种(图 5-31)。顶部连接直径 DN15 的排气管。

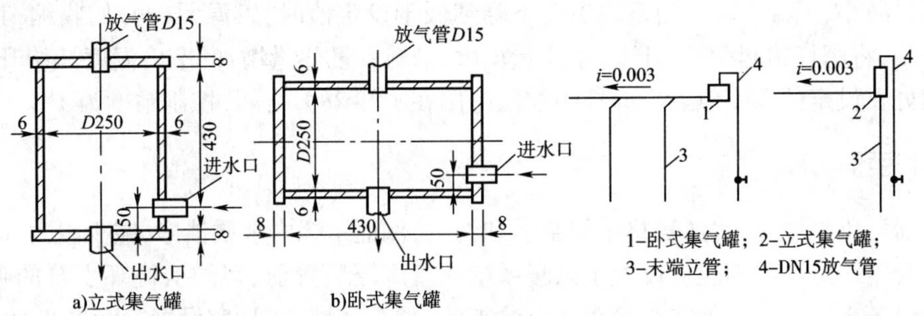

图 5-31 集气罐及安装位置示意图(尺寸单位:mm)

在机械循环上供下回式系统中,集气罐应设在系统各分支环路供水干管末端的最高处(图 5-31)。在系统运行时,定期手动打开阀门将热水中分离出来并聚集在集气罐内的空气排除。

2. 自动排气阀

自动排气阀形式较多,它的工作原理,很多都是依靠水对浮体的浮力,通过杠杆机构传力,使排气孔自动启闭,实现自动阻水排气的功能。

图 5-32 所示为立式自动排气阀。当阀体内无空气时,水将浮子浮起,通过杠杆机构将排气孔关闭,而当空气从管道进入,积聚在阀体内时,空气将水面压下,浮子的浮力减小,依靠自重下落,排气孔打开,使空气自动排出,空气排除后,水再将浮子浮起,排气孔重新关闭。

3. 手动排气阀

手动排气阀又称手动跑风阀,多用在水平式和下供下回式系统中(图 5-33),它旋紧在散

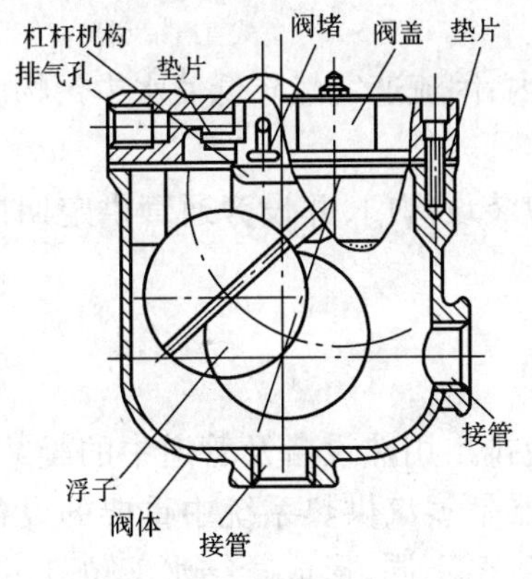

图 5-32 立式自动排气阀

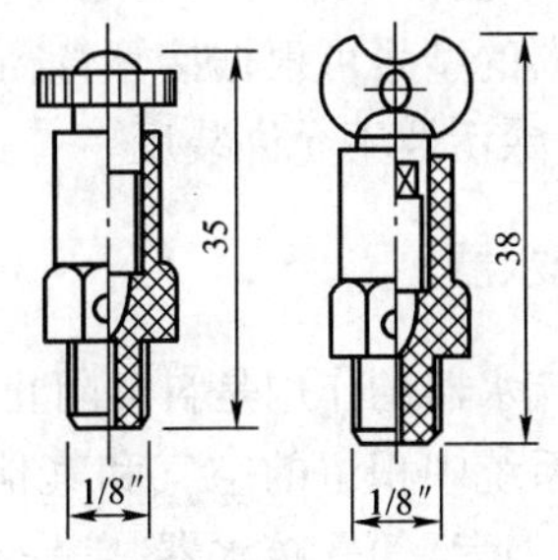

图 5-33 冷风阀(尺寸单位:mm)

热器上部专设的丝孔上,以手动方式排除空气。手动排气阀适用于公称压力不大于600kPa,工作温度小于100℃的热水或蒸汽采暖系统的散热器上。手动排气阀多为铜制,用于热水采暖系统时,应装在散热器上部;用于低压蒸汽系统时,则应装在散热器下部1/3的位置上,分为手动和自动两种。

四、散热器温控阀

散热器温控阀是一种自动控制散热器散热量的设备(图5-34),它旋紧在散热器供水支管上。它由两部分组成,一部分为阀体部分,另一部分为感温元件控制部分。当室内温度高于给定的温度值时,感温元件受热,其顶杆就压缩阀杆,将阀口关小,进入散热器的水流量减小,散热器散热量减小,室温下降。当室内温度下降到低于设定值时,感温元件开始收缩,其阀杆靠弹簧的作用,将阀杆抬起,阀孔开大,水流量增大,散热器散热量增加,室内温度开始升高,从而保证室温处在设定的温度值上。温控阀控温范围在13~28℃之间,控制精度为1℃。

五、除污器

除污器可用来截留、过滤管路中的杂质和污物,保证系统内水质洁净,减少阻力,防止堵塞调压板及管路。除污器一般应设置于采暖系统入口调压装置前、锅炉房循环水泵的吸入口前和热交换设备入口前。另外在一些小孔口的阀前(如自动排气阀)宜设置除污器或过滤器。

除污器的形式有立式直通、卧式直通和卧式角通三种。图5-35是采暖系统常用的立式直通除污器。

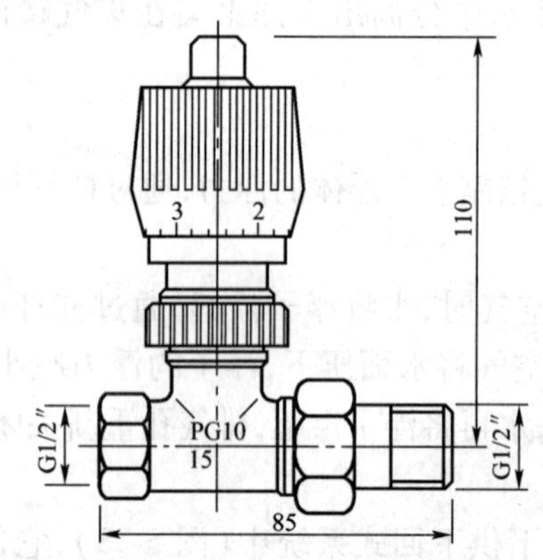

图5-34 散热器温控阀外形图(尺寸单位:mm)

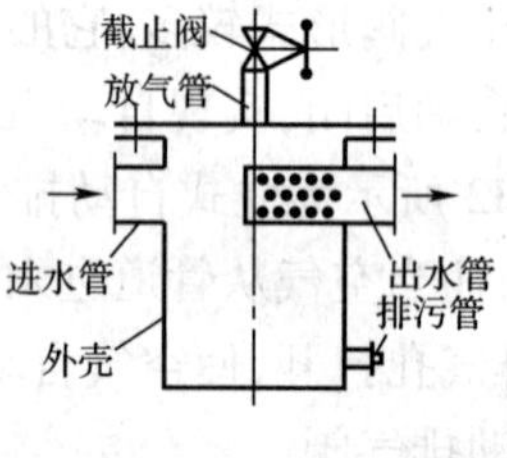

图5-35 立式直通除污器

除污器是一种钢制筒体,当水从进水管进入除污器内,因流速突然降低使水中污物沉淀到筒底,较洁净的水经带有大量过滤小孔的出水管流出。

除污器的型号可根据接管直径选择。除污器前后应装设阀门,并设旁通管供定期排污和检修使用,除污器不允许装反。

六、疏水器

蒸汽疏水器的作用是自动阻止蒸汽逸漏而且迅速地排出用热设备及管道中的凝结水,同时能排除系统中积留的空气和其他不凝性气体。疏水器是蒸汽供热系统中重要的设备。图5-36为机械型浮筒式疏水器,它是利用蒸汽和凝结水的密度不同,形成凝结水液位,以控制凝结水排水孔自动启闭工作的疏水器。其外,还有热动力型疏水器、热静力型疏水器。

七、减压阀

减压阀可通过调节阀孔大小，对蒸汽进行节流而达到减压目的，并能自动将阀后压力维持在一定范围内；减压阀有活塞式(图 5-37)、波纹管式和薄膜式等几种。

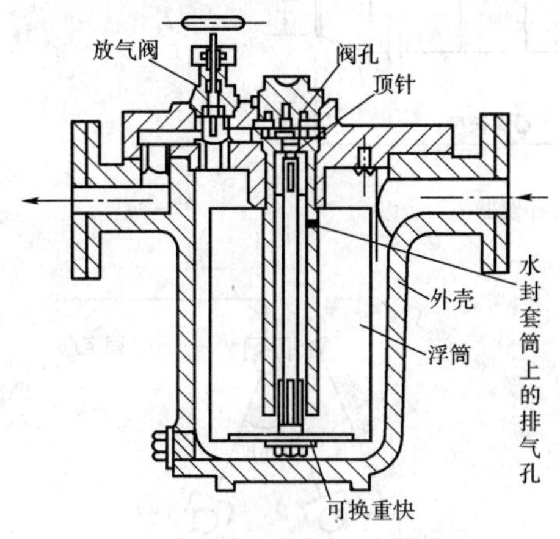

图 5-36　机械型浮筒式疏水器

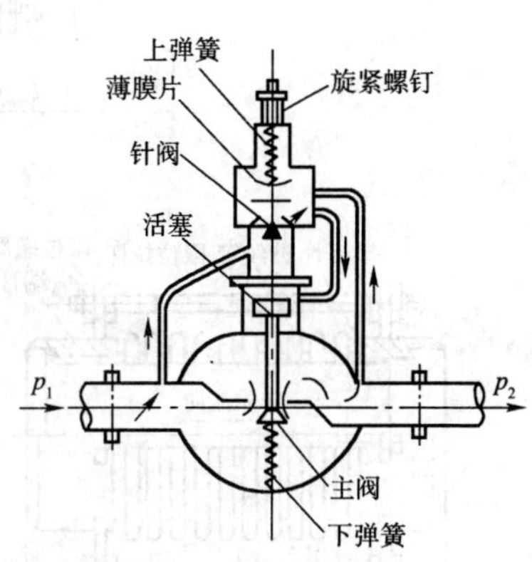

图 5-37　活塞式减压阀工作原理图

八、安全阀

安全阀是保证蒸汽采暖系统不超过允许压力范围的一种安全控制装置。一旦系统的压力超过设计限定的最高允许值，阀门自动开启放出蒸汽，直至压力回降允许值才会自动关闭。

九、管道补偿器

在供热采暖系统中，金属管道会因受热而伸长。每米钢管当它本身的温度每升高 1℃时，便会伸长 0.0012mm。当平直管道的两端都被固定不能自由伸长时，管道就会因伸长而弯曲。当伸长量很大时，管道的管件就有可能因弯曲而破裂或破坏固定支座。因此需要在管道上补偿管道的热伸长。

管道补偿器主要有管道的自然补偿、方形补偿器(图 5-38)、套筒补偿器(图 5-39)、波纹管补偿器(图 5-40)和球形补偿器(图 5-41)等几种形式。自然补偿是利用供热管道自身的弯曲管道来补偿管道的热伸长。根据弯曲管段的弯曲形状不同，又称之为 L 形或 Z 形补偿器。自然补偿不必专门设补偿器。在考虑管道热补偿时，应尽量利用其自然弯曲的补偿能力。

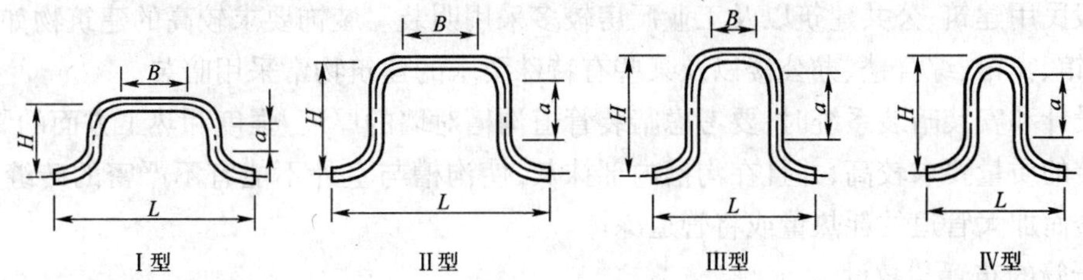

图 5-38　方形补偿器

Ⅰ型 $B=2a$；Ⅱ型 $B=a$；Ⅲ型 $B=0.5a$；Ⅳ型 $B=0$；L-开口距离

方形补偿器是由四个 90°弯头构成“U”形的补偿器，如图 5-38 所示。靠其弯管的变形来补偿管段的热伸长。方形补偿器具有制造方便、不需专门维修、工作可靠等优点，在供热管道上应用普遍。

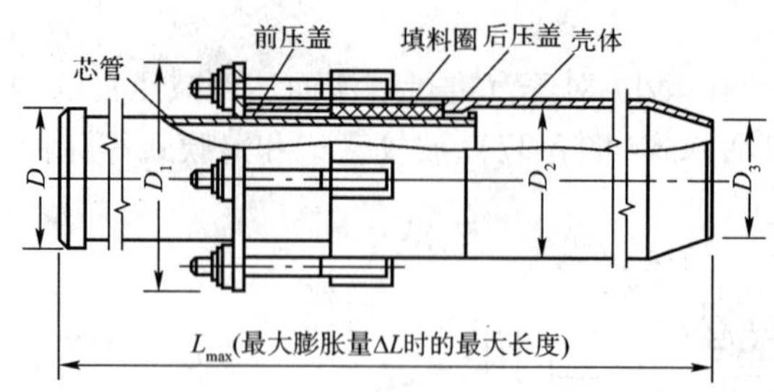

图5-39 套筒补偿器

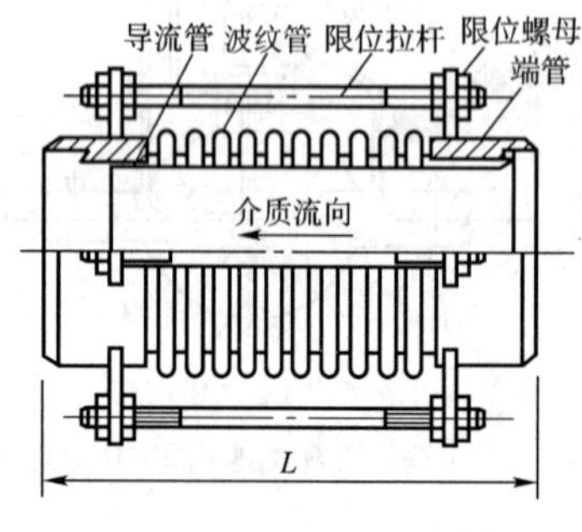

图5-40 轴向型波纹管补偿器

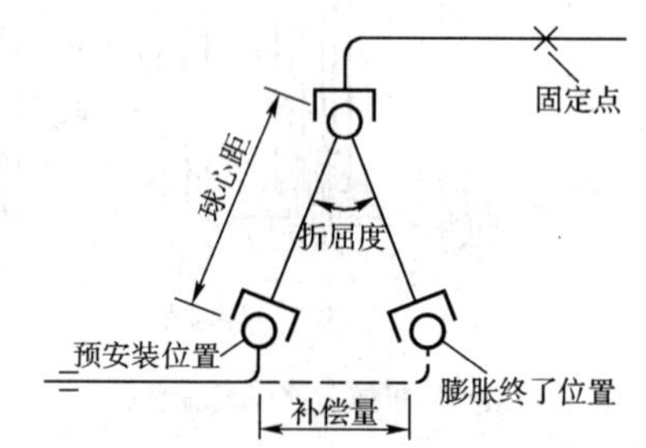

图5-41 球形补偿器动作原理

第五节 管道的布置与敷设安装

一、采暖管道布置与敷设

1.室内管道

室内采暖管网的布置是在建筑采暖系统的种类和形式确定后，结合建筑特点进行的。在布置采暖系统管网时，一般先在建筑平面图上布置散热器，然后布置干管，再布置立管，最后确定整个系统管网的布置。布置采暖管网时，管路沿墙、梁、柱平行敷设，力求布置合理；安装、维护方便；有利于排气；水力条件良好；不影响室内美观。

采暖管道的安装方法，有明装和暗装两种。明装有利于散热器的传热和管路的安装和检修。暗装时应确保施工质量，并考虑必要的检修措施。

一般民用建筑、公共建筑以及工业厂房较多采用明装。装饰要求较高的建筑物如剧院、礼堂、展览馆、宾馆、综合楼、办公楼以及某些有特殊要求的建筑物常采用暗装。

在设计和安装暗装系统时，要考虑暗装管道沟槽对墙的厚度、强度和热工方面的影响。对沟槽砌砖的质量要求较高，并且在沟槽内部抹灰，使沟槽与室外不能有不严密的砖缝，以免冷空气渗透而加大管道的耗热量或将管道冻坏。

1）干管的布置与敷设

对于上供下回式系统，采暖供水干管可布置在建筑物顶部的吊顶内，明装时可布置在顶层的顶棚以下，顶棚的过梁面高程距窗户顶部之间的距离应满足采暖干管的坡度和集气罐的设置要求。

对于下供下回式系统或上供下回式的回水干管，一般都布置在建筑物底层地坪下面的管道沟内，如图5-42所示。管道沟的高度、宽度应根据管道的数量、管径、管道长度、坡度以及安装与检修所需的空间来决定。为了检修方便，在管道沟中的有些地方应设有活动盖板或检修人孔。沟底应有0.003的坡度坡向采暖系统引入口用以排水。在蒸汽采暖系统中，当蒸汽干管较长，管道沟的高度不能够满足干管所需坡度的要求时，每隔一段距离应抬高管子并设相应泄水装置，如图5-43所示。供汽与回水干管连接管上的疏水器应能将供汽干管的沿途凝水排至回水管。

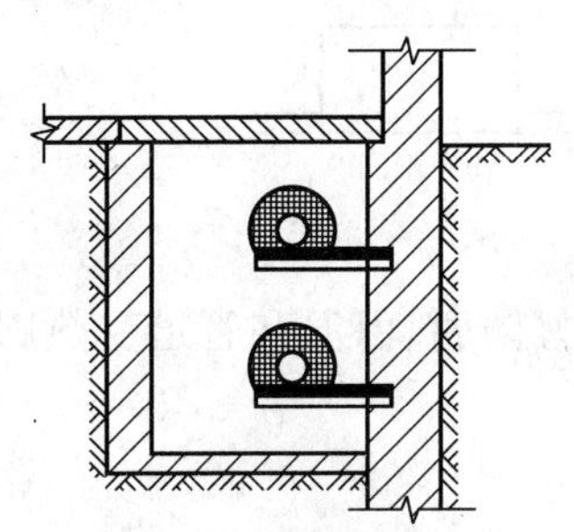

图5-42 采暖系统在管沟中敷设

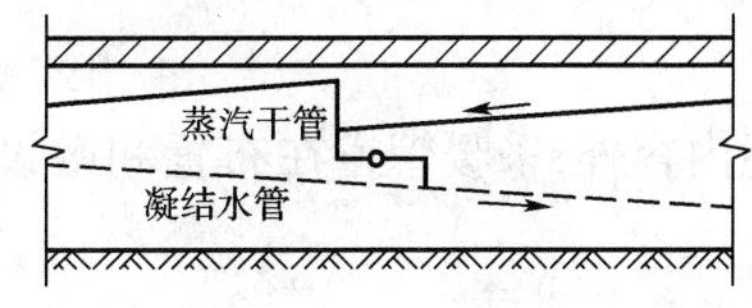

图5-43 蒸汽干管抬高处理方法

如建筑物有不采暖的地下室，则采暖干管也可设置在地下室的顶板下面；也可沿墙明装在底层地面上，但干管必须穿越门洞时，应局部暗装在沟槽内。

采暖管道穿越建筑物基础变形缝时，应采取预防建筑物下沉而损坏管道的措施。

当采暖管道必须穿过建筑物防火墙时，在管道穿过处应采取固定和密封措施，并使管道可向两侧伸缩。

2）立管的布置与敷设

采暖立管一般布置在房间的窗间墙处，可向两侧连接散热器；对于两面有外墙的房间，由于两面外墙的交接处温度最低，极易结露或结霜，因此立管应布置在房间的外墙的转角处；楼梯间中的采暖管道和散热器冻结的可能性大，所以楼梯间的散热器必须单独设置立管。

立管暗装时，一般敷设在预留的墙槽内；也可以敷设在专门管道竖井中，并可以把几种管道同时敷设在此。为了减少沟槽内空气对流造成的立管耗热量，在多层建筑中沟槽在楼板处应隔开。

立管应与地面垂直安装，当立管穿过楼板（或水平管穿墙），为了使管道可自由移动且不损坏楼板或墙面，应在穿楼板或隔墙的位置预埋套管，如图5-44所示。套管的内径应稍大于管道的外径，套管顶部应高出地面不少于20mm，底部与楼板下部齐平。在管道与套管之间应

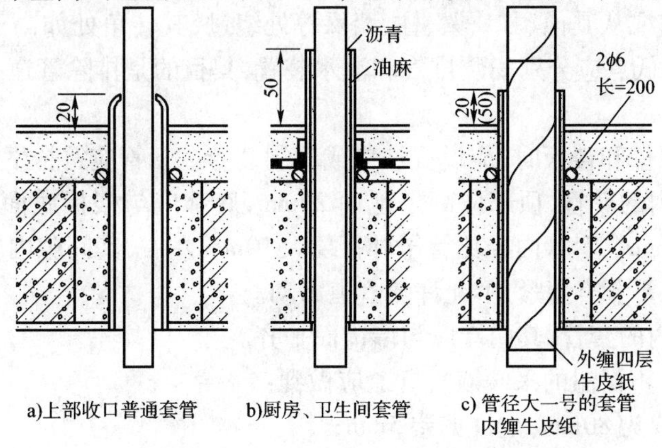

图5-44 管道穿楼板（尺寸单位：mm）

用柔性材料填塞。

3)支管的布置与敷设

支管的布置与散热器的位置、进水和出水口的位置有关。支管与散热器的连接方式有上进下出、下进上出和下进下出三种形式,如图5-45所示。散热器支管进水、出水口可以布置在同侧,也可以在异侧。设计时尽量采用上进下出、同侧连接方式。这种连接方式具有传热系数大,管路最短,美观的优点。安装散热器支管时,应有坡度以利排气,坡度一般采用1%。

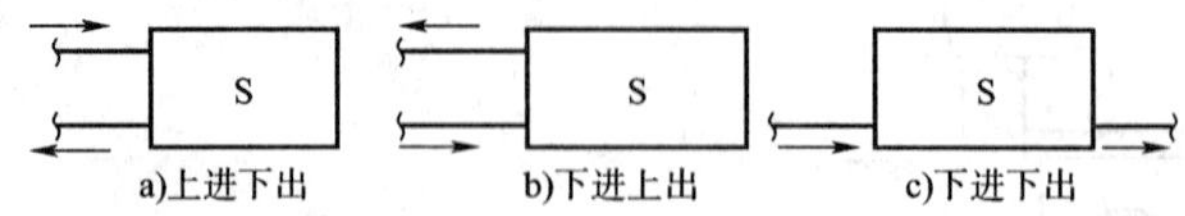

图5-45　支管与散热器的连接

除上述内容外,采暖管道在布置和敷设时还要解决好防腐、保温和管道受热膨胀伸长等问题。

2. 室外管道

室外管道通常指从锅炉房或热交换站出来的接至建筑物之间的采暖管道。室外管道布置形式有枝状和环状两种,需要根据实际管网的可靠性、投资情况和运行控制便捷性来确定。布置时应在满足供热采暖要求的前提下,尽量简短。

管道的敷设应考虑当地气象、水文、地质、交通、绿化和总平面布置(包括其他各种管道的布置)、维修方便等因素,并做好经济比较。室外管道的敷设方法有架空敷设、地下管道沟敷设、无沟直埋等三种方式。

二、室内采暖管道的安装

室内采暖系统的安装一般按总管及其入口装置→干管→立管→散热器支管的施工顺序进行。除管道外,系统中还有散热器、集气罐、膨胀水箱、除污器、疏水器,以及其他阀件和设备等。

安装工艺流程:安装准备→管道预制加工→支架安装→干管安装→立管安装→支管安装→试压→冲洗→防腐→保温→调试。

1. 基本技术要求

(1)采暖管道使用输送低压流体的钢管,即非镀锌焊接钢管,或称黑铁管。管道安装应有坡度,如设计无要求,其坡度应符合规范的基本坡度要求数值。

(2)管道从门窗或从其他洞口、梁、柱、墙垛等处绕过,其转角处如高于或低于管道水平走向,在其最高点或最低点应分别安装排气和泄水装置,其目的是排除管道中的空气和最低处的脏物。

(3)管道穿过墙壁和楼板时,应设置铁皮或钢制套管。套管应符合下列规定:

①安装在楼板内的套管,顶部应高出地面20mm,底部应与楼板底面平齐;在卫生间和厨房内应高出地面30mm。套管内径比管子外径要大10mm左右,其间隙内应均匀填塞石棉绳或油麻,套管外壁一定要卡牢塞紧,不允许随管道窜动。

②安装在墙壁内的套管,其两端应与墙饰面平齐。

(4)DN≤32mm不保温的采暖双立管道应做到:

①两管中心距应为80mm,允许偏差5mm;

②供热或蒸汽管应置于面向的右侧。

其目的是两管中心距为不影响美观和便于安装及维修,同时,面向右侧是为调试检查和维修方便。

(5)采暖管道的安装,当 DN≤32mm 时,宜采用螺纹连接;DN≥32mm 时,宜采用焊接或法兰连接。其目的是小管径在焊接时容易缩小管道的有效截面积,故采用螺纹连接。

(6)管道穿越基础、墙和楼板时应预留孔洞;如孔洞设计无要求,可参照规范的规定。

(7)安装过程中,多种管道交叉时的避让原则见表 5-1。

管道交叉避让原则 表 5-1

避让管	不让管	理　由
小管	大管	小管绕弯容易,且造价低
压力流管	重力流管	重力流管改变坡度和流向对流动影响较大
冷水管	热水管	热水管绕弯要考虑排气、放水问题
给水管	排水管	排水管径大,且水中杂质多,受坡度限制严格
低压管	高压管	高压管造价高,且强度要求也高
气体管	水管	水流动的动力消耗大
阀件少的管	阀件多的管	考虑安装操作与维护等多种因素
金属管	非金属管	金属管易弯曲、切割和连接
一般管道	通风管	通风管体积大、绕弯困难

(8)连接散热器的支管应有坡度:

①当支管全长小于或等于 500mm,坡值为 5mm;

②当支管全长大于 500mm 时,其坡值为 10mm;

③当一根立管连接两根支管,任其一根超过 500mm,其坡值均为 10mm,其目的是为防止散热器支管倒坡影响通水、通气,造成散热器不热。

(9)散热器支、立管的安装:

①散热器立管和支管相交,立管应弯绕过支管;

②散热支管长度大于 1.5m 时,应在中间安装管卡或托钩。其目的是绕弯美观和便于安装及维修。

(10)立管管卡的安装,当层高不超出 4m,每层安装一个,距地面 1.5 ~ 1.8m;层高大于 4m 时每层不得少于两个,应均匀安装。

2. 管道的安装

1)总管安装

室内采暖管道以入口阀门或建筑物外墙皮 1.5m 为界。室内采暖总管由供水(汽)总管和回水(凝结水)总管组成,一般是并行穿越基础预留孔洞进入室内。按其供水方向看:右侧是供水总管,左侧是回水总管。两条管道上均应设置总控制阀或入口装置(减压、调压、疏水、测温、测压等装置),其目的是用于启闭和调节。图 5-46 为热水采暖入口装置示意图。

在入口处,供、回总管安装时可用比量法下料进行预制,连成整体。必要时经水压试验合格后,做好防腐保温,然后整体穿入预留基础孔洞,以免操作因场地狭窄影响保温质量。

2)总立管的安装

安装前,应检查楼板预留管洞的位置和尺寸是否符合要求。其方法是由上至下穿过孔洞挂铅垂线,弹画出总管安装的垂直中心线,作为总立管定位与安装的基准线。

总立管自下而上逐层安装,应尽可能使用长管,减少接口数量。为便于焊接,接口应置于楼板上 0.4 ~ 1.0 m 处为宜。在高层建筑总立管底部应设刚性支座支承,如图 5-47 所示。

每安装一层总立管,应用角钢、U 形管卡或立管卡固定,以保证管道的稳定及各层立管量尺的准确,使其保持垂直度。

总立管顶部分为两个水平分支干管时,应考虑管道热膨胀的自然补偿,其安装方法如图 5-48 所示。

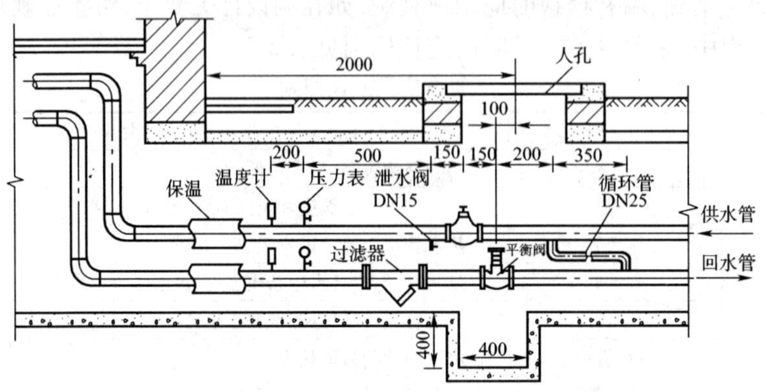

图 5-46　热水采暖系统入口示意图(尺寸单位:mm)

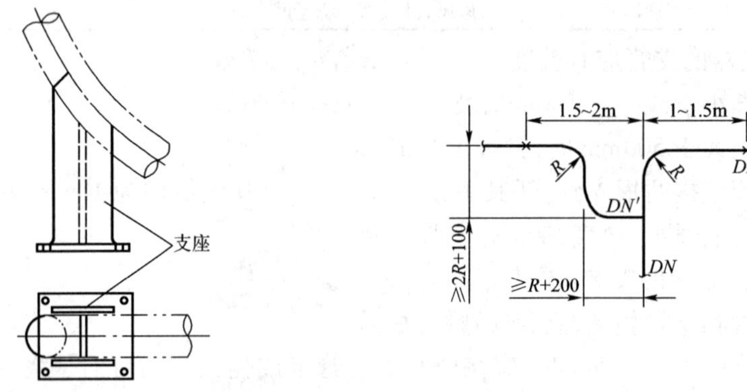

图 5-47　主立管的刚性支座

图 5-48　总立管与各分支干管连接

3)干管的安装

干管分为供水干管(或蒸汽干管)及回水干管(或凝结水干管)两种。按保温情况分为保温干管和不保温干管两种。当供热干管安装在地沟、管廊、设备层、屋顶内时应做保温。当明装于顶层板下和明装于地面上时可不做保温。

干管的安装程序一般是:确定干管位置、画线定位、安装支架(如管卡、托架、吊架)、管道就位、管道连接、立管短管开孔焊接、水压试验、防腐保温等施工程序进行。

(1)确定干管位置、画线、安装支架。根据施工图所要求的干管走向、位置、高程和坡度,检查预留孔洞,挂通线弹出管子安装的坡度线;应取管底高程作为管道坡度线的基准,以便于管道支架的制作和安装。在挂通线时,如干管过长,挂线不能保证平直度时,中间应加铁钎支承,以保证弹画的坡度线符合要求。在坡度线上画出支架安装打洞的位置方块线,即可安装支架。

(2)管道就位及连接。管道就位前应进行检查、调直、除锈、刷底漆。对大管径的管子必须进行拉扫(钢丝缠破布通入管膛清扫),对管径小的管子必须敲打"望天",保证管道内清洁。当管壁厚度大于 5mm 的管子,应在地面上打好坡口。对带有弯头的管段,应在地面将弯头焊好。对法兰阀门连接的管段,应在地面上将法兰焊好,然后集中涂刷防锈漆(保温管刷两道底漆,非保温的明装管道刷一道底漆)。当支架安装完毕,且栽埋支架混凝土的强度达到 75%

后，即可安装管道。

干管连接（除管径小于等于32mm进行丝接外）采用焊接，对口应不错口，并留有对口间隙（1.5mm），点焊后调直管道最后焊死。焊接完毕即可校核管道的坡度，最后固定管道。管子变径处，应采用偏心大小头连接；蒸汽管变径采用下偏心（低平），热水管采用上偏心（顶平）大小头，如图5-49所示。

干管分支也要安装自然补偿管道，如图5-50所示。

（3）管道固定。一般水平干管采用角钢托架支撑，再用U形管卡固定。固定时可用托架高度或管与托架接触面处垫钢板焊接找正管坡度。

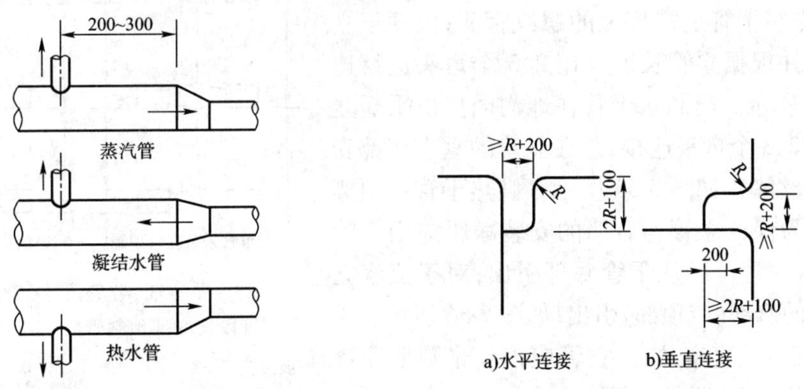

图5-49 干管变径图（尺寸单位：mm）

图5-50 干管与分支干管连接

4）立管的安装

室内采暖立管有单管、双管两种形式；立管的安装有明装、暗装两种安装形式；立管与散热器支管的连接又分为单侧连接和双侧连接两种形式。因此，安装前均应对照图纸予以明确。

采暖立管安装的关键是垂直度和量尺下料的准确性，否则，难以保证散热器支管的坡度。

采暖立管安装宜在各楼层地坪施工完毕或散热器挂装后进行，这样便于干管的预制和量尺下料。

（1）确定立管的安装位置

立管的位置是由设计确定的，一般置于墙角处。为便于安装与维修，在确定立管的安装位置时，应保证与后墙有一定净距，同时，应与侧墙保持易于维修操作的距离，立管位置如图5-51所示。

立管位置确定后、应打通各楼层立管上预留孔洞，自顶层向底层吊通线，用线坠控制垂直度，把立管的中心线弹画在后墙上，作为立管安装的基准线。根据立管与后墙面的净距，确定立管卡子的位置（距地面1.5～1.8m），栽埋好管卡。

常见的立管卡和托钩如图5-52所示。

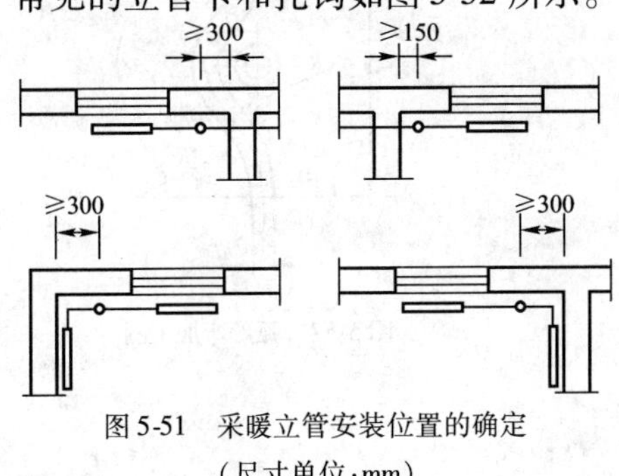

图5-51 采暖立管安装位置的确定（尺寸单位：mm）

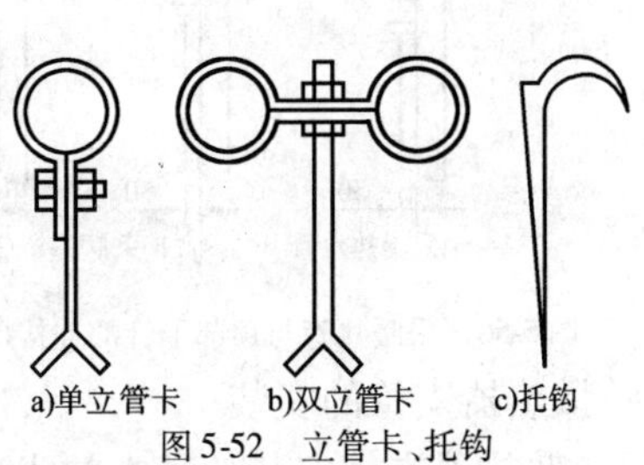

图5-52 立管卡、托钩

(2)管的预制与安装

采暖立管的预制与安装，应在散热器就位并经调整稳固后进行。这样可以用散热器接管中心的实际位置，作为实测各楼层管段的基础。预制前，自各层散热器下部接管中心 引水平线至立管洞口处，以便于实测楼层间的管段长度。图5-53为单、双立管预制计算示意图。

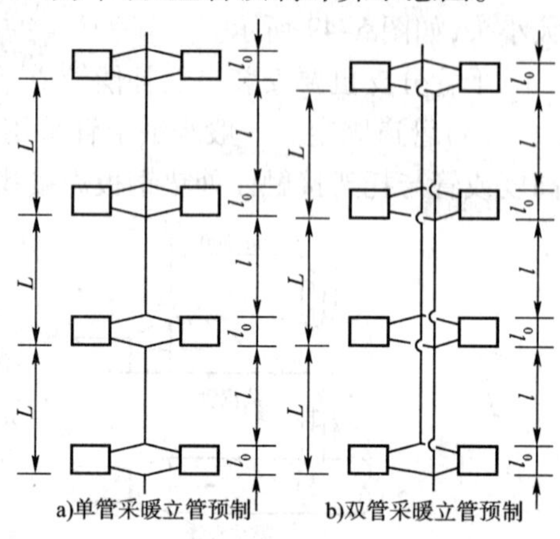

图5-53 立管预制示意图

L-楼层管段长度；l-预制管段；l_0-散热器的中心距加坡度高

立管预制完毕后，应由底层到顶层(或由顶层到底层)逐层安装，每安装一层管段均应穿入套管，并在安装后逐层用管卡固定立管。

(3)立管与干管的连接

一般首先在干管上焊接短的螺纹管头，以便于立管螺纹连接，并根据立管长度采用2、3个弯头进行连接，如图5-54所示。当回水干管在地沟内接出采暖立管时，也应用2、3个弯头连接，并在立管的垂直底部安装泄水阀(或丝堵)，如图5-55所示。供热干管在顶棚下接立管时，为保证立管与后墙的安装净距应用弯管连接。对热水立管可以从干管底部引出；对于蒸汽立管，应从干管的侧部(或顶部)引出，如图5-56所示。

立管遇支管垂直交叉时，立管应该设半圆形让弯绕过支管，如图5-57所示。

(4)立管安装完毕后，应将各层套管内填塞石棉绳或沥青油麻，并调整其位置使其固定。

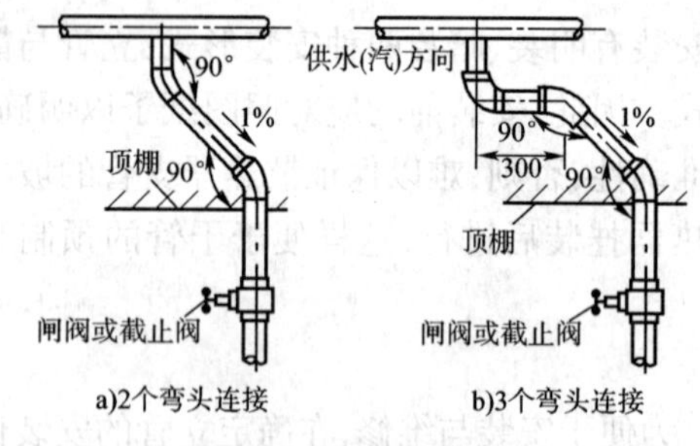

图5-54 立管与干管的连接

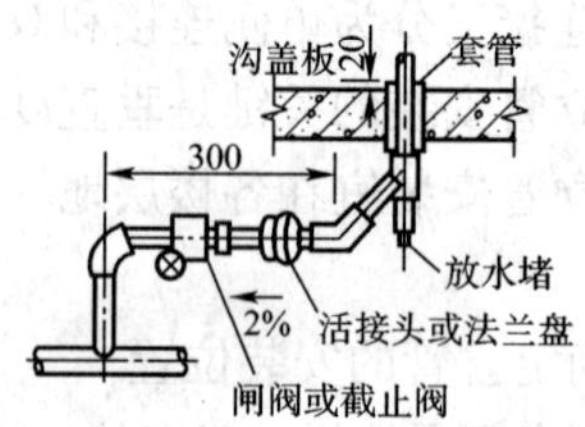

图5-55 地沟内干管与立管的连接

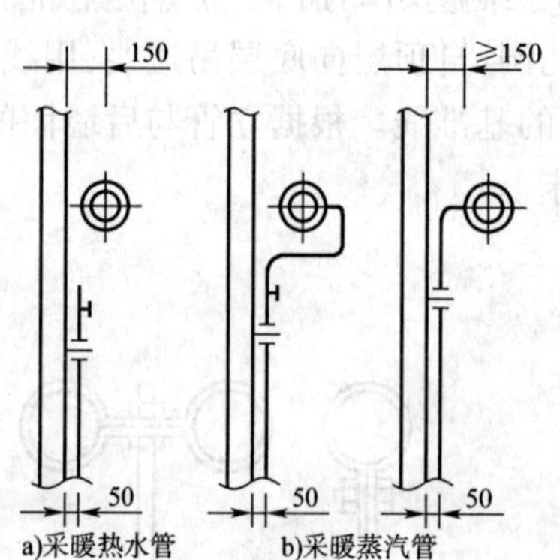

图5-56 采暖立管与顶部干管的连接(尺寸单位：mm)

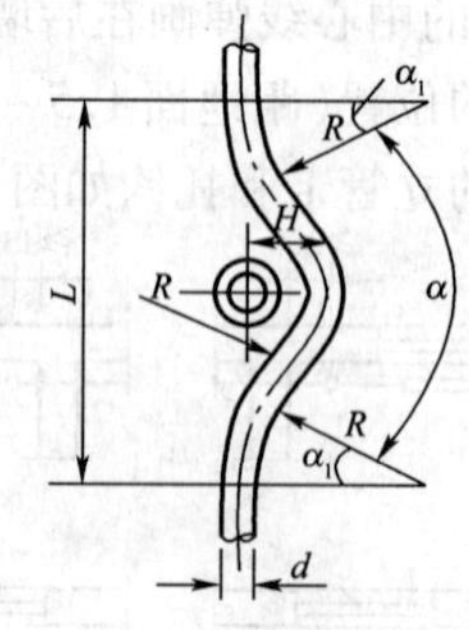

图5-57 弧形弯加工图

5)散热器支管的安装

(1)散热器支管安装的基本技术要求

①散热器支管，宜在立管和散热器安装完毕后进行连接，支管与散热器之间，不应强制进行连接，以免因受力造成渗漏或配件损坏；也不应用调整散热器位置的办法，来满足与支管的连接，以免散热器的安装偏差过大。

②所有散热器支管上，都应安装可拆卸的管件，如活节、长丝配锁紧螺母。当支管上设阀门时，应装在可拆卸管件与立管之间。

③支管与散热器连接时，对半暗装散热器应用直管段连接；对明装和全暗装散热器，应用灯叉弯进行连接，尽量避免用弯头连接。

（2）散热器支管的安装

检查散热器安装位置及立管预留口是否准确，量出支管尺寸和灯叉弯的大小进行配管，然后安装散热器支管。散热器支管长度大于15m，应在中间安装管卡或托钩。最后用钢卷尺、水平尺、线坠校核支管的坡度和平行距墙尺寸，并复查立管及散热器有无移动，合格后固定套管和堵抹墙洞缝隙。

如图5-58所示为单管散热器支管安装示意图；图5-59为分户采暖散热器支管的连接详图。

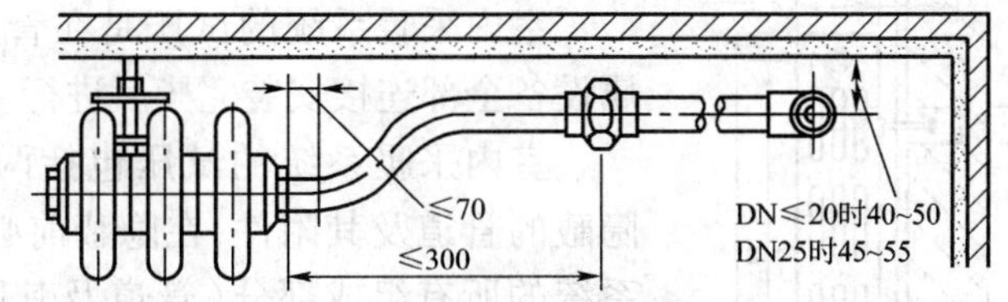

图5-58　单管散热器支管安装（尺寸单位：mm）

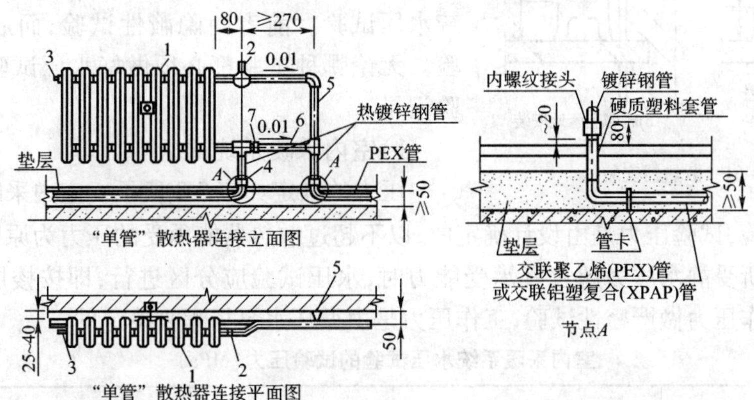

图5-59　单管系统散热器连接详图（尺寸单位：mm）

1-散热器；2-单管系统专用低阻两通温控阀；3-排气阀；4-内螺纹接头；5-管卡；6-跨越管；7-活接头

3. 散热器的安装

散热器的类型很多，不同类型的散热器安装的方法也不相同，如铸铁长翼型、柱型散热器为单片供应产品，需按设计要求的片数组对成散热器组，经过单组水压试验工序后，进行现场挂装；而圆翼型散热器，是将数根散热器直接连成散热器组，不经试压和挂装，即可在托架上一次连接完成，其连接的严密性是由最终水压试验一次加以检验；再如钢串片型、板式、扁管型等散热器，均为标准设计产品，只需按图纸要求的型号、规格订货，现场直接安装即可。

1）散热器的组对与试压

散热器的组对是按设计要求的片数组对各单片散热片，使之成为散热器组的操作。散热器组对时应准备必要的材料，如散热片、对丝、垫片、散热器补心、散热器堵头等。经检查合格后的单片散热器应进行认真的清理、除锈并刷(或喷涂)防锈底漆，然后进行组对。

散热器组对完毕后，应进行单组试压以检验组对的严密性。单组试压装置如图5-60所示。试压时，直接升压至试验压力，稳压2~3min，逐个接口进行外观检查，不渗不漏即为合格，然后刷第一道面漆(即银粉漆)待安装。

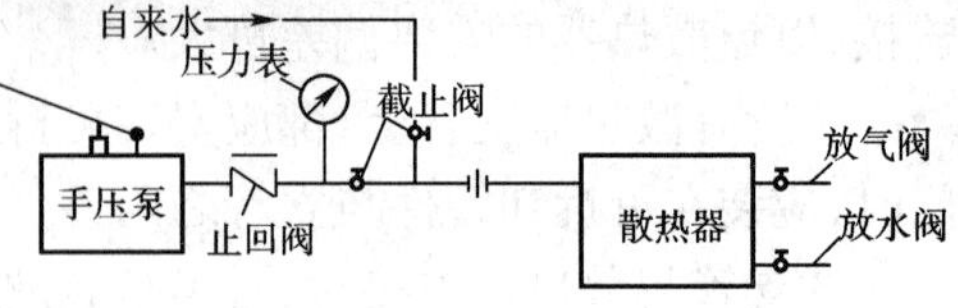

图5-60　散热器水压试验示意图

2)散热器的安装

散热器安装应着重强调其稳固性，支承件应有足够的数量和强度，支承件安装位置应保证散热器安装位置的准确。从安装的支承方式分为直立安装、托架安装。而直立安装又有两种情况：对柱型散热器靠其足片直立于地面上安装，但在距散热器底部2/3处，应设一卡件，控制其不会倾倒；当散热器安装所依托的建筑物为轻型结构，不足以支承散热器组自身重量时，应采用底部设支承座，中上部用卡件的安装方式。散热器的安装方式如图5-61所示。

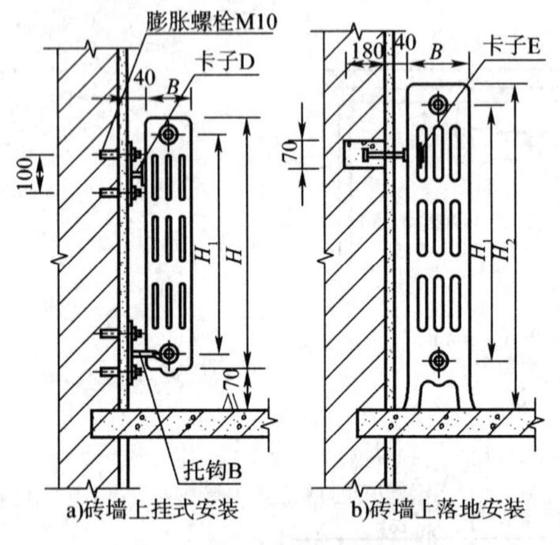

图5-61　散热器安装

4.室内采暖系统的试压与清洗

室内采暖系统的试压是在管道和散热设备及附属设备全部连接安装完毕后进行。

室内采暖系统的试压包括两部分，即一切需要隐蔽的管道及其附件，在隐蔽前必须进行水压试验；系统的所有组成部分(管道及其附件、散热设备、水箱、水泵、除污器、集气装置等附属设备)必须进行系统水压试验。前者叫隐蔽性试验，而后者叫最终试验。无论哪种试验都必须做好水压试验及隐蔽性试验记录。

1)室内采暖系统试压

压力的确定如表5-2所示。室内采暖管道用试验压力做强度试验，试验压力是由设计确定的，以不超过散热器能承受的压力为原则。当高层建筑底部散热器所受静水压力超过其承受能力时，水压试验应分区进行，即按楼层分区进行试验。系统的工作压力做严密性试验，工作压力是由循环水泵扬程来确定的。

室内采暖系统水压试验的试验压力(MPa)　　表5-2

管道类别	工作压力 P	试验压力 P_s	
		P_s	同时要求
低压蒸汽管道		顶点工作压力的2倍	底部压力不小于0.25
低温水及高压蒸汽管道	小于0.43	顶点工作压力+0.1	顶部压力不小于0.3
高温水管道	小于0.43	$2P$	
	0.43~0.71	$1.3P+0.3$	

水压试验时，先升压至试验压力 P_s，保持5min，如压力下降不超过0.02MPa，则强度试验合格，降压至工作压力 P，保持此压力进行系统的全面检查，以不渗不漏为严密性试验合格。

水压试验时,应将试压泵置于系统底部,做到底部加压顶部排气。升压过程中应严格检查系统组成部分,防止出现漏水、破裂等。试验结束后,应将试验用水排净,关闭各泄水阀门。

系统试验时,应拆去压力表,打开疏水器旁通阀,关闭进口阀,不使压力表、减压器、疏水器参与试验,以防污物堵塞。

2)室内采暖系统清洗

水压试验合格后,即可对系统进行清洗。清洗的目的是清除系统中的污泥、铁锈、砂石等杂物,以确保系统运行后介质流动畅通。

热水系统可采用水清洗,即将系统充满水,然后打开系统最低处的泄水阀门,让系统中的水连同杂物由此排出,这样反复多次,直到排出的水清澈透明为止。

蒸汽采暖系统可采用蒸汽清洗,清洗时,应打开疏水装置的旁通阀。送汽时,送汽阀门应缓缓开启,送汽至排汽口排出干净的蒸汽为止。

第六节　高层建筑采暖系统概述

由于高层建筑自身的特点,导致高层建筑采暖系统底部的水静压力大,常常出现采暖设备超压及系统的竖向失调问题。因此应采取适当措施,避免这些问题的出现。

一、分区式采暖系统

分区式高层建筑热水采暖系统是将系统沿垂直方向分成两个或两个以上独立系统的形式,分区高度根据外网的压力工况、建筑物总层数和所选散热器的承压能力等条件而确定。

低区可与外网直接或间接连接;高区部分可根据外网的压力选择间接或通过水箱连接形式。分区式系统可同时解决系统下部散热器超压和系统易产生竖向失调的问题。

1. 高区采用间接连接的系统

高区采暖系统与外网间接连接,如图5-62所示;向高区供热的换热站可设在该建筑物的底层、地下室及中间技术层内,还可设在室外的集中热力站内。该方式是目前高层建筑采暖系统常用一种形式,适用于外网在用户处提供的资用压力较大、供水温度高的采暖系统。

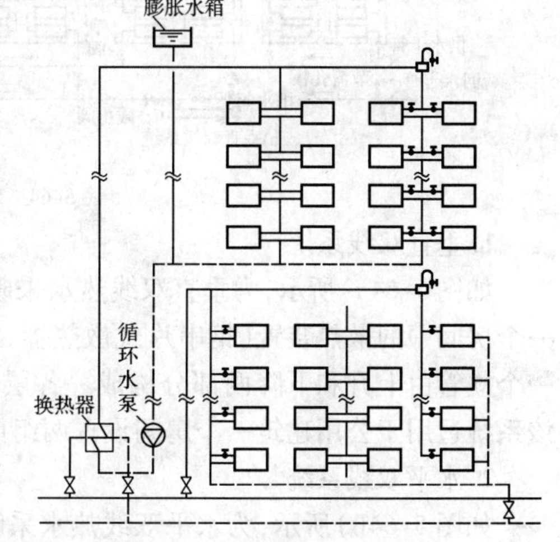

图5-62　高层建筑分区式采暖系统(高区间接连接)

2. 高区采用双水箱或单水箱系统

高区采用双水箱或单水箱的系统如图5-63所示。在高区设两个水箱如图5-63a),用泵将供水注入供水箱,依靠供水箱与回水箱之间的高差如图5-63a)所示中的h或利用系统最高点与水箱的压力差图5-63b)所示,作为高区采暖的循环动力。系统停止运行时,利用水泵出口逆止阀使高区与外网供水管不相通,高区高静水压力传递不到底层散热器及外网的其他用户。由于回水竖管的水面高度取决于外网回水管的压力大小,回水箱高度超过了用户所在外网回水管的压力。竖管上部为非满管流,起到了将系统高区与外网分离的作用。外网在用户处提供的资用压力较小、供水温度较低时可采用这种系统。该系统简单,省去了设置换热站的费用。但建筑物高区要有放置水箱的地方,建筑结构要承受其荷载。水箱为敞开式,系统容易渗气,增加氧腐蚀。

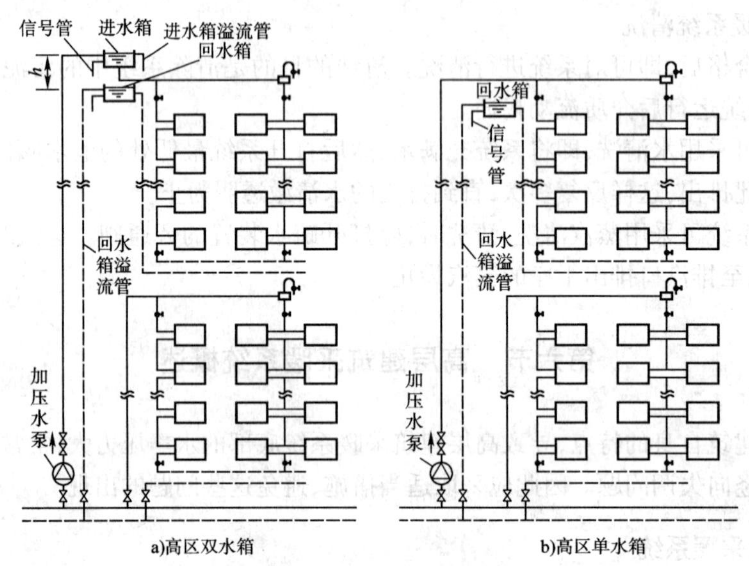

图 5-63　高区双水箱或单水箱高层建筑热水采暖系统

二、双线式系统

双线式采暖系统只能减轻系统失调,不能解决系统下部散热器超压的问题。其可分为垂直双线和水平双线系统(图 5-64)。

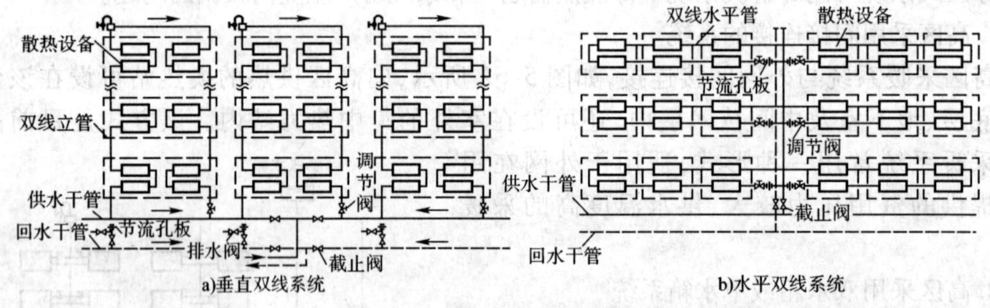

图 5-64　双线式热水采暖系统

1. 垂直双线系统

如图 5-64a)所示,为垂直双线热水采暖系统,图中虚线框表示出立管上设置于同一楼层一个房间中的散热装置(钢串片式散热器,蛇形管或埋入墙内的辐射板),按热媒流动方向每一个立管由上升和下降两部分构成。各层散热装置的平均温度近似相同,减轻了竖向失调。该系统适用于公用建筑一个房间设置两组散热器或两块辐射板的情形。

2. 水平双线系统

如图 5-64b)所示,为水平双线热水采暖系统,图中虚线框表示出水平管上设置于同一房间的散热装置(钢串片式散热器或辐射板),与垂直双线系统类似。各房间散热装置平均温度近似相同，减轻水平失调，在每层水平支管上设调节阀 7 和节流孔板 6，实现分层调节和减轻竖向失调。

三、单双管混合式

如图 5-65 所示，为单双管混合式系统。该系统中将散热器沿垂直方向分组，组内为双管系统，组与组之间采用单管连接。该形式利用了双管系统散热器可局部调节和单管系统提高系统水力稳定性的优点，减轻了双管系统层数多时，重力作用压头引起的竖向失调严重的倾向。但不能解决系统下部散热器超压的问题。

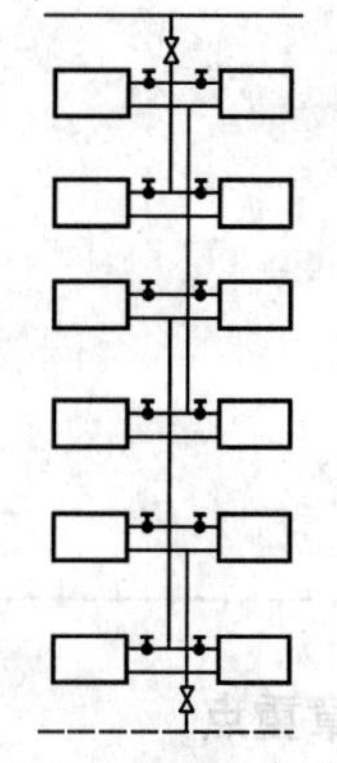
图 5-65 单双管混合式系统

思考题及实践练习

1. 按热媒不同，采暖系统可以分为哪几类？各自特点是什么？
2. 机械循环热水采暖系统常见形式有哪些？适用于什么场合？
3. 自然循环热水采暖系统的基本组成及循环作用压力是什么？
4. 采暖系统中膨胀水箱、疏水器、管道补偿器的作用有哪些？
5. 常见的排气装置有哪些种类？
6. 如何进行散热器的选择和布置？
7. 简述室内采暖管道安装的基本过程和安装的基本要求。
8. 简述地板敷设采暖的结构层次及主要设备。
9. 实际参观了解采暖管材预制加工、连接、支架制作方法，熟悉管道附件的特点和功能。
10. 结合施工现场实习，熟悉采暖管道安装方法和过程。

第六章　建筑采暖施工图

本章重点

熟悉采暖施工图的图示方法和内容，通过工程图的阅读逐渐掌握识图方法。

第一节　采暖施工图的图示方法

一、采暖施工图的组成

采暖施工图组成有：目录、设计施工说明、主要设备及材料表、采暖平面图、系统图、详图或标准图及通用图。目录是对图样的编号，并注有图样名称。设计说明标明有关设计参数、设计范围及施工安装要求。平面图表示设备和管道的平面位置。系统图表示设备和管道的空间位置。详图表明设备的制造、管件的加工和某些局部安装有特殊的要求和做法。标准图是指国家和行业、地方对于建筑设备制造安装的通用设计文件。

二、图示方法

采暖施工图中的平面图、剖面图、详图等以正投影方法绘制；系统图以轴测投影法绘制，并宜用正等轴测或正面斜轴测投影法绘制；管道常用单线绘制，供水管线用实线表达，回水管线用虚线表达；根据需要剖面图、详图也常采用双线绘制管道；建筑物轮廓与建筑图一致；图中管道附件和采暖设备采用统一图例表示。

管道代号用字母表示，如 R 表示热水管，Z 表示蒸汽管，N 表示凝结水管。

1. 系统编号的标注

一个工程设计中同时有采暖、通风、空调等两个及以上的不同系统时，应进行系统编号。暖通空调系统编号、入口编号，应由系统代号和顺序号组成。系统代号由大写拉丁字母表示，顺序号由阿拉伯数字表示，如图 6-1 所示。当一个系统出现分支时，可采用图 6-1b）画法。

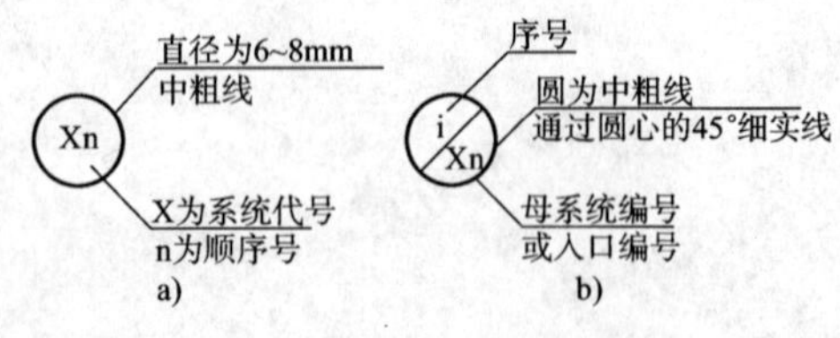

图 6-1　系统代号、编号的画法

系统编号宜标注在系统总管处。竖向布置的垂直管道系统，应标注立管号，如图 6-2。在不引起误解时，可只标注序号，但应与建筑轴线编号有明显区别。

2. 管道高程、管径（压力）、尺寸标注

高程符号应以直角等腰三角形表示，当标准层较多时，可只标注与本层楼（地）板面的相对高程,如图 6-3 所示。

水、汽管道所注高程未予说明时,表示管中心高程。管道标注管外底或顶高程时,应在数字前加"底"或"顶"字样。

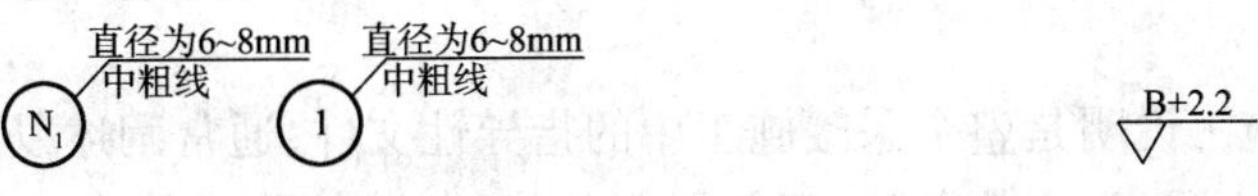

图 6-2　立管号的画法　　　图 6-3　相对高程的画法

低压流体输送用焊接管道规格应标注公称通径或压力。公称直径的标记由字母"DN"后跟一个以毫米表示的数值组成,如 DN15、DN32;公称压力的代号为"PN"。

输送流体用无缝钢管、螺旋缝或直缝焊接钢管、铜管、不锈钢管,当需要注明外径和壁厚时,用"D(或 ϕ)外径 × 壁厚"表示,如"D108 × 4"、"ϕ108 × 4"。在不致引起误解时,也可采用公称直径表示。

金属或塑料管用"d"表示,如"d10"。

平面图中无坡度要求的管道高程可以标注在管道截面尺寸后的括号内,如"DN32(2.50)"、"200 × 200(3.10)"。必要时,应在高程数字前加"底"或"顶"的字样。

水平管道的规格宜标注在管道的上方;竖向管道的规格宜标在管道的左侧。双线表示的管道,其规格可标注在管道轮廓线内。

挂墙安装的散热器应说明安装高度。

3. 管道转向、分支、重叠的画法

单线管道转向和分支的画法分别如图 6-4、图 6-5 所示。

管道在本图中断,转至其他图面表示(或由其他图面引来)时,应注明转至(或来自)的图纸编号,如图 6-6 所示。

管道交叉和跨越的画法分别如图 6-7、图 6-8 所示。

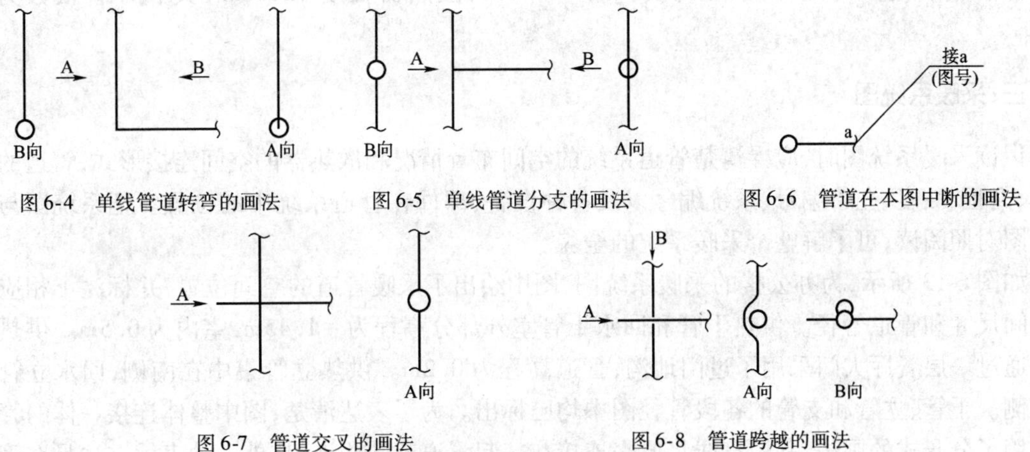

图 6-4　单线管道转弯的画法　　图 6-5　单线管道分支的画法　　图 6-6　管道在本图中断的画法

图 6-7　管道交叉的画法　　图 6-8　管道跨越的画法

第二节　采暖施工图的识读

识读施工图时,应首先对照图纸目录,检查整套图纸是否完整,每张图纸的图名是否与图纸目录所列的图名相符,在确认无误后再正式阅图。先读设计施工说明,并掌握与图纸有关的设备及图例符号;后看各层平面图,再看系统图,详图或标准图及通用图,相互对照,既要看清楚系统本身的全貌和各部位的关系，也要搞清楚采暖系统与建筑物的关系和在建筑物中所处的位置。

一、设计施工说明

采暖施工图的设计施工说明是整个采暖施工中的指导性文件，通常阐述以下内容：采暖室内外计算温度；采暖建筑面积，采暖热负荷，建筑平面热指标；建筑物供热入口数，入口的热负荷，压力损失；热媒种类、来源，入口装置形式及安装方法；采用何种散热器，管道材质及其连接方式；采暖系统防腐，保温作法；散热器组装后试压及系统试压的要求等。其他未说明的各项施工要求应遵守什么规范的有关规定也应予以说明。图 6-9 为某三层办公建筑的采暖设计施工说明书，其中给出了活动支架的间距表及设计图中的图例。图 6-10 ~ 图 6-13 分别为此办公楼的采暖平面图和系统图。

二、采暖平面图

采暖平面图的识读内容主要包括：

(1)采暖管道系统的干管、立管、支管的平面位置、走向、立管编号和管道安装方式；

(2)散热器平面位置、规格、数量及安装方式(明装或暗装)；

(3)采暖干管上的阀门、固定支架以及与采暖系统有关的设备(如膨胀水箱、集气罐、疏水器等平面位置、规格、型号等)；

(4)热媒入口及入口地沟情况，热媒来源、流向及与室外热网的连接。

通过阅读办公楼的采暖平面图(图 6-10 ~ 图 6-12)，可以看到采暖系统 3 的入口是在建筑的一层的东侧，并以半通行地沟形式将干管引入到建筑内部。因采暖系统为水平式，立管较少，平面图上并未标注立管的编号。在平面图上可以看到室内采暖管道和散热器的安装位置，散热器为钢制高频焊翅散热，型号为 GLCR—1200，散热器长度 1200mm，其翘片管根数为 6 根。

三、采暖系统图

识读采暖系统图时，应弄清楚管道系统的空间布置情况和散热器的空间连接形式，管道的管径、高程、坡度、立管编号、系统编号以及各种设备、部件在管道系统中的位置。把系统图与平面图对照阅读，可了解整个采暖系统的全貌。

如图 6-13 所示，为办公楼的采暖系统图，图中绘出了采暖管道的空间位置，并标注了相应的空间尺寸和管道管径。供热干管和回水干管室外部分高程为 -1.45m，室内为 0.5m。供热干管通过一层餐厅大门采用了过门地沟，管道高程为 0.2m。供热立管集中在南侧，回水立管在北侧。干管、立管和支管的各段管径图中均已标出。为了表达清楚，图中整体连接一体的管道采用了分开式的画法，并用直线将原来连接在一起管道末端相连；另外一种表示方法是在管道的末端用字母表示原来连接在一起的管道，如一管道末端标注字母 a，另一连接管道末端同样标注字母 a 字样。

四、详图

由于平面图和系统图所用比例小，管道及设备等均用图例表示，它们的构造及安装情况都不能表示清楚，因此必须按大比例画出构造安装详图。

设 计 与 施 工 说 明

一.采暖设计依据

1.《采暖通风与空气调节设计规范》GB 50019—2003

2.《采暖与卫生工程施工及验收规范》GB 50242—2002

3.《实用供热空调设计手册》

二.采暖室内外计算参数

1.采暖室外计算参数

采暖室外计算温度：19℃　冬季室外平均风速：3.8m/s

最大冻土深度：139cm

2.采暖室内设计温度

宿舍：20℃　办公室：18℃　卫生间：16℃　车间：10℃

三.设计与施工说明

1.本工程采暖管路布置形式为单管水平串联。管道及散热器一律挂墙明装。

2.采暖热媒为85℃~60℃热水，由外网集中供给。

3.采暖管道，厂房内：采用焊接钢管，$DN<32$,采用丝接。$DN\geq40$采用焊接。

办公楼内：采用PPR管，热熔连接。

4.散热器采用翅片管节能型散热器。

5.采暖系统中的阀门$DN\leq40$,采用闸阀。$DN>40$，采用蝶阀。

6.采暖管道上必须配必要的支、吊、托架。立管在每层距地面1.8米处设立管卡子一个，采暖干管固定支架见图，活动支架间距见下表。支、吊、托架制作方法见国标95R417-1。

7.采暖供水干管，回水干管在一层地沟内设置。供回水干管坡度为0.003，坡向泄水装置。在末端最高点设置自动放气阀，具体位置见图。立管连接散热器的支管坡度不小于0.01。

8.采暖管道穿墙、楼板等应设钢套管，安装在楼板上的套管，其顶部应高出地面30mm，底部应与楼板底相平，安装在墙壁内的套管，其两端应与饰面相平。穿过沉降缝的管道应采取预防由于建筑下沉而损坏管道的措施。

9.采暖管道、散热器、支吊架配件等除锈后，刷樟丹一道，银粉二道；敷设在不供暖房间，地沟内的管道均需用40mm岩棉管进行保温，先刷防锈漆一遍再包岩棉管，外缠塑料布，玻璃丝布各一层，最后刷色铅油两道。

10.散热器组装后，应进行水压试验，试验压力600KPa，试验时间为3分钟，不渗不漏为合格；系统安装后进行水压试验，具体方法见GB 50242—2002。

11.图中采暖管道标高指管中心，单位为米，图中管道标注尺寸为毫米。

12.采暖引入口的做法和过门地沟的做法见辽2003T901。

13.未尽事宜请严格遵照《建筑给水排水及采暖工程施工质量及验收规范》GB 50242—2002及国家有关规范。

活动支架间距表

公称直径(mm)		15	20	25	32	40	50	70	80	100	150
间距(m)	保温	1.5	2.0	2.5	2.5	3.0	3.0	4.0	4.0	4.5	6.0
	不保温	2.5	3.0	3.5	4.0	4.5	5.0	6.0	6.0	6.5	8.0

图 例

符 号	名 称	符 号	名 称
———	采暖供水管道		阀门
— — —	采暖回水管道		散热器
	自动放气阀	—×—	固定支架

图 6-9　某建筑采暖设计施工说明

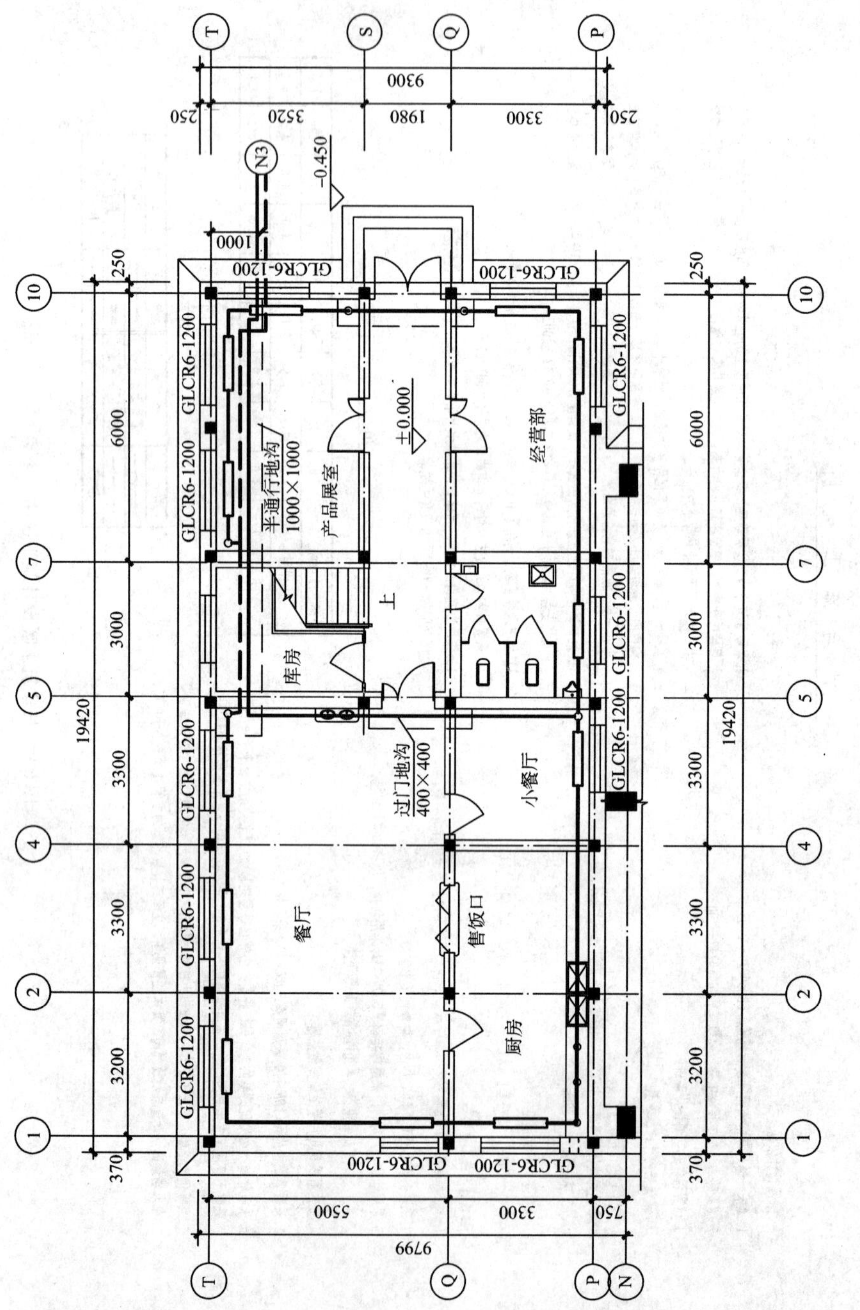

图 6-10　某建筑一层采暖平面图(尺寸单位:mm,高程单位:m)

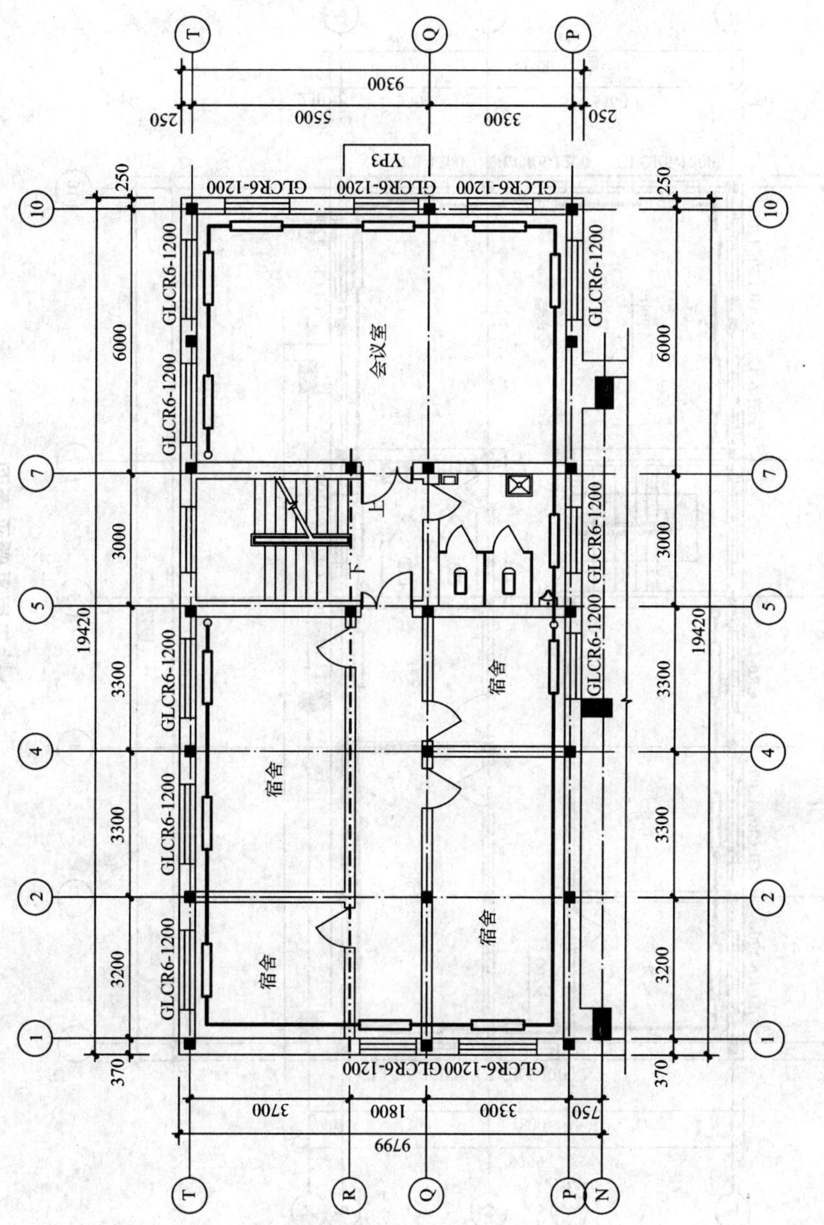

办公楼二层采暖平面图

图 6-11 某建筑二层采暖平面图(尺寸单位:mm,高程单位:m)

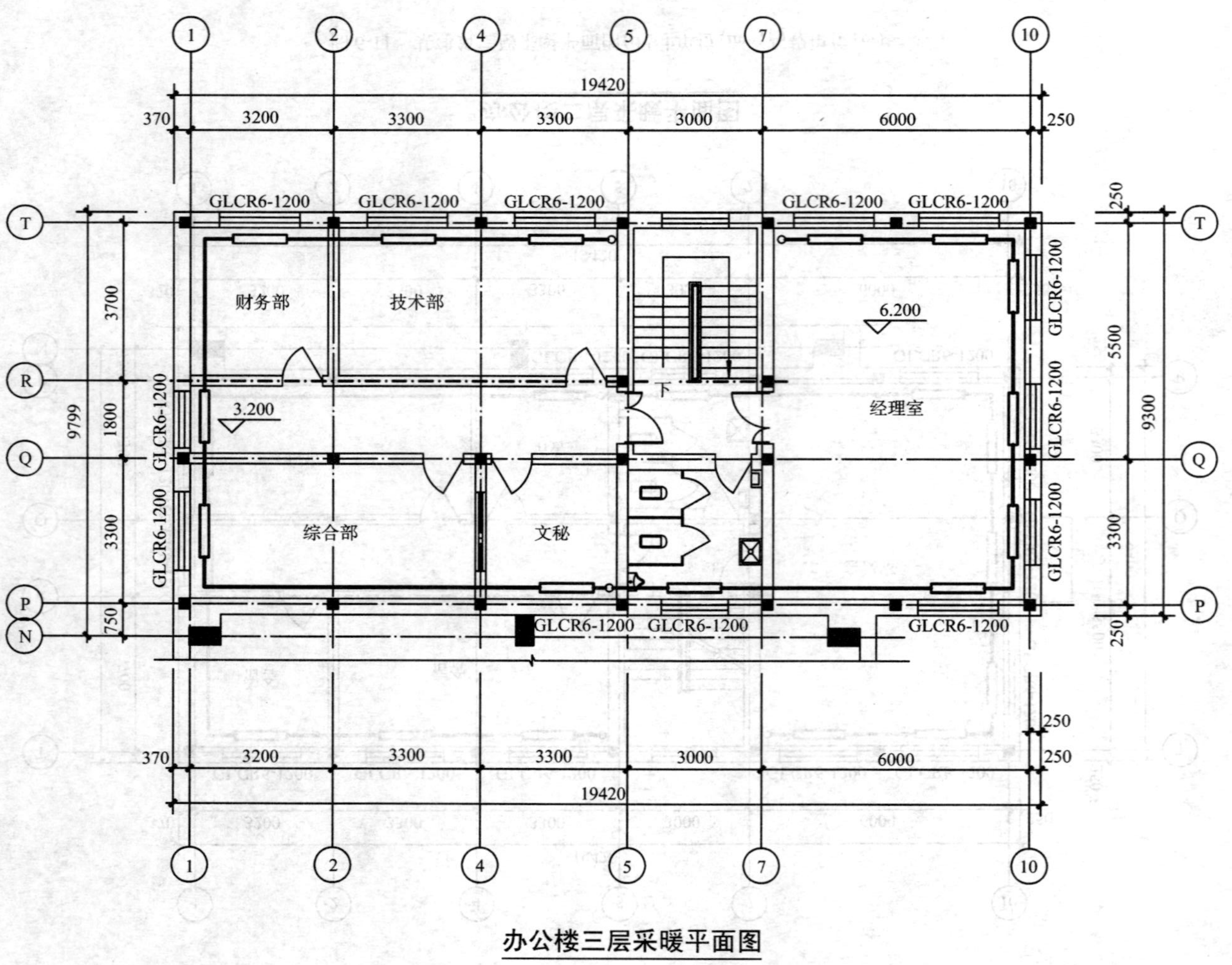

办公楼三层采暖平面图

图6-12　某建筑三层采暖平面图(尺寸单位:mm,高程单位:m)

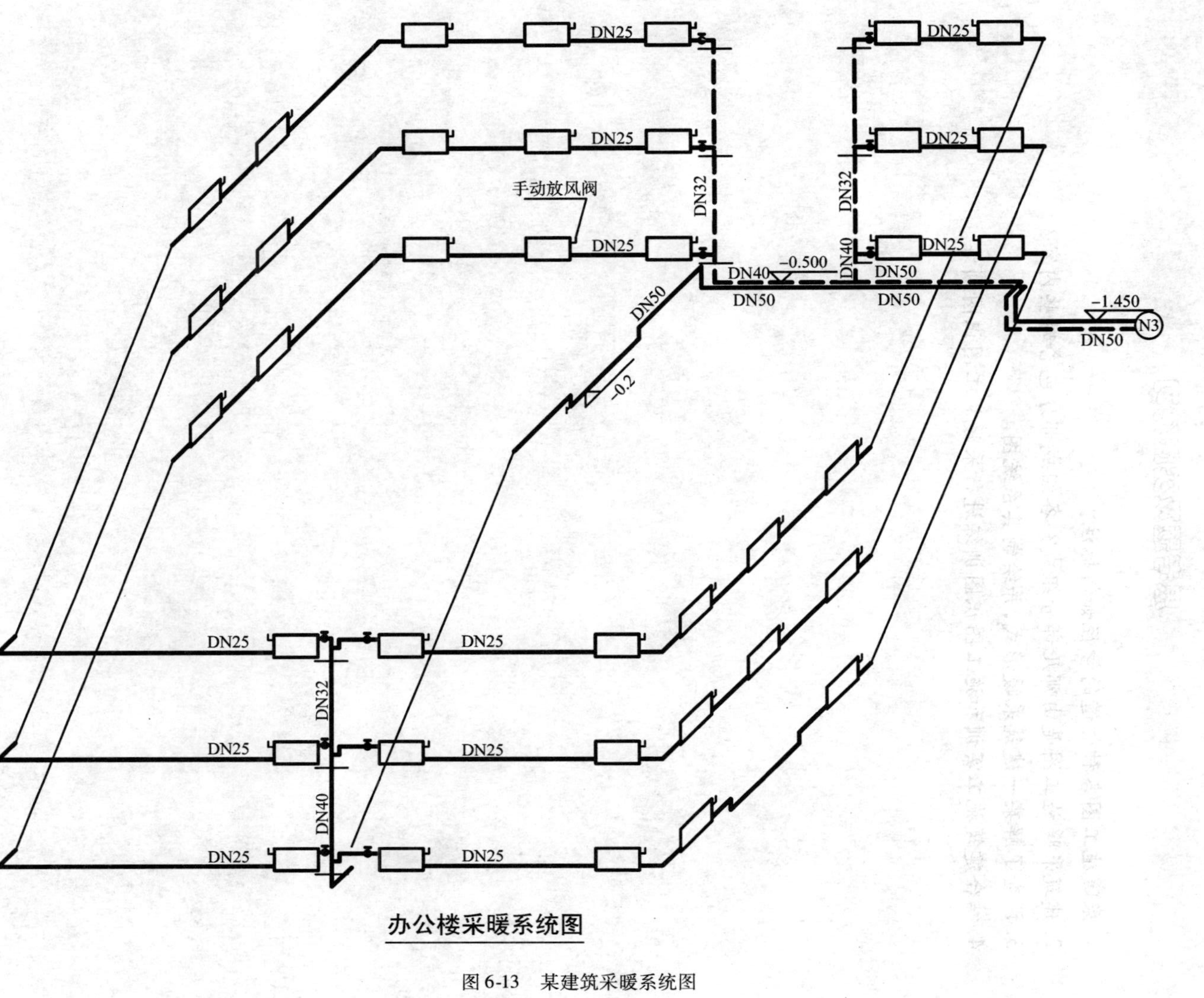

图 6-13 某建筑采暖系统图

采暖系统中的详图有标准详图和非标准详图,对于标准详图可查阅标准图集,如集气罐安装详图、支架安装详图、水箱安装详图等。对于平面图、系统图中表示不清而又无标准详图可套用的,要根据实际工程另绘出详图。具体详图实例可参考本书中采暖部分的安装样图。

思考题及实践练习

1. 采暖施工图各种管道的管径如何标注?
2. 建筑采暖施工图是由哪几部分组成? 各组成部分包含哪些内容?
3. 调查了解某一建筑采暖形式,并绘制其系统图。
4. 结合建筑施工实训和施工图识图训练进行采暖施工图识图训练。

第七章　热水和燃气供应工程

本章重点

了解建筑热水供应系统的分类和组成，熟悉热水供水方式，明确管道布置与敷设时应注意的主要问题。了解燃气的种类、性质及常用供应方式，了解城镇燃气系统的组成，熟悉建筑燃气供应系统的组成并掌握管道布置与敷设的基本要求，了解常用的燃气用具的特点及应用。

第一节　热水供应系统

一、热水供应系统的分类

建筑内部的热水供应是满足建筑内人们在生产或生活中对热水的需求。热水供应系统按热水供应的范围大小，可分为局部热水供应系统、集中热水供应系统、区域性热水供应系统。

局部热水供应系统的热源可采用燃气、蒸汽或利用电能、太阳能。各种加热设备直接置于用水点，配水管距离不长。局部热水供应系统的优点是灵活、管理方便，适用在已建各类建筑局部供应热水的场合。在饮食店、理发店、门诊所、办公楼等热水用水量小且分散的建筑中，常采用局部热水供应系统。

集中热水供应系统的热水通常由蒸汽锅炉或热水锅炉制备，在条件允许时利用工业余热、废热、地热和太阳能作为热源。集中热水供应系统的供水范围大，加热设备集中，热效率高，适用于新建的建筑物中热水用水点较多的场合。在旅馆、医院、疗养院、公共浴室等热水用水量较大、用水点较多又集中的建筑中，常使用集中热水供应系统。

区域热水供应系统中加热冷水的热媒多使用蒸汽或热水，集中加热冷水通过市政热水管网送至建筑群使用。这种系统热效率高，热水管网复杂，自动化控制技术先进，管理水平要求高，供应范围比集中热水供应系统大得多。

二、热水供应系统的组成

建筑热水供应系统一般由加热设备、热媒管道、热水输配管网和循环管道、配水龙头等用水设备、水箱及水泵组成，如图 7-1 所示。

1. 热媒系统（第一循环系统）

热媒系统由热源、加热器和热媒管网组成，由锅炉生产的蒸汽（或过热水）通过热媒管网送到水加热器以加热冷水、经过热交换使蒸汽变成凝结水；蒸汽凝结水由凝结水管排至凝水池，凝结水和补充的水经凝水泵再送回锅炉加热变为蒸汽，如此循环完成热的传递。区域热水供应系统中水加热器的热媒管道和凝结水管道直接与热力网连接。

2. 热水系统(第二循环系统)

热水供水系统由热水配水管网和回水管网组成。被加热到一定温度的热水,从水加热器出来经配水管网送至各个热水配水点,而水加热器的冷水由高位水箱或给水管网补给。为保证各用水点随时都有规定水温的热水,在立管和水平干管甚至支管设置回水管,使一定量的热水经过循环水泵流回水加热器以补充管网所散失的热量。

3. 附件

热水供应系统附件包括蒸汽、热水的控制附件及管道的连接附件。如温度自动调节器、疏水器、减压阀、安全阀、膨胀罐、管道补偿器、闸阀、水嘴等。

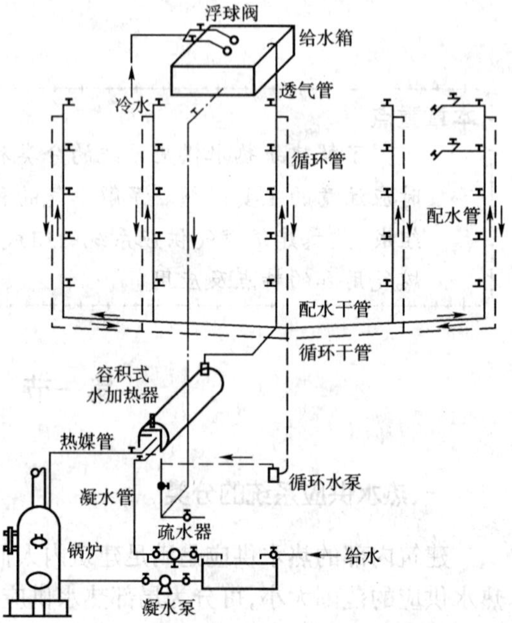

三、热水供水方式

室内热水供水方式按照加热冷水方法的不同,可分直接加热和间接加热方式;按照管网有无循环管道,可分为全循环、半循环和不循环方式;按照循环方式的不同,可分为自然循环方式和设循环水泵的机械循环;按照配水干管在建筑内布置位置的不同,可分为下行上给和上行下给方式;按系统是否敞开分为开式系统(配水点关闭,系统仍与大气相通)和闭式系统(配水点关闭,系统不与大气相通)。

图 7-1　集中热水供应系统图

1. 加热方式

1)直接加热

直接加热是利用燃料直接烧锅炉将水加热或利用清洁的热媒,如蒸汽,与被加热水混合产生热水;在燃料缺少时,如当地电力充足和有供电条件时,也可采用电力加热;在太阳能资源丰富地区可采用太阳能加热。这些都是一次换热的直接加热方式,具有加热方法直接简便、热效率高的特点。但要设置热水锅炉或其他水加热器,占有一定的建筑面积,增加维护管理工作,有条件时宜用自动控制的水加热设备。

热水锅炉有多种形式,如卧式、立式等,如图 7-2 所示为燃油、燃气锅炉。蒸汽直接加热是将锅炉生产的蒸汽直接通入水中进行加热,常用多孔管加热和喷射器加热两种方法,如图 7-3 所示;利用太阳能加热水是一种简单、经济的热水方法,常见加热器有管板式、真空管式,其中真空管式效果最佳。真空管系两层玻璃抽成真空,管内涂有吸热涂层。如图 7-4 所示为自然

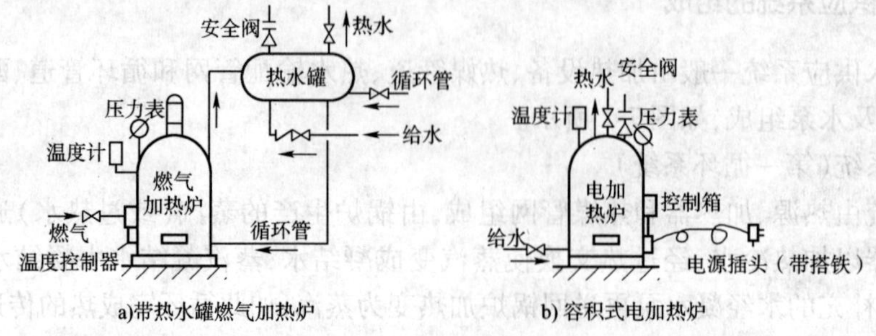

a)带热水罐燃气加热炉　b)容积式电加热炉

图 7-2　热水锅炉直接加热

循环太阳能热水器装置示意图。

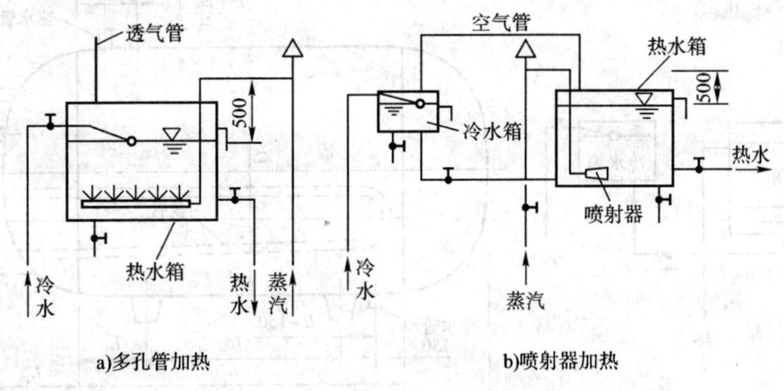

图 7-3　蒸汽直接加热(尺寸单位:mm)

2)间接加热

间接加热是被加热水不与热媒直接接触,而是通过加热器中传热面的传热作用,利用热媒的热能来加热水。如利用蒸汽或热水等来加热水,热媒放热后,温度降低,仍可回流到原锅炉房重复使用。因此,热媒不需要大量补充水,既可节省用水,又可保护锅炉不生水垢,提高热效能。这种系统的热水不易被污染,无噪声,热媒和热水在压力上无联系。间接加热法所用的热源,一般为蒸汽或过热水,间接热水法具有供水稳定可靠、安静卫生,环境条件较好。因此,对比较大的热水供应系统常采用间接加热,如医院、旅馆、饭店等。

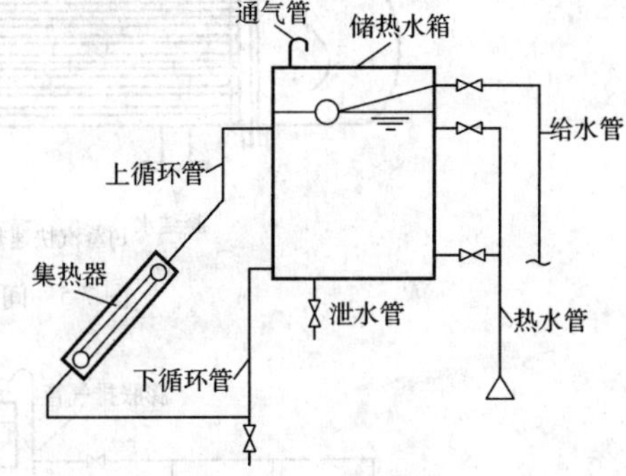

图 7-4　太阳能热水器直接加热

间接加热器可分为:开式热水箱、容积式水加热器和快速加热器等,如图 7-5 所示。

2. 循环管网的设置方式

根据热水管网设置循环管网的方式不同,有全循环、半循环、无循环热水供水方式之分,如图 7-6 所示。

全循环热水供水方式是指热水干管、热水立管及热水支管均能保持热水的循环,各配水龙头随时打开均能提供符合设计要求的热水。该方式用于有特殊要求的高标准建筑中,如高级宾馆、饭店、大型医院、高级建筑等。

半循环方式又分为立管循环热水供水方式和干管循环热水供水方式。立管循环热水供水方式是指热水干管和热水立管内均保持有热水的循环,打开配水龙头时只需放掉热水支管中少量的存水,就能获得规定水温的热水。该方式多用于设有全日供应热水的建筑和设有定时供应热水的建筑中。干管循环热水供水方式是指仅保持热水干管内的热水循环,多用于采用定时供应热水的建筑中。在热水供应时,先用循环泵把干管中的冷水循环加热,当打开配水龙头时只需放掉立管和支管内的冷水就可流出符合要求的热水。

无循环热水供水方式是指在热水管网中不设任何循环管道。对于热水供应系统较小,使用要求不高的定时热水供应系统,如公共浴室、洗衣房等可采用此方式。

四、热水管道的布置与敷设

热水管网的布置和敷设,除了满足给(冷)水管网布置敷设的要求外,还应该注意由于水

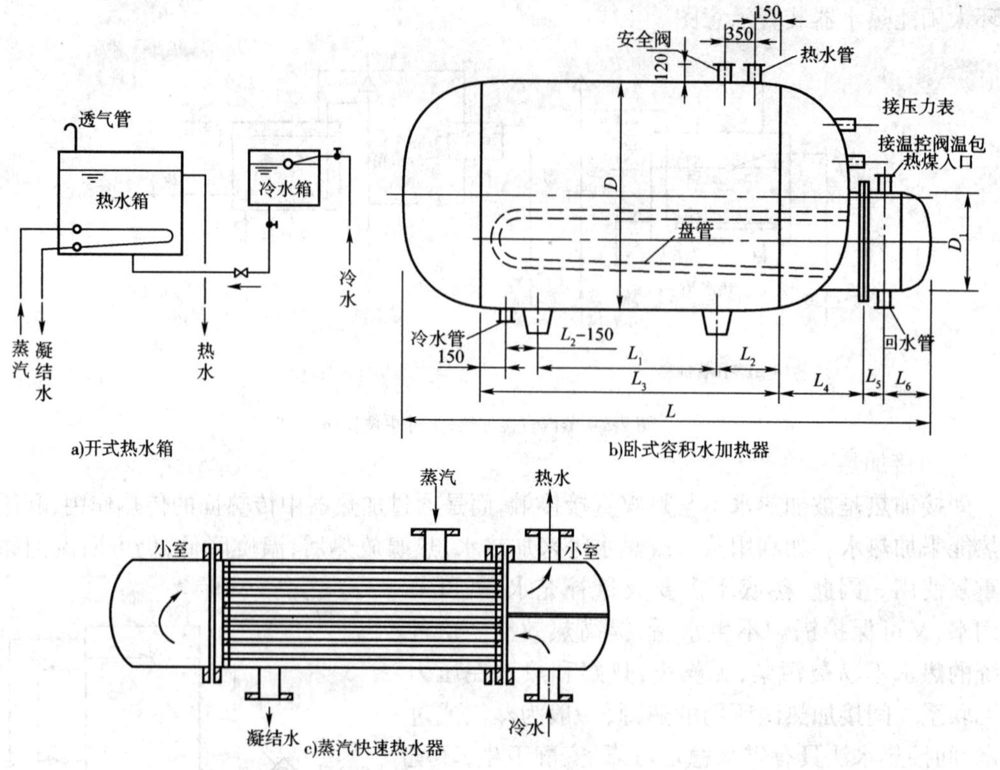

图 7-5　间接热水加热器(尺寸单位:mm)

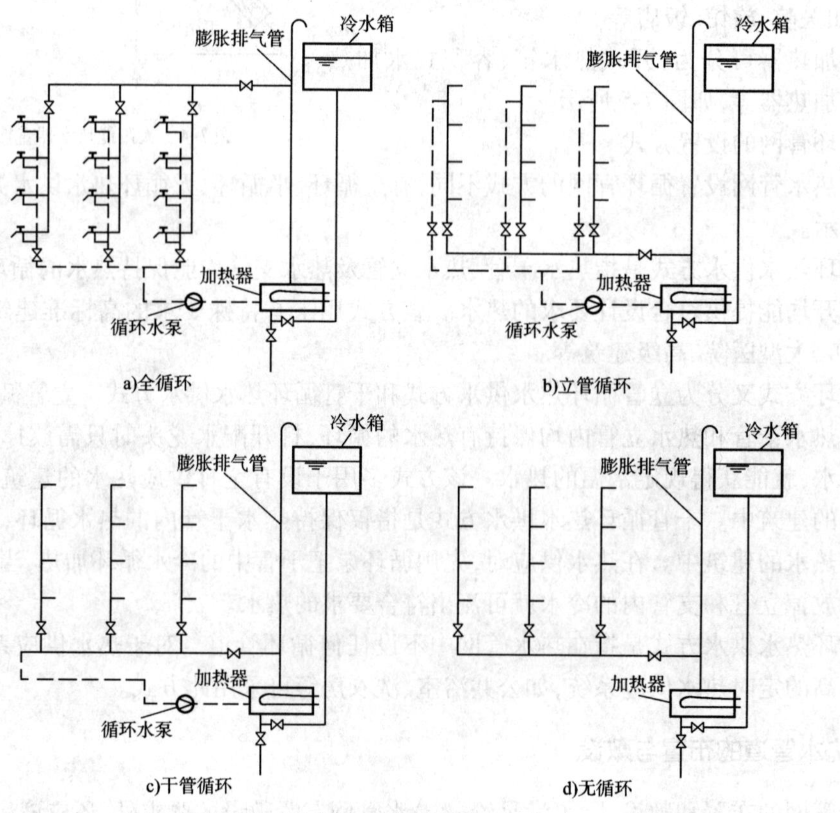

图 7-6　循环方式

温高带来的体积膨胀、管道伸缩补偿、保温、排气等问题。

根据所选择的方式，热水干管可敷设在室内地沟、地下室顶部、建筑物最高层或专用设备技术层内。热水立管明装时，一般布置在卫生间内，暗装时，一般都设在管道井内。

1. 管道排气与泄水

为避免管道中积存气体，影响过水能力和增加管道腐蚀，在上行下给式系统配水干管的最高点，应设排气装置，如自动排气阀；下行上给式热水配水系统可利用最高配水点排气。为防止配水管网中分离出的气体被带回水管，每根立管的回水管始端都应接在该立管最高配水点以下大于 0.5m 处。

热水横管应有不小于 0.002 的坡度坡向泄水装置，以便泄水。泄水装置设在系统的最低点。

2. 管道的伸缩问题

热水管道因温度变化而产生热胀冷缩，为了避免管道出现挠曲、开裂漏水，应当采取自然补偿或设置补偿器的方法来解决。

热水管穿过建筑物顶棚、楼板、墙壁和基础时，均应加套管。穿楼板套管应高出地面 5 ~ 10cm，以防楼板积水时流入下层。热水支管与横管连接时，连接处应加弯管，如图 5-45 和图 5-46 所示。

3. 管材

热水管应采用热浸镀锌钢管或钢塑管、铝塑管、聚丁烯管（PB 管）、聚丙烯管（PP 管）、交联聚乙烯管（PEX 管）等防锈、卫生指标优良的热水管材。若建筑标准和使用要求高，可采用铜管。

4. 保温

热水供应系统中，必须设法减少设备及管道的热损失。在加热设备、热水箱及配水管道设置保温层，设备及管道的保温通常由绝热层、防潮层、保温层组成。保温材料应选用导热系数小、耐热性高、有一定强度、不易燃烧、耐腐、易施工及价廉的材料，常用的保温材料有超细玻璃棉、玻璃棉、膨胀珍珠岩、石棉、岩棉、矿渣棉等。

常见的保温结构形式有涂抹式、填充式、包扎式和预制式等。不论采用何种结构形式，在保温层施工前，均应将钢管表面进行防腐处理，将管道表面清除干净，刷两道防锈漆。此外，为增加保温结构的机械强度和防湿能力，在保温层外一般均应有保护层，常用的保护层有石棉水泥保护层、麻刀灰保护层、玻璃布保护层、铁皮保护层等。

预制式是由预先制成各种形状的保温材料在现场拼装包在管子周围，如图 7-7 所示。

涂抹式是将保温材料和水调制的胶泥涂抹在管子上或缠在管子外面的草绳上。其整体性好，可适用于任何形状的设备，但机械强度低，如图 7-8 所示。

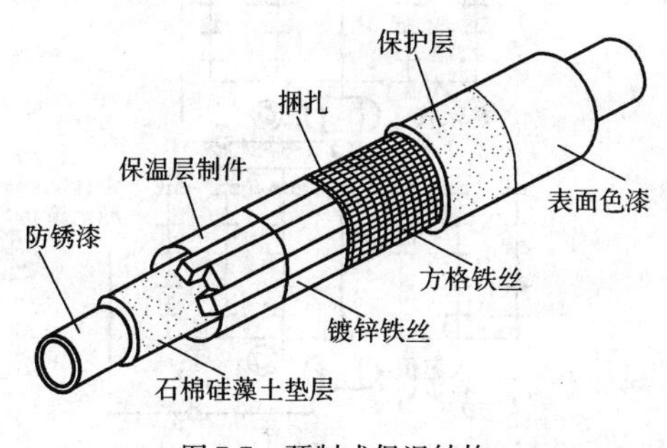

图 7-7　预制式保温结构

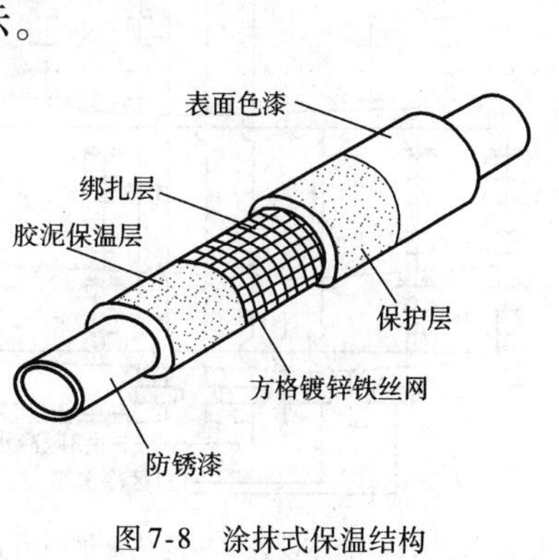

图 7-8　涂抹式保温结构

填充式是将松散或纤维状的保温材料填充于设备或管道周围特制的套子或铁丝网中进行保温,保温效果好,但施工麻烦,如图 7-9 所示。

包扎式是将片状、绳状或带状的保温材料包扎在管子、阀门外部,再用铁丝、金属箍或特制夹子扎紧,如图 7-10 所示。

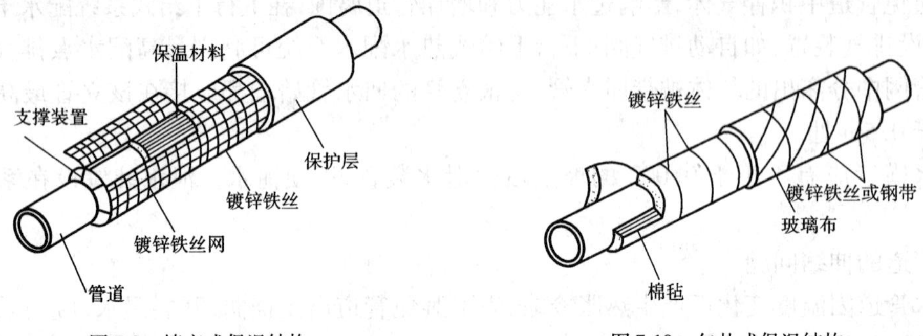

图 7-9 填充式保温结构

图 7-10 包扎式保温结构

五、高层建筑热水供应

高层建筑的热水供应系统与冷水给水系统若采用同一系统供应,会因低层管道中静水压力过大带来一系列问题。

高层建筑热水供应系统,可采用竖向分区的供水方式解决底层管道静水压力过大的问题。热水供应系统分区的范围,应与给水系统的分区一致,各区的水加热器、储水器的进水,均应由同区的给水系统供应。冷、热水系统分区一致,可使系统内冷、热水压力平衡,便于调节冷、热水混合龙头的出水温度,也便于管理。

热水供应系统的分区形式主要有集中式和分散式两种。

集中式特点是,加热设备、循环水泵集中设在底层或地下设备层,各区加热设备的冷水分别来自各区冷水水源,如冷水箱等,如图 7-11 所示。该分区形式一般适用于高度 100m 以下的高层建筑。

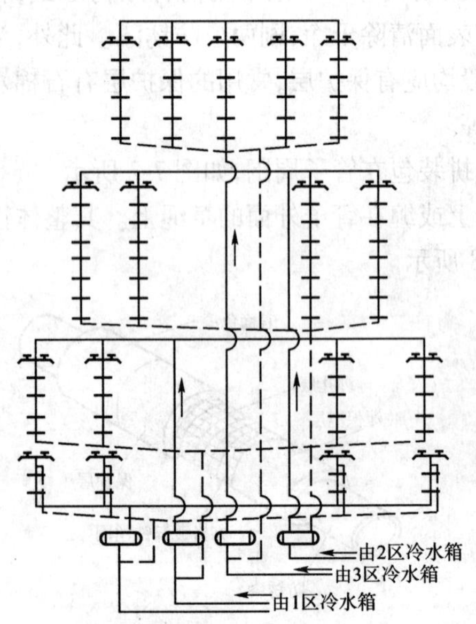

图 7-11 加热设备集中的热水供应方式

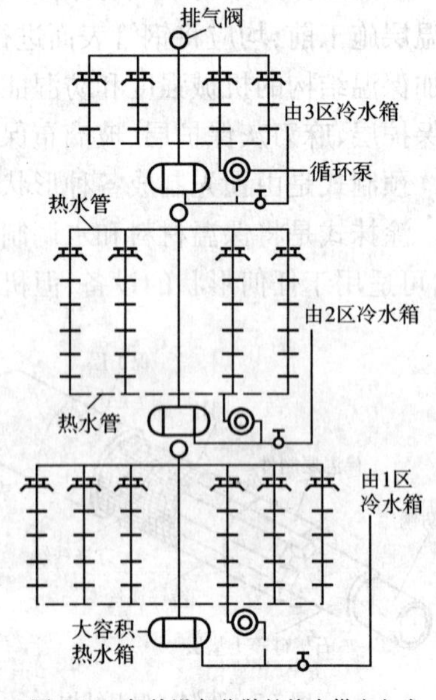

图 7-12 加热设备分散的热水供应方式

分散式各区热水配水循环管网也自成系统，但各区的加热设备和循环水泵分散设置在各区的设备层中，如图 7-12 所示。

第二节　燃气供应系统

一、燃气的分类

城市民用和工业用燃气是几种气体组成的混合气体，其中含有可燃气体和不可燃气体。可燃气体有碳氢化合物、氢和一氧化碳；不可燃气体有二氧化碳、氮和氧等。

燃气与空气混合到一定比例时即易发生燃烧和爆炸，危险性较大，且人工燃气具有强烈的毒性，容易引起中毒事故。所以，对于燃气设备及管道的设计、加工和敷设，都有严格安全方面的要求，同时也须加强维护和管理工作，防止漏气。

城镇燃气的种类主要有天然气、人工燃气、液化石油气。

1. 天然气

天然气一般可分为四种：从气井开采出来的气田气或称纯天然气；含石油轻质馏分的凝析气田气；从井下煤层抽出的煤矿矿井气；伴随石油一起开采出来的石油气或称石油伴生气。

天然气通常没有气味，所以在使用时需混入无害但有臭味的气体，以便于发现漏气事故，避免发生中毒或爆炸等事故。

2. 人工燃气

人工燃气是将固体燃料（煤）或液体燃料（重油）通过人工炼制加工而得到的。按其制取方法的不同分为固体燃料干馏燃气、固体燃料气化燃气、油制气和高炉燃气四种。人工燃气具有强烈的气味及毒性，含有硫化氢、萘、苯、氨、焦油等杂质，容易腐蚀及堵塞管道。因此，人工燃气需加以净化后才能使用。煤制燃气只能采用储气罐气态储存和管道输送。

3. 液化石油气

液化石油气是开采和炼制石油过程中，作为副产品而获得的一部分碳氢化合物。

二、燃气输配系统

城镇燃气输配系统是一个综合设施，主要由燃气输配管网、储配站、计量调压站、运行操作和控制设施等组成。

1. 燃气管道分类

燃气输配系统的主要组成部分是燃气管道。管道可按燃气压力、用途和敷设方式分类。

1）按输气压力分类

按输气压力可分为：低压、中压、次高压和高压管道。

居民用户和小型公共建筑用户一般直接由低压管道供气。低压管道输送人工燃气时，压力不大于 2kPa；输送天然气时，压力不大于 3.5kPa；输送气态液化石油气时，压力不大于 5kPa。当连在低压燃气管道上的用户都安装用户调压器时，压力应也不大于 5kPa。

2）按用途分类

（1）长距离输气管道，一般用于天然气长距离输送（图 7-13）。

（2）城镇燃气管道，按不同用途分为分配管道、用户引入管道和室内燃气管道。

①分配管道是指在供气地区将燃气分配给工业企业用户，公共建筑用户和居民用户。分

配管道包括街区和庭院的分配管道。

②用户引入管是用来将燃气从分配管道引到用户室内管道引入口的总阀门。

③室内燃气管道通过用户管道引入口的总阀门将燃气引向室内,并分配到每个燃气用具。

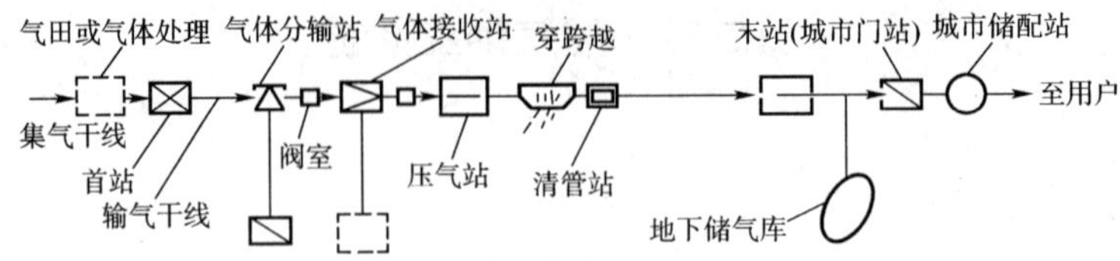

图7-13 输气管道系统构成图

3)按敷设方式分类

按敷设方式燃气管道可以分为地下燃气管道和架空燃气管道。

城镇燃气管道为了安全运行,一般情况下均为埋地敷设,不允许架空敷设;当建筑物间距过小或地下管线和构筑物密集,管道埋地困难时才允许架空敷设。工厂厂区内的燃气管道通常用架空敷设,以便于管理和维修,并减少燃气泄漏的危险性。

2. 燃气管网系统

城镇燃气管网由燃气管道及其设备组成,管道可形成低压、中压和高压等各种压力级别不同组合。城镇燃气管网系统可分为低压供应方式和低压一级制系统,中压供应和中—低压两级制管网系统,高压供应方式和高—中—低三级制管网系统。在大城市,燃气由街道高压管网或次高压管网,经过燃气调压站进入街道中压管网;然后经过区域的燃气调压站进入街道低压管网,再经庭院管网而接入用户;临街的建筑物也可直接由街道管网引入;在燃气供应区域内设置储气柜,以调节不均匀性,或采用管道储气调节用气的不均匀性。如图7-14所示为高、中、低三级燃气管网示意图,这是国内大多数城市常见的典型燃气管网压力级制。在小城市里,一般采用中—低压燃气管网。

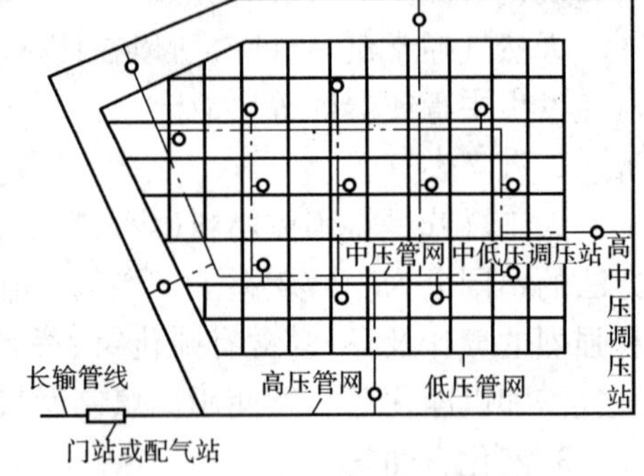

图7-14 高—中—低压三级燃气管网示意图

三、建筑燃气供应系统

1. 建筑燃气供应系统组成

建筑燃气供应系统一般由用户引入管、水平干管、立管、用户支管、燃气计量表、用具连接管和燃气用具组成,如图7-15所示为系统组成示意图。中—低压进户和低压进户燃气管道系统相似,仅在用户支管上的用户阀门与燃气计量表间加装用户调压器。如图7-16和图7-17所示分别为一单户住宅燃气管路平面图和系统图。

2. 建筑燃气管道的布置和敷设要求

室内燃气管道一般为明装敷设。当建筑物或工艺有特殊要求时,也可以采用暗装。但必须敷设在有人孔的闷顶或有活塞的墙槽内,以便安装和检修。

燃气引入管管径大于75mm时,管材采用给水铸铁管,以石棉水泥接口;管径小于75mm时,采用镀锌钢管,螺纹连接。室内管道全部采用镀锌钢管,螺纹连接,以聚四氟乙烯生料带或厚白漆为填料,不得使用麻丝作填料。

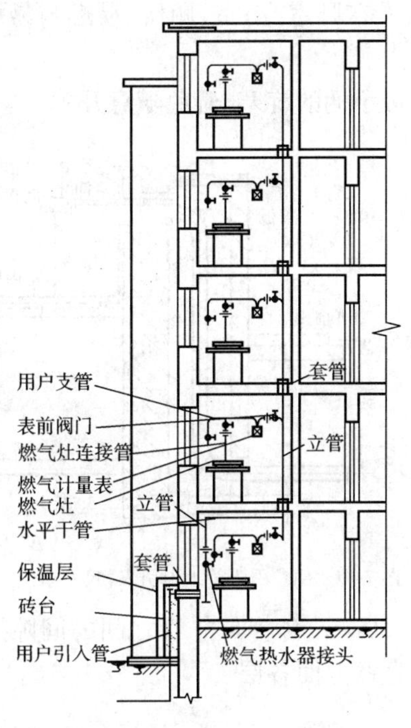

图 7-15　民用建筑燃气供应系统

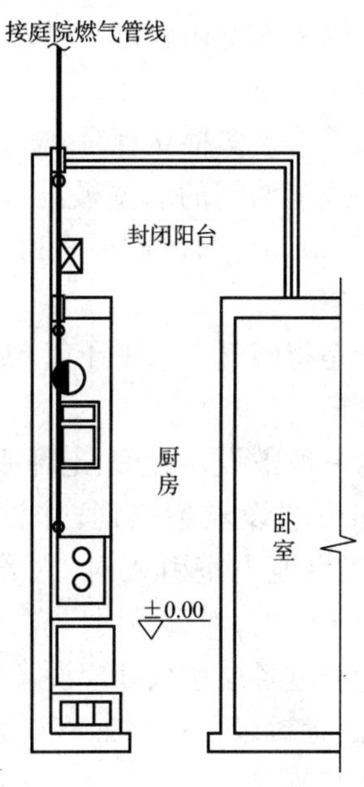

图 7-16　单户住宅燃气管路平面图

1)引入管

用户引入管与城市或庭院低压分配管道连接,并在分支管处设阀门。燃气的引入管一般由地下引入室内,若采取防冻措施,也可由地上引入。在非供暖地区或采用管径不大于 75mm 的管道输送干燃气,可由地上直接引入室内。输送湿燃气的引入管应有不小于 0.005 的坡度,坡向城市燃气分配管道。引入管穿过承重墙、基础或管沟时应预留孔洞,加套管,间隙用油麻、沥青或环氧树脂填塞。管顶间隙应不小于建筑物最大沉降量(如图 7-18 所示为用户引入管地下引入的做法)。当引入管沿外墙翻身引入时,其室外部分应采取适当的防腐、保温和保护措施(图 7-19)。

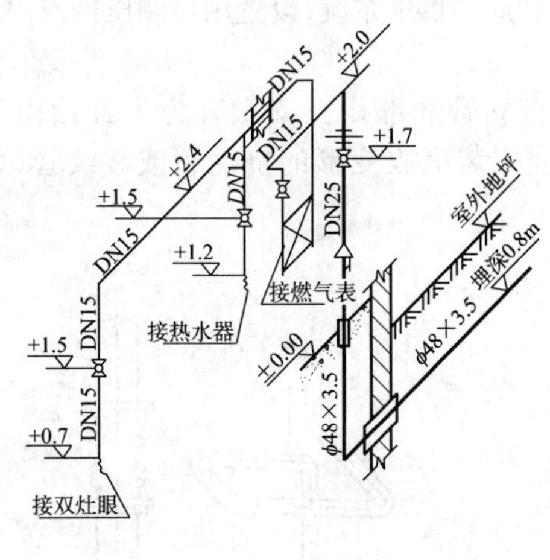

图 7-17　单户住宅燃气管路系统图

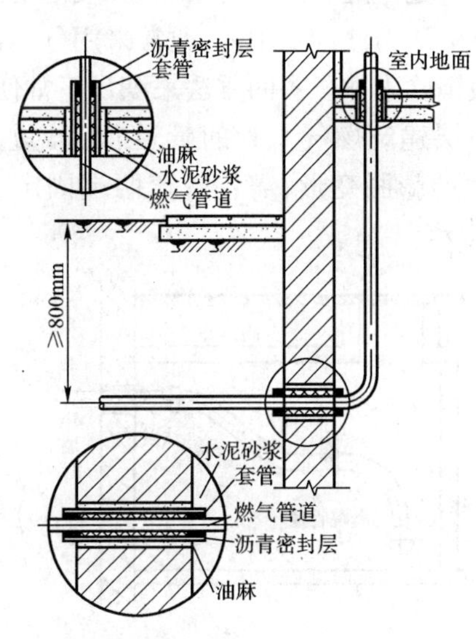

图 7-18　用户引入管地下引入

引入管最好直接引入用气房间(如厨房)内。不得敷设在卧室、浴室、厕所、易燃与易爆物仓库,有腐蚀性介质的房间,变配电间、电缆沟及烟、风道内。

引入管进入室内后第一层处,应该安装严密性好,不带手柄的旋塞,避免随意开关。

2)水平干管

引入管连接多根立管时,应设水平干管。水平干管可沿楼梯或辅助间的墙壁敷设,坡向引入管,坡度不小于0.002。管道经过的楼梯间和房间应有良好的通风。

3)立管

立管是将燃气由水平干管(或引入管)分送到各层用户的管道。

立管一般敷设在厨房、走廊或楼梯间内。每一立管的顶端和底端设丝堵三通,作清洗用,其直径不小于25mm。当由地下室引入时,立管在第一层应设阀门。阀门应设于室内,对重要用户应在室外另设阀门。

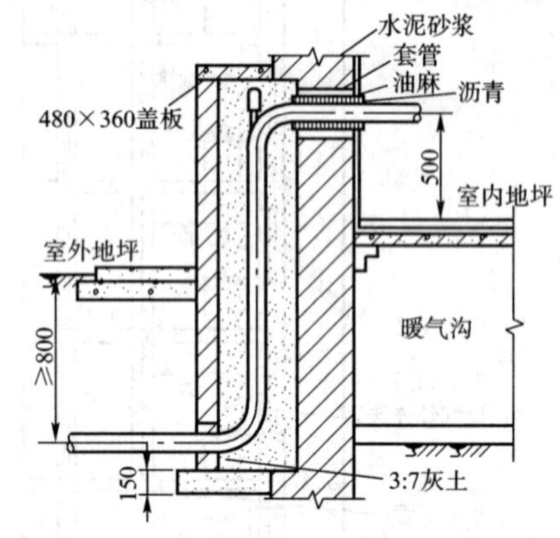

图7-19 用户引入管地上引入(尺寸单位:cm)

立管通过各层楼板处应设套管。套管高出地面至少50mm,套管与立管之间的间隙用油麻填堵,沥青封口。立管在一幢建筑中一般不改变直径,直通上面各层。

4)用户支管

由立管引向各单独用户计量表及燃气用具的管道称为用户支管。用户支管在厨房内的高度不低于1.7m,敷设坡度应不小于0.002,并由燃气计量表分别坡向立管和燃气用具。支管穿墙时也应有套管保护。

5)用具连接管(又称下垂管)

用具连接管是在支管上连接燃气用具的垂直管段,其上的旋塞应距地面1.5m左右。

对于高层建筑的室内燃气管道系统还应考虑解决3个特殊问题。高层建筑沉降量大,需在引入管处要安装伸缩补偿接头,以消除建筑物沉降的影响。伸缩补偿接头有波纹管接头、套筒接头和软管接头等形式。如图7-20所示为软管接头。

高层建筑随着高度的增加,燃气的附加压头也增大,为了使建筑物上下层的燃具都能工作在允许的压力波动范围内,通常采用分别设置高层和底层供气系统,设置用户调压器或用调压器分段消除附加压头的方法来满足正常使用要求。

高层建筑燃气立管的管道长、自重大,需要在立管底部设置支墩。为了补偿由于温差产生的膨胀变形,需将管道两端固定,并在中间安装吸收变形的挠性管或波纹管,如图7-21所示。

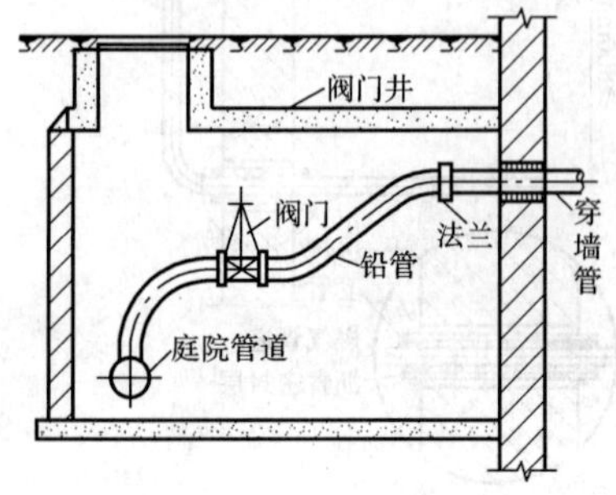

图7-20 引入管的软管接头

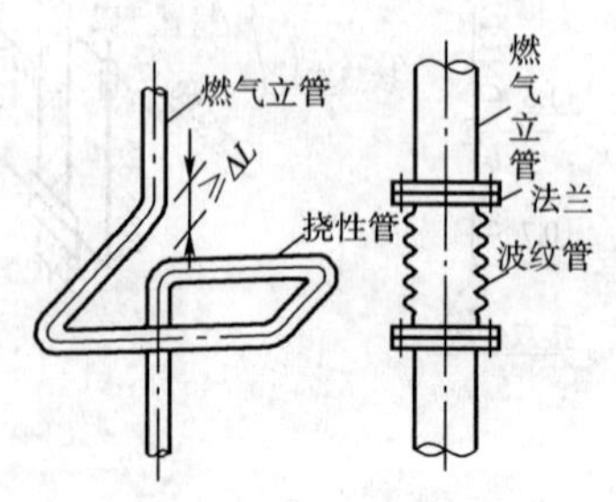

图7-21 燃气立管的补偿装置

四、燃气表

燃气计量表是计量燃气用量的仪表，根据其工作原理可分为容积式流量计、速度式流量计、差压式流量计和涡轮式流量计。

民用建筑室内燃气供应系统上所用的计量燃气用量的燃气计量表，一般采用容积式流量计。

干式皮膜式燃气计量表是最常用的容积式燃气计量表，其外形如图7-22所示。这种燃气计量表有一个方形的金属外壳，上部两侧有短管，左接进气管，右接出气管。外壳内有皮革制的小室，中间以皮膜隔开，分为左右两部分，燃气进入表内，可使小室左右两部分交替充气和排气，借助杠杆、齿轮传动机构，上部度盘上的指针即可指示出燃气用量的累计值。

现在已逐渐应用的智能燃气表，是在普通的燃气表上，安装了电子控制器，实现对煤气表的自动控制，如IC卡燃气表。这种燃气表使用方便，有效地防止了窃气、少收费、欠收费等情况的发生、免去了人工抄表的麻烦。

燃气表的安装和布置应符合下列要求：

(1)燃气表宜设置在通风良好的非燃结构上，应便于安装、维修、调试、抄表，并满足安全使用要求。

(2)燃气表不得安装在燃气用具上方，表与灶水平净距不得小于300mm，避免热气流对计量正确性的影响安装；高度同计量表的大小式样、安装空间及当地燃气公司规定有关，一般居民用户计量表底部距厨房地面1.8m。

燃气表的安装尺寸要求如图7-23所示。

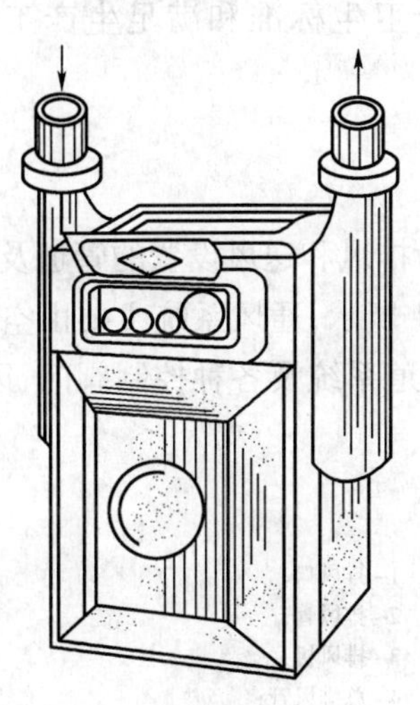

图7-22　皮膜式燃气表

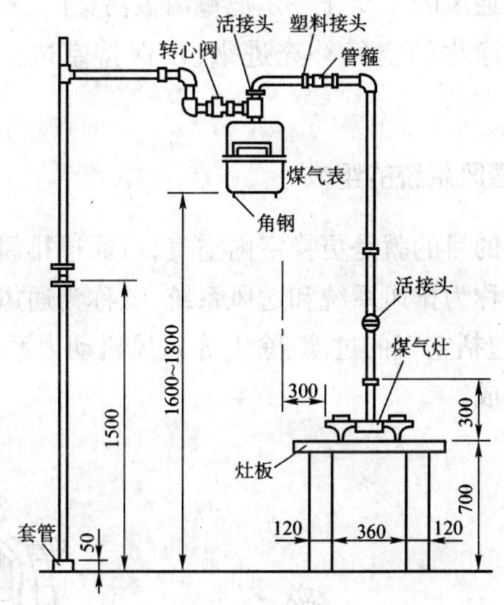

图7-23　住宅燃气表安装尺寸要求(尺寸单位：mm)

思考题及实践练习

1. 热水供应系统的组成部分有哪些？两个循环系统指什么？
2. 热水供水方式有哪些？各自特点是什么？
3. 热水管道布置与敷设时应注意哪些问题？
4. 简述建筑燃气管道布置与敷设时应注意的问题。
5. 调查周围建筑物的热水及燃气供应方式，并绘出其系统图。

第八章　建筑通风与空调工程

本章重点

明确建筑通风和空调的意义,掌握各种通风方式的特点并熟悉其应用,熟悉通风系统的主要设备和附件,掌握风机和管道的基本安装方法;掌握空调系统的基本分类,熟悉常用空调系统的特点、空调房间气流组织方法,掌握蒸汽压缩制冷原理,了解空调水系统,熟悉通风空调系统消声隔振的措施;明确高层建筑建筑防火排烟的意义并熟悉防火排烟的方法。

第一节　建筑通风系统

建筑通风的主要任务是把室内被污染的空气直接或经过净化后排至室外,把室外新鲜空气或经过净化的空气补充进来,以保持室内的空气环境符合卫生标准和满足生产工艺的要求。

一、通风系统的组成

通风的目的就是更换室内空气,可通过排风和送风实现,为排风和送风设置的管道及设备系统分别称为排风系统和送风系统,统称为通风系统。如图8-1所示,通风系统主要由空气处理系统(包括空气的过滤、除尘等)、风机动力系统、空气输送风道系统及各种控制阀门、风口、风帽等组成。

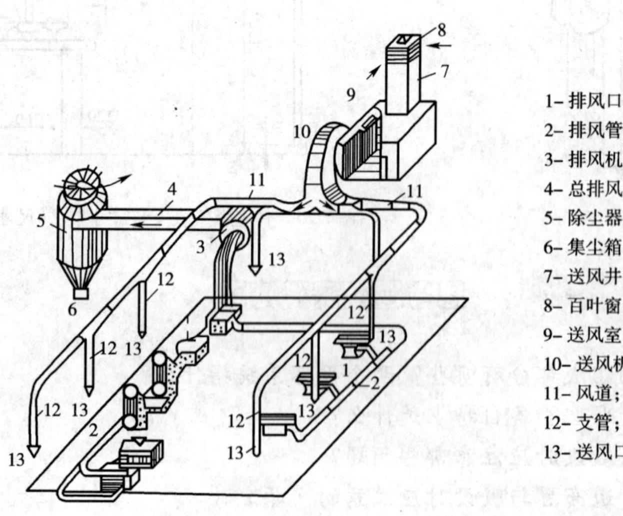

图8-1　某木工车间的通风系统组成示意图

二、通风系统的分类

按照通风系统的作用动力，建筑通风系统分为自然通风和机械通风，按照作用范围分为全面通风和局部通风。

1. 自然通风

1）自然通风方式

自然通风是一种比较经济的通风方式，所以民用建筑和公共建筑在一般情况下以自然通风来满足室内空气环境的基本要求。在工业建筑中，特别是热车间，自然通风可以形成较大的全面通风换气量。

自然通风是在压差作用下的空气流动。根据压差形成的原理，自然通风可以分为风压作用下的自然通风和热压作用下的自然通风。

图 8-2 表示了风压作用下的自然通风的形成过程。当有风从右边吹向建筑时，建筑的迎风面将受到空气的推动作用形成正压区，推动空气从该侧进入建筑；而建筑的背风面，由于受到空气绕流影响形成负压区，吸引建筑内空气从该侧的出口流出，这样就形成了持续不断的空气流，成为风压作用下的自然通风。

图 8-3 表示了热压作用下的自然通风的形成原理。当室内存在热源时，室内空气将被加热，密度降低，并且向上浮动，造成建筑内上部空气压力比建筑外大，导致室内空气向外流动，同时在建筑下部，不断有空气流入，以填补上部流出的空气所让出的空间，这样形成的持续不断的空气流就是热压作用下的自然通风。当建筑室内外温差越大，下部进风口与上部排风口的高差越大，热压越大，也就是我们常说的"烟囱效应"。

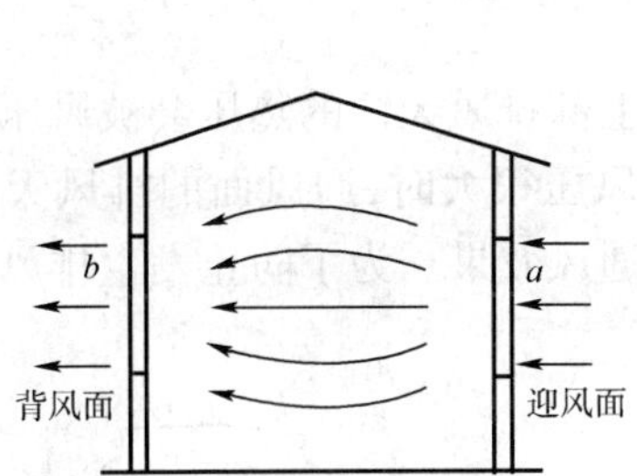

图 8-2　风压作用下的自然通风

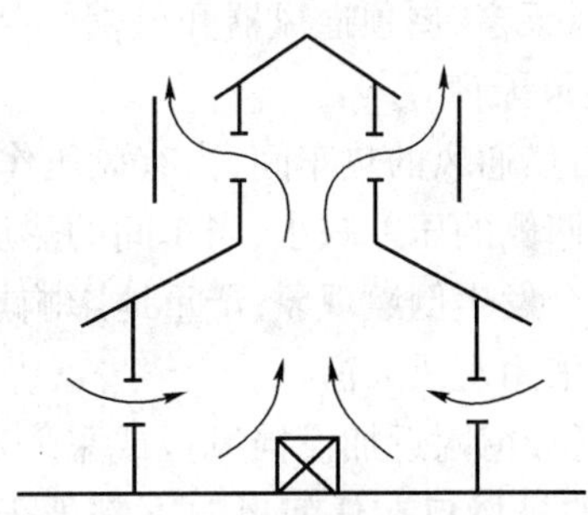

图 8-3　热压作用下的自然通风

在大多数工程实际中，建筑物在热压和风压作用下自然通风很难分隔开来。一般，在风压和热压共同作用的这种自然通风中，热压作用的变化较小，风压的作用随室外气候变化较大，如图 8-4 所示即为热压和风压同时作用下形成的自然通风。

用热压和风压来进行的自然通风对于产生大量余热的生产车间是一种经济而又有效的通风方法。如机械制造厂的铸造热处理车间，各种加热炉、冶炼炉车间均可利用自然通风。但自然通风量的大小受许多因素（室内外温差，室外风速、风向、门窗面积、形式和位置等）的制约，因此，通风量很难控制和保证，通风效果不稳定，在应用时应充分考虑这些因素并可采取相应的调节措施。

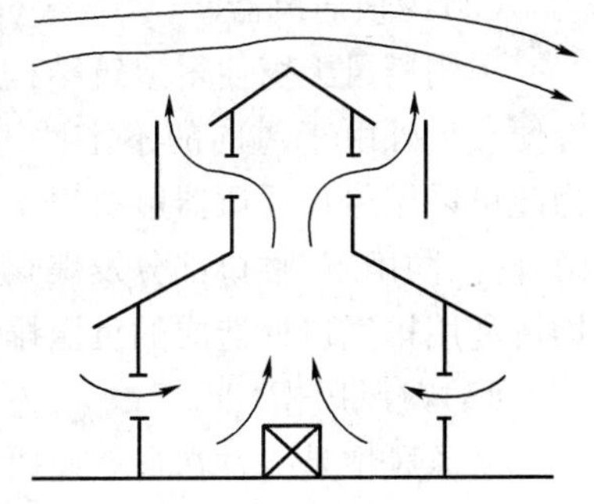

图 8-4　热压和风压作用下的自然通风

充分合理地利用自然通风是一项绿色环保、经济节能的重要技术措施，在满足工艺要求的前提下，工业建筑设计应优先采纳自然通风方案。由于自然通风利用的是自然能和建筑物内产生的热能，因此建筑物的环境气象条件、建筑方位、建筑间距、建筑布局、建筑形式及构造特点对建筑物的自然通风都有着直接的关系。图 8-5、图 8-6 和图 8-7 分别示意厂房自然通风的几种组织方法。

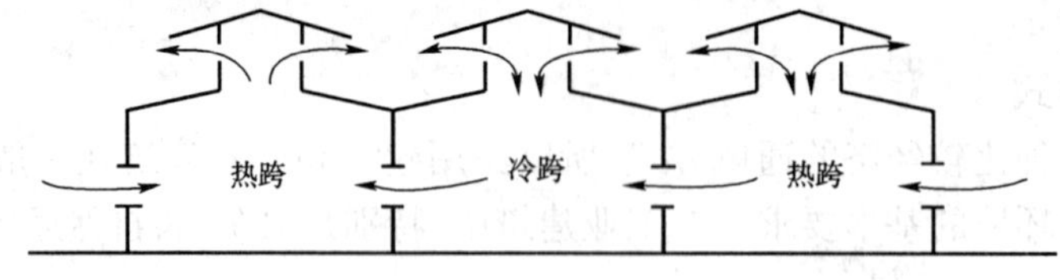

图 8-5　多跨车间进、排风

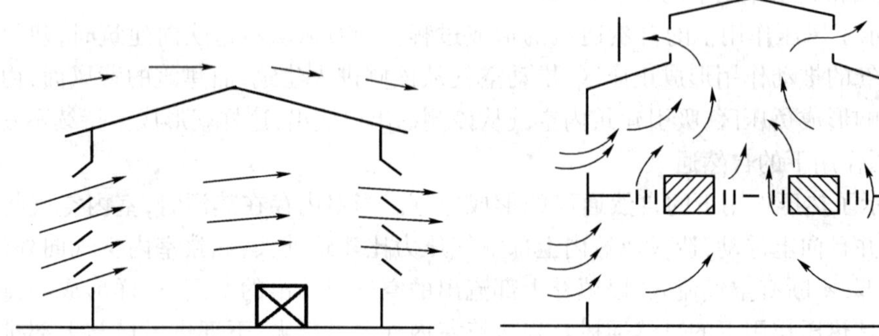

图 8-6　穿堂风通风示意图

图 8-7　某双层厂房的自然通风

2）避风天窗、屋顶通风器和风帽

（1）避风天窗

采用自然通风的热车间，当有风压作用时，迎风面上部排风天窗的热压会被风压抵消一部分，使天窗两侧的压差减小，当车间的热压较小或室外风压很大时，迎风面的排风天窗会排不出风，甚至会发生倒灌现象，严重地影响热车间的自然通风效果。为了防止发生排风天窗的倒灌现象，可采用避风天窗。

在普通天窗附近加设挡风板或采取其他措施，以保证天窗的排风口在任何风向下都处于负压区的天窗称为避风天窗。常见的避风天窗有矩形避风天窗（图 8-8）、下沉式避风天窗（图 8-9）、曲（折）线型避风天窗（图 8-10）等形式。

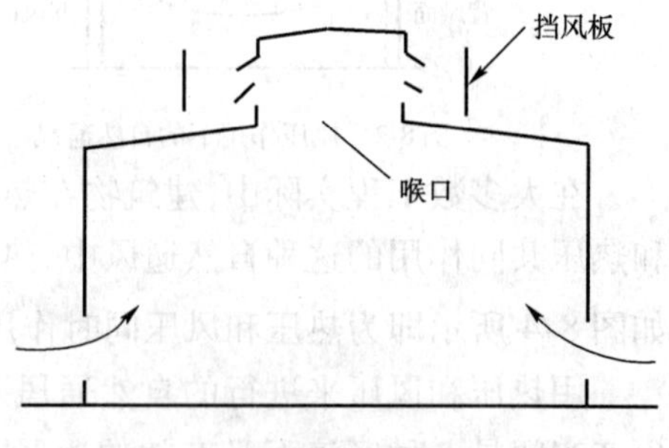

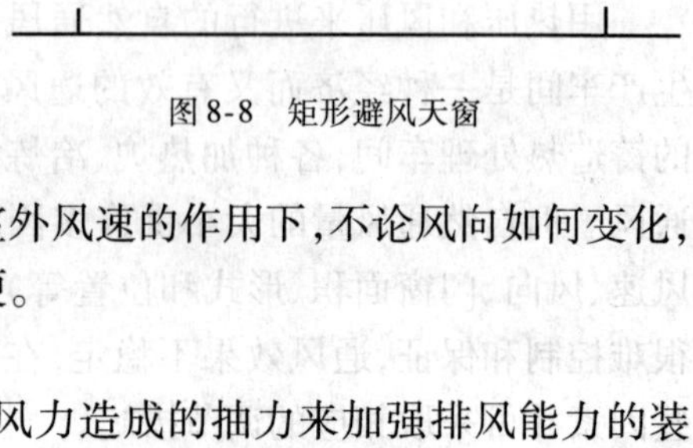

图 8-8　矩形避风天窗

（2）屋顶通风器

采用避风天窗使得建筑结构较复杂，安装也不太方便。另外由于风向的不定性，也很难保证不倒灌，为此可采用屋顶通风器解决以上问题，见图 8-11。它由外壳、防雨罩、喉口部分及蝶阀组成。它的特点是在室外风速的作用下，不论风向如何变化，均可利用排气口处造成的负压排气，且质量轻，安装方便。

（3）避风风帽

避风风帽是一种在自然通风房间的排风口处，利用风力造成的抽力来加强排风能力的装置。避风风帽是在普通风帽的周围增设一圈挡风圈，挡风圈的作用与避风天窗挡风板的作用相同,当室外气流吹过风帽时,在排风口周围形成负压区来防止室外空气倒灌,负压的抽吸作用可增强房间的通风换气能力。此外,风帽还具有防止雨水和污物进入风道或室内的作用,其结构如图 8-12 所示。图 8-13 是利用避风风帽进行自然通风的示意图。

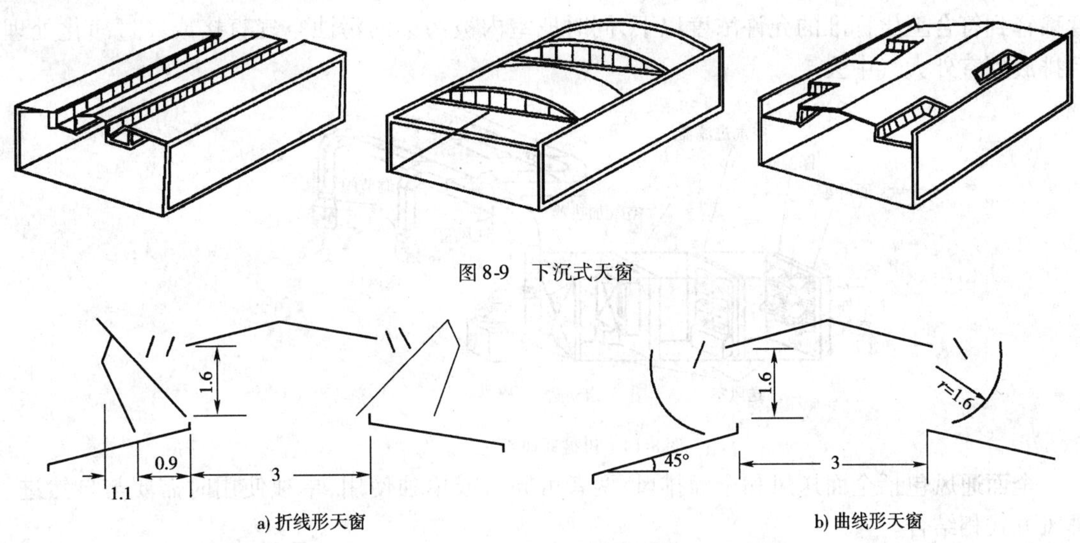

图 8-9 下沉式天窗

a) 折线形天窗　　b) 曲线形天窗

图 8-10 曲、折线形天窗(尺寸单位:m)

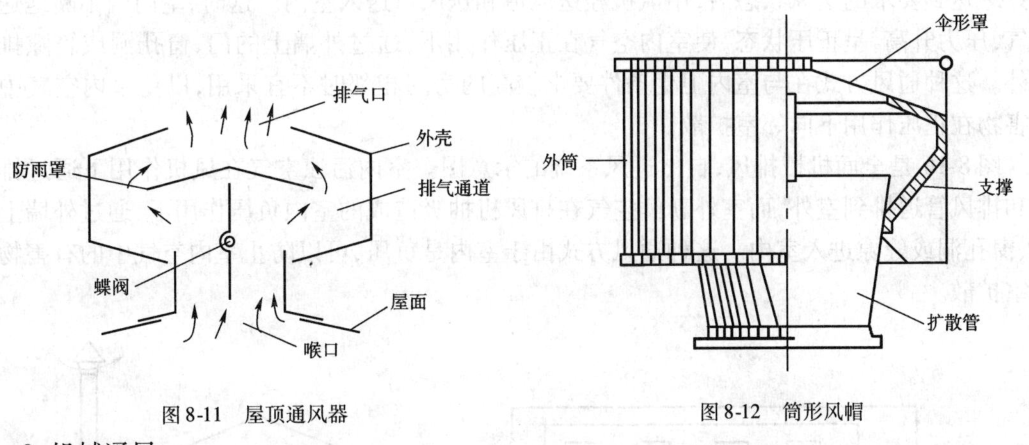

图 8-11 屋顶通风器　　图 8-12 筒形风帽

2. 机械通风

自然通风虽然具有不消耗能量、结构简单、不需要复杂的装置和专人管理等优点。但由于自然通风的作用压力比较小,风压和热压受自然条件的影响较大,其通风量难以控制,通风效果不稳定,因此,在一些对通风要求较高的场合需设置机械通风系统。

机械通风是依靠风机提供的动力强制地进行室内、外空气交换的通风方式。与自然通风相比,机械通风的作用范围大,可采用风道把新鲜空气送到需要的地点,或把室内指定地点被污染的空气排到室外,如图 8-14 所示的机械送风系统。机械通风需要配置风机、风道、阀门以及各种空气净化处理设备,需要消耗能量,结构也较复杂,初投资和运行费用较大。

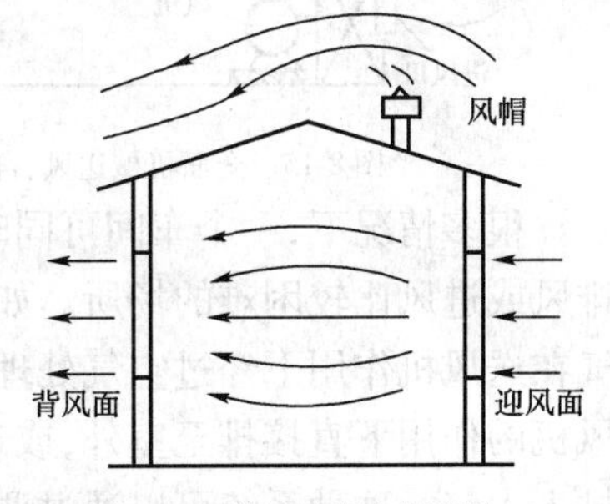

图 8-13 利用风帽自然通风

机械通风系统根据其作用范围的大小,可分为全面通风和局部通风两种类型。

1)全面通风

全面通风是对整个房间进行通风换气,用送入室内的新鲜空气把整个房间里的有害物浓度稀释到符合卫生标准的允许浓度以下,同时把室内被污染的污浊空气直接或经过净化处理后排放到室外大气中去。

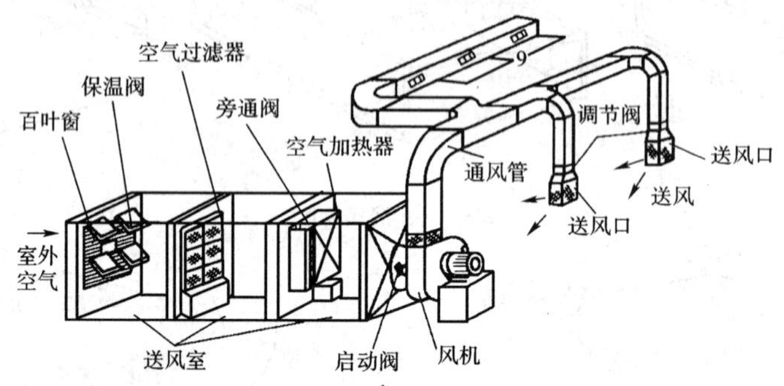

图 8-14　机械通风系统示意图

全面通风包括全面送风和全面排风,两者可同时或单独使用,单独使用时需要与自然进、排风方式相结合。

如图 8-15 所示是全面机械送风,自然排风系统的示意图。室外新鲜空气经过空气处理设备处理达到要求的送风状态后,用风机经送风道和送风口送入室内。这时,室内因不断地送入空气,压力升高,呈正压状态,使室内空气在正压作用下,通过外墙上的门、窗孔洞或缝隙排向室外。这种通风方式在与室内卫生条件要求较高的房间相邻时不宜采用,以免室内空气中的有害物在正压作用下向邻室扩散。

图 8-16 是全面机械排风,自然进风系统的示意图。室内污浊空气在风机作用下通过排风口和排风管道排到室外,而室外新鲜空气在排风机抽吸造成的室内负压作用下,通过外墙上的门、窗孔洞或缝隙进入室内。这种通风方式由于室内是负压,可以防止室内空气中的有害物向邻室扩散。

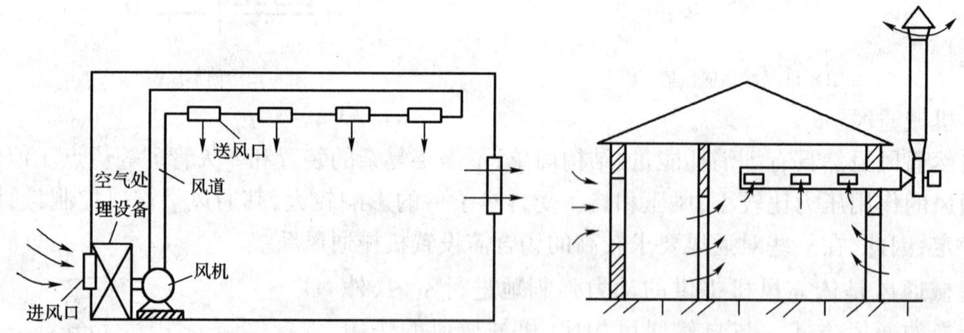

图 8-15　全面机械送风、自然排风示意图　　图 8-16　全面机械排风、自然进风示意图

很多情况下,一个车间可同时采用全面送风和全面排风相结合的系统,如门窗密闭、自行排风或进风比较困难的场所。如图 8-17 所示是全面机械送、排风系统的示意图。室外新鲜空气在送风机作用下经过空气处理设备、送风管道、和送风口送入室内,污染后的室内空气在排风机的作用下直接排至室外,或送往空气净化设备处理,达到允许的有害物浓度的排放标准后排入大气。这种系统可以通过调整送风量和排风量的大小,使房间保持一定的正压或负压。

2）局部通风

通风的范围限制在有害物形成比较集中的地方，或是工作人员经常活动的局部地区的通风方式，称为局部通风。局部通风系统分为局部送风和局部排风及局部送排风三种方式。

向局部工作地点送风，保证工作区有良好的空气环境的方式，称局部送风。对于面积较大，工作地点比较固定，操作人员较少的生产车间，用全面通风的方式改善整个车间的空气环境是困难的，而且也不经济。通常在这种情况下，就可以采用局部送风，形成对工作人员合适的局部空气环境。局部送风系统分为系统式和分散式两种。图8-18所示是铸造车间系统式局部送风。分散式局部送风一般使用轴流风机，适用于对空气处理要求不高，可采用室内再循环空气的地方。

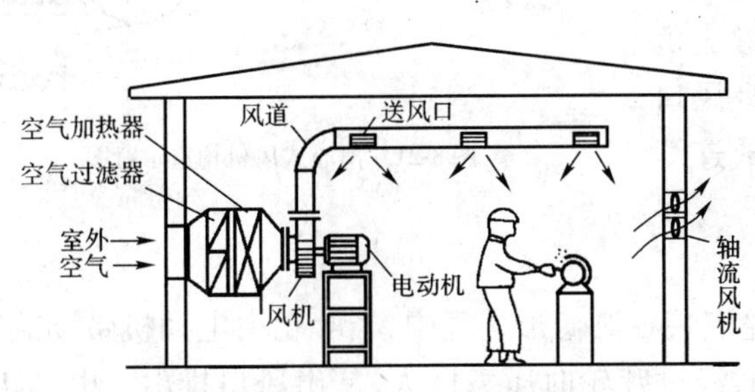

图8-17　全面机械送、排风示意图

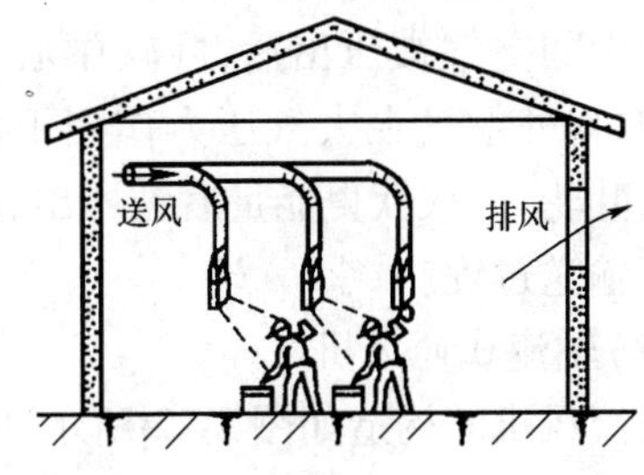

图8-18　局部送风（空气淋浴）

在局部工作地点安装的排除污浊气体的系统称局部排风系统。图8-19是局部排风系统示意图。这种方式主要运用于安装有局部排风设备，不影响工艺操作及污染源集中且较小的场合。

局部送、排风方式如图8-20所示，采用既有送风又有排风的局部通风装置，可以在局部地点形成一道"风幕"，利用这种"风幕"来防止有害气体进入室内。如在食堂的操作间，烹饪中产生的高热、高湿及油烟等有害物质，会危害操作人员的身体健康，可通过送风喷头送到工作区一定新鲜风，减小高温气体的危害，稀释有害物质的浓度；而排风机将产生的油烟热气排出，使工作区内保持良好的工作环境。

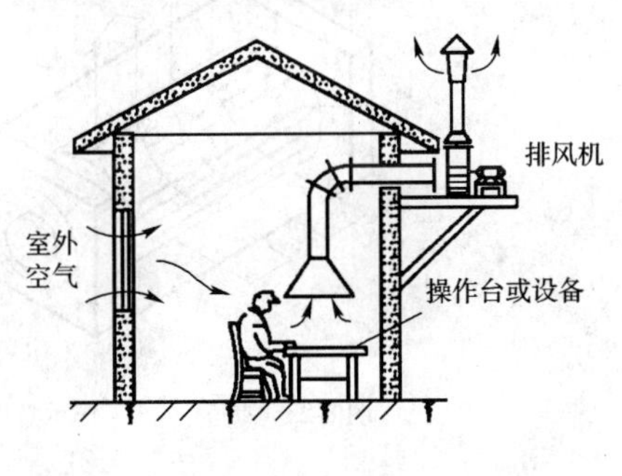

图8-19　局部排风

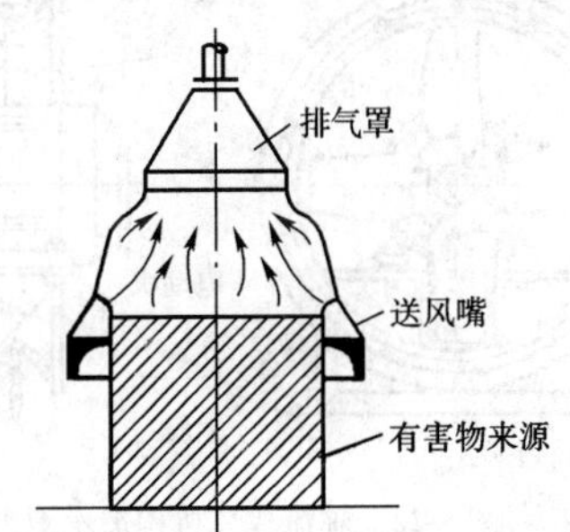

图8-20　局部送、排风

第二节　通风系统的主要设备及安装

一、风机

风机为通风系统中的空气流动提供动力，它可分为离心式风机、轴流式风机和贯流式风机等类型。此外,在特殊场所使用的还有高温通风机、防爆通风机、防腐通风机和耐磨通风机等。在排风系统中,为了防止有害物质对风机的腐蚀和磨损,通常将风机布置在空气处理设备的后面。

(1)离心式通风机

离心式通风机由叶轮、机轴、机壳、吸风口、电动机等部分组成,如图8-21所示。叶片安装在叶轮上,而叶轮固定在机轴上。机轴由电动机带动旋转,则叶片间的空气随叶轮旋转而获得离心力,并从叶轮中心以高速抛出叶轮之外,汇集到螺旋线形的机壳中,速度逐渐减慢,空气的部分动压转化成静压,并最终从排风口压出。当叶轮中的空气被压出后,叶轮中心处形成负压,此时室外空气在大气压力作用下由吸风口被吸入叶轮,再次获得能量后被压出,形成连续的空气输送过程。

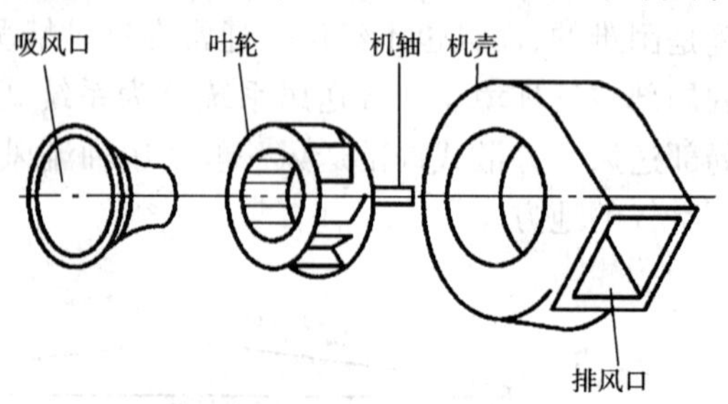

图8-21 离心式风机构造示意图

(2)轴流式通风机

轴流风机的构造如图8-22所示,叶轮安装在圆筒形外壳中,当叶轮由电动机带动旋转时,空气从吸风口进入,在风机中沿轴向流动,经过叶轮时压力增大,从出风口排出。电动机就安装在机壳内部。

(3)贯流式通风机

它是将机壳部分地敞开,使气流径向进入通风机,气流横穿叶片两次后排出。它的叶轮一般是多叶式前向叶型,两个端面封闭,如图8-23所示。它的流量随叶轮宽度增大而增加。贯流式通风机的全压系数较大,效率较低,其进出口均是矩形,易与建筑配合,目前已大量应用于空气幕等产品设备中。

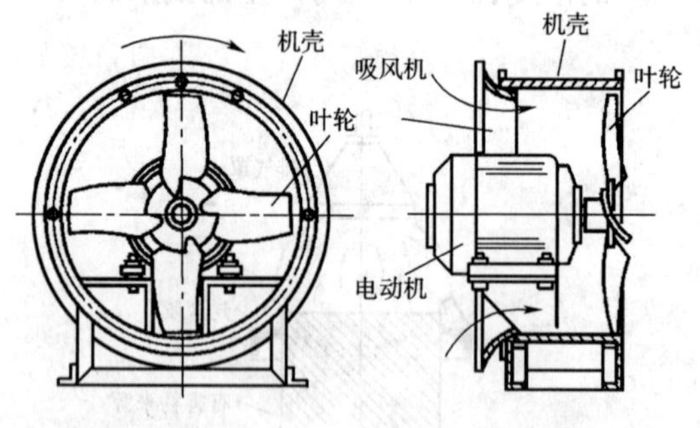

图8-22 轴流式风机构造示意图

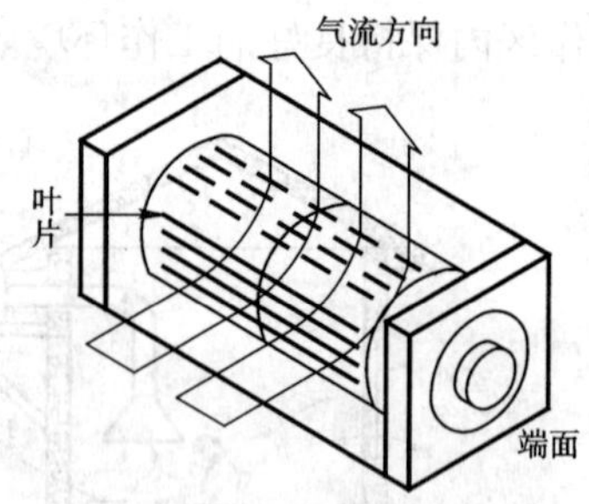

图8-23 贯流风机工作示意图

二、进风和排风装置

1.室内送、排风口

室内送风口是送风系统末端装置,送入室内的空气通过送风口以一定速度均匀地分配到指定的送风地点;室内排风口是排风系统的始端吸入装置,车间内被污染的空气经过排风口进入排风道内。

室内送风口的形式有多种,最简单的形式是在风道上开设孔口送风,根据孔口开设的位置有侧向送风口、下部送风口之分,如图8-24所示,其中如图8-24a)所示的送风口无任何调节装置,无法调节送风的流量和方向；如图8-24b）所示的送风口处设置了插板，可以调节送风口截面积的大小，便于调节送风量，但不能改变气流的方向。常用的室内送风口还有百叶式送风口，如图8-25所示，对于布置在墙内或暗装的风道可采用这种送风口，将其安装在风道末端或墙壁上。

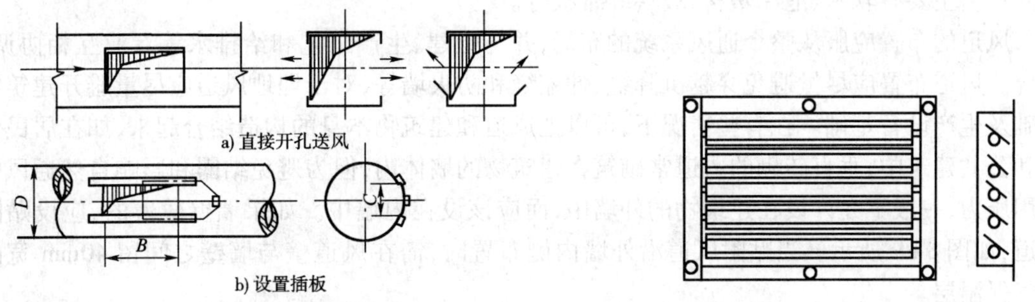

图8-24　风道上开设孔口送风

图8-25　百叶式送风口

在工业车间中往往需要大量的空气从较高的上部风道向工作区送风，为了避免工作地点有"吹风"的感觉，常用的室内送风口形式是空气分布器，如图8-26所示。

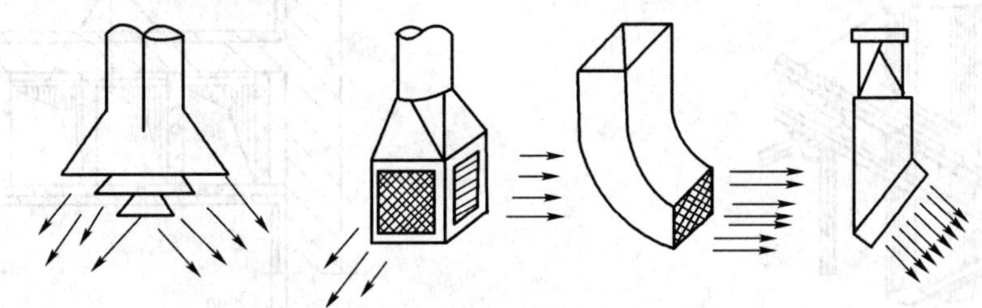

图8-26　空气分布器

室内排风口一般没有特殊要求，其形式种类也较少，通常多采用单层百叶排风口，有时也采用水平排风道上开孔的孔口排风形式。

2. 室外进、排风装置

1）室外进风装置

室外进风口是通风和空调系统采集新鲜空气的入口。根据进风室的位置不同，室外进风口可采用竖直风道塔式进风口，也可以采用设在建筑物外围结构上的墙壁式或屋顶式进风口，如图8-27所示。

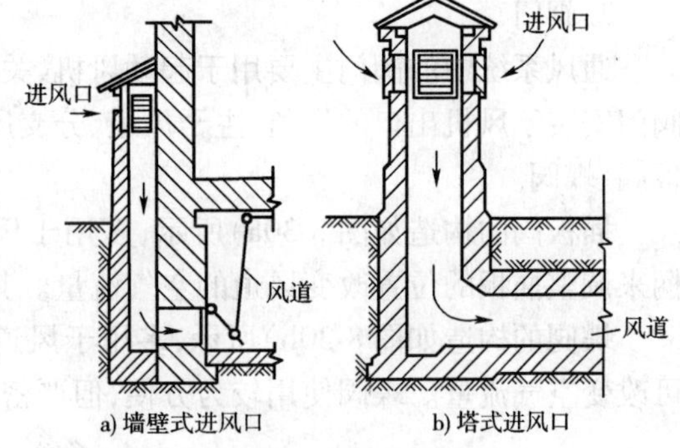

图8-27　室外进风口

2）室外排风装置

室外排风装置的任务是将室内被污染的空气直接排到大气中去。管道式自然排风系统和机械排风系统的室外排风口通常是由屋面排出，也有由侧墙排出的，但排风口应高出屋面。一般地，室外排风口应设在屋面以上1m的位置，出口处应设风帽（图8-28）或百叶风口。

三、风道和阀门

1. 风道

一般工业通风系统常使用薄钢板制作风道，有时也采用铝板或不锈钢板制作；输送腐蚀性气体的通风系统，往往采用硬质聚氯乙烯塑料板或玻璃钢制作；埋在地坪下的风道，通常用混凝土板做底，两边砌砖，内表面抹光，上面再用预制的钢筋混凝土板做顶板（如地下水位较高，还需做防水层）；利用建筑空间兼作风道时，多采用混凝土或砖砌风道。

风道的断面形状为矩形或圆形。风道在输送空气过程中，应考虑是否需要对其进行保温。保温材料主要有软木、泡沫塑料、玻璃纤维板等。

风道的布置应服从整个通风系统的布局，并与土建、生产工艺和给排水等专业互相协调、配合。风道布置应尽量避免穿越沉降缝、伸缩缝和防火墙等，对于埋地风道应尽量避开建筑物基础及生产设备基础。在有些情况下，可以把风道和建筑物本身的构造结合起来，如在居民住宅和公共建筑中，垂直砖砌的风道常砌筑在建筑物的墙体内，但为避免结露和影响自然通风的作用压力，一般不允许设在建筑物的外墙中，而应该设在内墙中。如果墙壁较薄的，应设贴附风道，如图 8-29 所示。当贴附风道沿外墙内侧布置时，需在风道壁与墙壁之间留 40mm 宽的空气保温层。

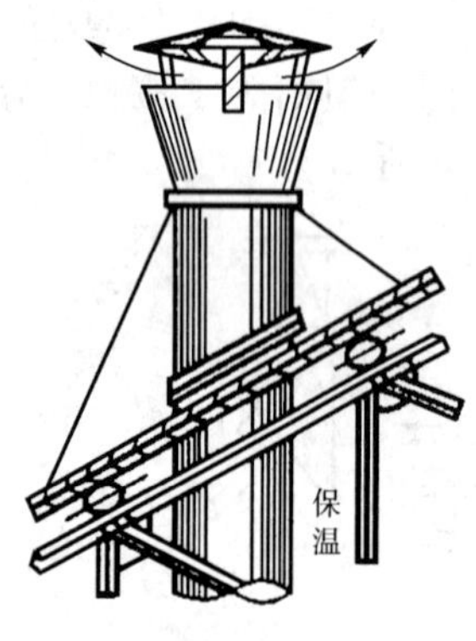

图 8-28　风帽

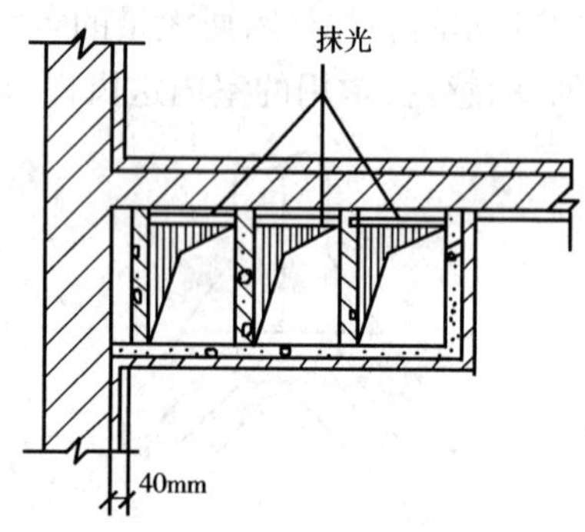

图 8-29　贴附风道

风道布置时应力求简短，并尽可能布置得美观，但不能影响生产过程及同其他各种工艺设备相冲突。

2. 阀门

通风系统中的阀门主要用于起动风机，关闭风道、风口，调节管道内空气量，平衡阻力等。阀门安装于风机出口的风道、主干风道、分支风道或空气分布器之前等位置。常用的阀门有插板阀、蝶阀。

插板阀的构造如图 8-30a）所示，多用于风机出口或主干风道处用作开关，或通过拉动手柄来调整插板的位置改变风道的空气流量。其调节效果好，但占用空间大。

蝶阀的构造如图 8-30b）所示，多用于风道分支处或空气分布器前端，转动阀板的角度即可改变空气流量。蝶阀使用较为方便，但严密性较差。

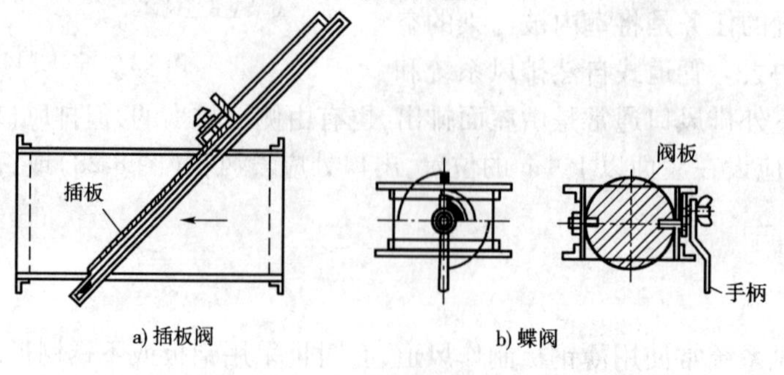

图 8-30　插板阀和蝶阀

四、通风管道的安装

1. 安装前的准备工作

通风系统的安装要在土建主体基本完成，安装位置的障碍物已清理，地面无杂物的条件下进行。安装的准备工作包括如下内容：

(1) 审查施工图中风管的位置、规格和高程；检查风管与其他管道、设备是否相撞；参加设计部门的图纸会审；

(2) 了解土建及其他安装工程的施工计划和施工进度，按设计要求做好预埋件、预留孔工作（预留孔应比风管截面每边尺寸大 100mm）；

(3) 根据加工安装图、施工计划和现场情况，安排好风管、部件及支架的加工制作；

(4) 准备好安装工具和起重吊装设备；

(5) 搭好脚手架或安装梯台，尽量利用土建的脚手架；

(6) 安装开始时，由施工技术人员向班组人员进行技术交底，内容包括技术、标准与措施、质量、安全及注意事项等内容。

2. 风管支、吊架的安装

风管常沿着墙、柱、楼板、屋架或屋梁敷设，安装在支架或吊架上。

1) 风管的支架

将风管沿墙、柱敷设时，常采用支架来承托管道，风管能否安装得平直，主要取决于支架装的是否合适。

风管沿墙上支架如图 8-31 所示安装，可按风管高程，定出支架与地面的距离。矩形风管是风管管底高程；圆形风管为中心高程，安装时应注意区别。

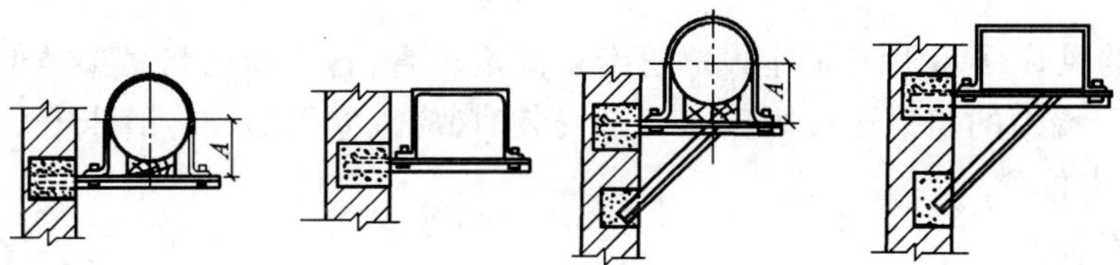

图 8-31　墙上托架

风管支架一般用角钢制作，当风管直径大于 1000mm 时，可用槽钢支架。支架上固定风管的抱箍用扁钢制成，钻孔后用螺栓与支架连为一体。

支架埋入砖墙内尺寸应不小于 200mm，用水泥砂浆填实。支架要水平，且垂直于墙面。在钢筋混凝土柱子上安装支架时，可用 8-32 所示的方法，可预埋螺栓或钢板，或用型钢或圆钢作抱箍。

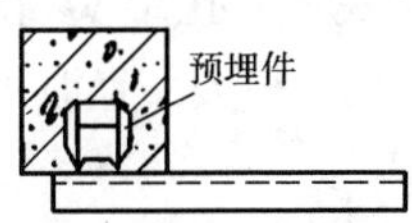

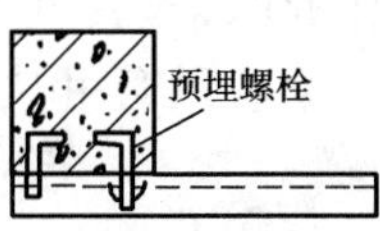

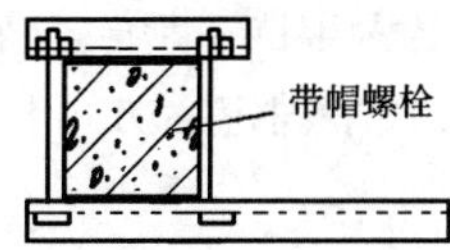

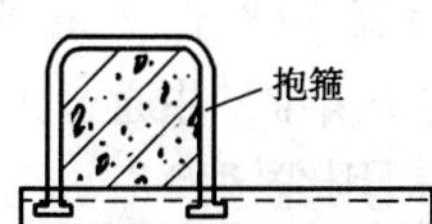

图 8-32　柱上支架安装

风管较长时，先拉一根线确定两端支架的高程，再定出中间支架的高程，线要拉紧。当风管很长时，可多找几个支架做基准面，然后定出中间各支架的高程。圆风管改变管径时，支架角架面也应随之改变,保证管中心水平。如安装空气湿度较大的风管,应按设计留出0.01~0.15的坡度,以利排除凝结水,支架亦应按坡度要求安装。

2)风管的吊架

将风管敷设在楼板、屋面大梁和屋架下面,离墙柱较远时,常用吊架来固定风管。

圆形风管的吊架由吊杆和抱箍组成,矩形风管的吊架由吊杆和托铁组成。吊杆用圆钢制作,下端套出50~60mm的螺钉,以便调整支架的高度,如图8-33所示。抱箍根据风管直径用扁钢制成两个半圆,安装时用螺栓连接在一起。托铁用角钢制作,角钢上穿吊杆的螺孔孔距,应比风管边长宽40~50mm。安装时,矩形风管用双吊杆或多吊杆,圆风管每隔两个单吊杆中间设一个双吊杆,以防风管摇动。吊杆上部可采用预埋设法、膨胀螺栓法、射钉枪法与楼板、梁或屋架连接固定。

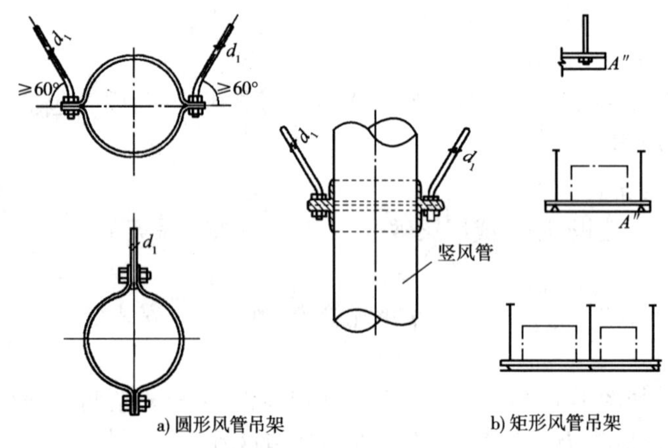

图8-33 风管吊架图

垂直安装的风管,可采用在墙上设立管卡来固定风管,管卡做法与吊架类似,即用扁钢做成管箍与预埋于墙中的角钢连接固定。管卡安装时,应以立管最高点管卡开始,并用线锤中线,确定下面管卡位置。

3. 风管的安装

1)风管的预安装

把加工制作完的风管及配件,在安装现场的地面上,按顺序组对、复核,同时检查风管和配件的质量,若满足现场要求,方可正式安装。

2)风管的安装方法

风管的连接长度,应按风管的壁厚、法兰与风管的连接方法、安装的结构部位和吊装方法等因素依据施工方案决定。为了安装方便,在条件允许的情况下,尽量在地面上进行连接,一般可接至10~12m长。

安装前,应检查支、吊架是否牢固、准确。高空作业时,吊装风管的绳应绑扎结实,待风管与配件连接牢固,并通过支架找平固定后方可松开。垂直风管可从下向上一节一节地吊装连接,安装后用线锤找正。

第三节 空调系统组成及分类

空气调节可以通过加热或冷却、加湿或去湿的方法来达到控制空气温度和湿度的目的。

还可以通过过滤或其他方法来达到洁净空气的目的。这种使室内空气温度、相对湿度、空气流速、空气洁净度等参数保持在一定范围内的技术称空气调节。

不同类型的建筑物，根据其性质、用途对空气环境提出各种不同的要求，根据空调的使用目的不同空气调节可分为舒适性空气调节和工艺性空气调节。

舒适性空气调节是根据不同用途而确定能满足人们舒适要求的空气诸参数的空气调节（如电影院、剧场、商店、体育场、办公楼、旅馆、住宅等）；工艺性空气调节则根据工艺生产的不同而确定诸参数的空气调节（包括恒温恒湿空气调节和净化空气调节）。

一、空调系统的组成

空调系统由空气处理设备（湿热处理设备及空气品质处理设备）、空气输送管道、空气分配装置（阀门、送回风口）、电气控制部分及冷热源（锅炉房、冷冻站、冷水机组）等部分组成，如图 8-34 所示的空调系统。

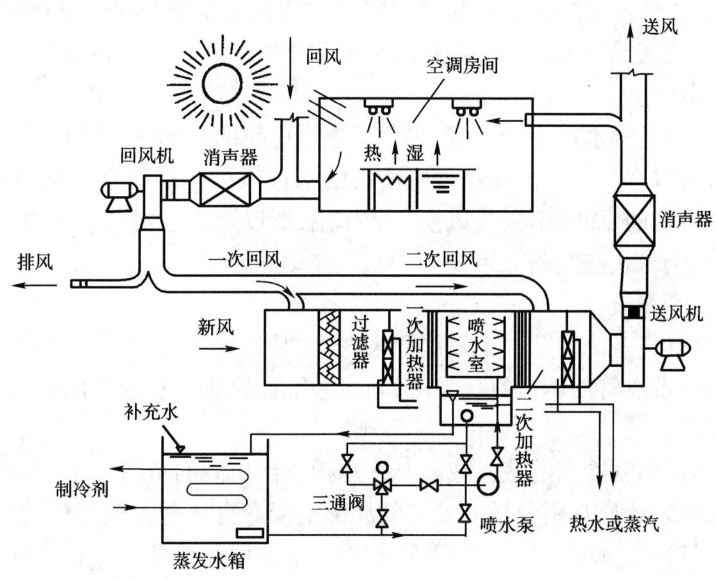

图 8-34　空调系统组成

二、空调系统的分类

1. 按空气处理设备的设置位置分类

1）集中式空调系统

集中式系统的特点是系统中的所有空气处理设备，包括风机、冷却器、加热器、加湿器、过滤器等都设置在一个集中的空调机房里，空气经过集中处理后，再送往各个空调房间。

2）半集中式空调系统

该系统是指在空调机房经过集中处理的部分或全部风量，送到各个空调房间或空调区域后再由末端装置进行补充处理，其中包括集中处理新风，经诱导器送入室内的诱导器式空调系统，还包括在空调房间设有风机盘管的风机盘管空调系统。

在半集中式系统中，空气处理所需的冷、热源也是由集中设置的冷冻站、锅炉房或热交换站供给。因此，集中式和半集中式空调系统又统称为中央空调系统。

3）分散式空调系统（空调机组）

分散式空调系统又称为局部空调系统。它是把空气处理所需的冷热源、空气处理和输送设备、控制设备等集中设置在一个箱体内，组成一个紧凑的空调机组。空调房间通常所使用的窗式和柜式空调器就属于这类系统。

工程上，把空调机组安装在空调房间的邻室，使用少量风道与空调房间相连的系统也称为局部空调系统，如图 8-35 所示。

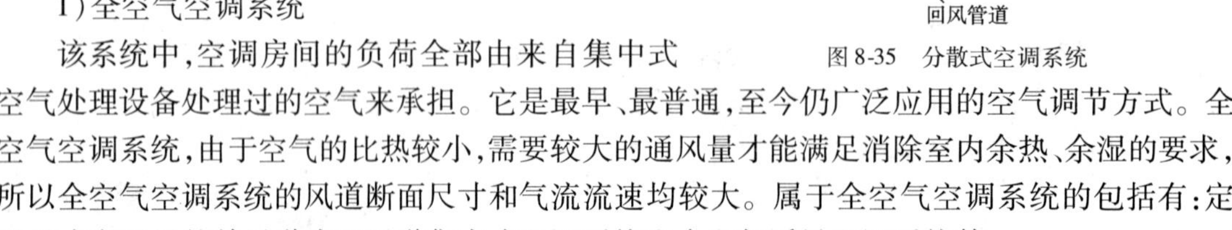

图 8-35　分散式空调系统

2. 按承担室内空调负荷所用的介质分类

1）全空气空调系统

该系统中，空调房间的负荷全部由来自集中式空气处理设备处理过的空气来承担。它是最早、最普通，至今仍广泛应用的空气调节方式。全空气空调系统，由于空气的比热较小，需要较大的通风量才能满足消除室内余热、余湿的要求，所以全空气空调系统的风道断面尺寸和气流流速均较大。属于全空气空调系统的包括有：定风量或变风量的单风道或双风道集中式空调系统和全空气诱导空调系统等。

2）全水空调系统

该系统是以处理过的水作为冷热媒，来负担空调房间的全部热、湿负荷。由于水的比热远大于空气的比热，所以在相同的负荷条件下所需的水量较少。然而全水空调系统往往只能达到消除余热、余湿的目的，而起不到通风换气的作用，所以通常不被单独采用。风机盘管系统、辐射板系统均属于全水式空气调节系统。

3）空气—水空调系统

该系统是在全空气系统的基础上发展而来的，它是用经过处理的空气和水来共同负担室内的空调负荷。如：带盘管的诱导空调系统，新风系统加风机盘管的空调系统均属此类。

4）制冷剂系统

制冷剂系统是依靠制冷剂的蒸发或凝结来承担空调房间的负荷。由于制冷剂不便于管道长距离输送，所以该系统通常用分散式安装的局部空调。直接蒸发机组（制冷机组）按冷凝器冷却方式可分为风冷式、水冷式；按机组安装组合方式可分为柜式、窗式（暗装于窗或墙洞内）、组合式（制冷与空调机组分别组装联合使用）。

如图 8-36 所示为以上四类空调系统的示意图。

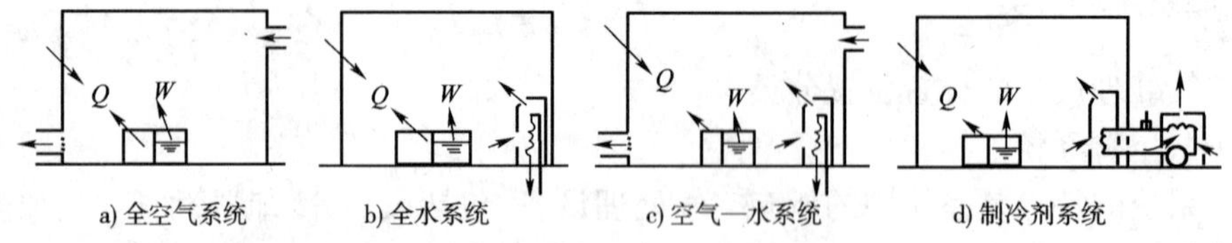

a) 全空气系统　b) 全水系统　c) 空气—水系统　d) 制冷剂系统

图 8-36　以承担空调负荷介质分类示意图

第四节　空调冷源与常用空调系统

一、空调冷源

空调工程中使用的冷源，有天然冷源和人工冷源两类。

天然冰、深井水、地道风是可以利用的天然冷源。此外，距离地表一定深度的地方，常年恒温，一般温度可以比夏季环境温度低10℃以上，这一温度环境形成的地冷也是可以利用的天然冷源。近年来地冷在我国空调行业已经逐渐兴起。

人工冷源是指采用制冷设备制取的冷量。空调系统采用人工冷源制主要是制冷机。空调系统中使用的制冷机，按工作原理的不同可分为压缩式、吸收式和蒸汽喷射式三大类。其中，压缩式制冷机和吸收式制冷机的应用最为广泛。

1. 人工制冷的工作原理

1）蒸汽压缩式制冷

蒸汽压缩式制冷是利用液态制冷剂在一定压力和低温下吸收周围空气或物体的热量气化而达到制冷的目的，该制冷方法在目前应用较为广泛。

图8-37所示为蒸汽压缩式制冷机的工作原理图，机组是由压缩机、冷凝器、膨胀阀和蒸发器等四部分组成的封闭循环系统。当低温低压制冷剂气体经压缩机被压缩后，成为高压高温气体；接着进入冷凝器中被水或空气等冷却，成为高压液体；再经膨胀阀减压后，成为低温低压的液体；最终在蒸发器中吸收被冷却介质（如冷冻水）的热量而气化。如此循环往复，制冷机组则源源不断地提供空调系统所需的冷冻水。

如此不断地经过压缩机、冷凝器、膨胀阀、蒸发器等热力设备中进行的压缩、放热、节流（降温降压、调节流量）、吸热等热力过程，液态制冷剂不断从蒸发器中吸热而获得冷冻水，作为空调系统的冷源。

制冷剂是在制冷机中进行制冷循环的工作物质。目前工业制冷剂约有很多种，常用的有氨和氟利昂。氨的单位容积制冷能力强，蒸发压力和冷凝适中，吸水性好、不溶于油，且价格低廉，来源广泛；但氨的毒性较大，有强烈的刺激气味和爆炸的危险，所以使用受到限制。氨作为制冷剂仅用于工业生产中，不宜在空调系统中应用。与氨相比，氟利昂无毒无味，不燃烧，使用安全，对金属无腐蚀作用，所以一直广泛应用于空调制冷系统中。但是，由于某些氟利昂类制冷剂对大气臭氧层有破坏作用，现在各国都在寻找和使用氟里昂的替代产品。

2）吸收式制冷

吸收式制冷和压缩式制冷的机理相同，都是利用液态制冷剂在一定压力和低温状态下，吸热气化而制冷。但是在吸收式制冷机组中促使制冷剂循环的方法与前者不同。

压缩式制冷是以消耗机械能（即电能）作为补偿；吸收式制冷是以消耗热能作为补偿，它是利用二元溶液在不同压力和温度下能够释放和吸收制冷剂的原理来进行循环的。图8-38所示为吸收式制冷系统工作原理示意图。在该系统中需要有两种工质：制冷剂和吸收剂。这两种工质之间应具备两个基本条件：

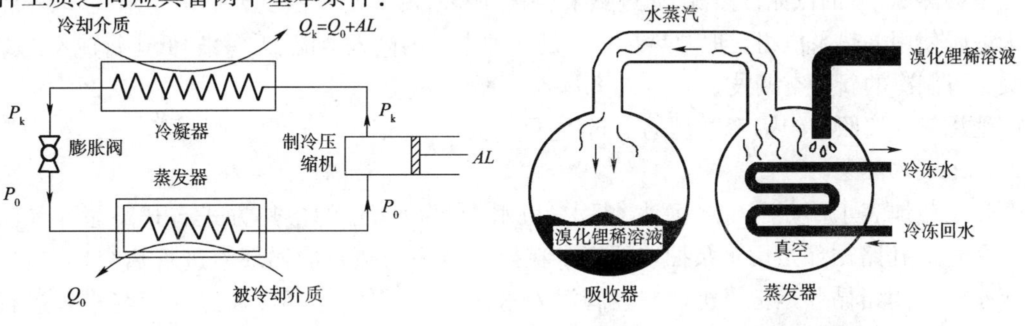

图8-37　蒸汽压缩制冷工作原理图

图8-38　吸收式制冷原理图

(1)在相同压力下,制冷剂的沸点应低于吸收剂;

(2)在相同温度条件下,吸收剂应能强烈吸收制冷剂。

目前,实际应用的工质对主要有两种;氨(制冷剂)—水(吸收剂)和水(制冷剂)—溴化锂(吸收剂)。

2. 冷水机组

冷水机组是把整个制冷系统中的压缩机、冷凝器、蒸发器、节流阀,以及电气控制设备组装在一起,为空调系统提供冷冻水的设备。冷水机组的类型众多,主要分为压缩式和吸收式两类。其中,压缩式冷水机组可分为活塞式、离心式、螺杆式等;吸收式冷水机组可分为蒸汽式或热水式和直燃式(燃油或燃气)。图8-39为离心式冷水机组示意图,图8-40为蒸汽压缩式冷冻机循环过程示意图。

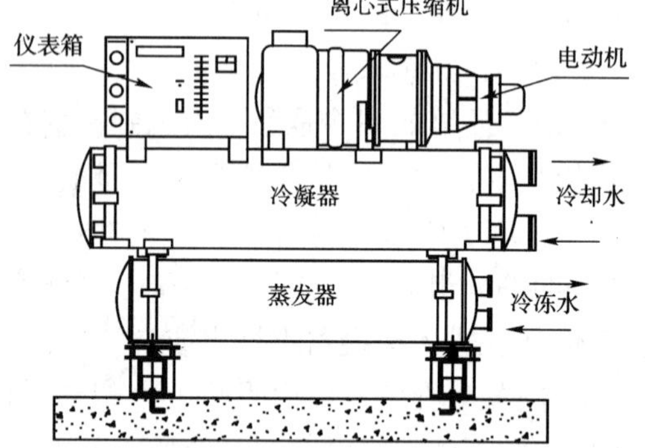

图8-39 离心式冷水机组

冷水机组的主要特点是:

(1)结构紧凑,占地面积小,机组产品系列化施工安装和维修操作方便;

(2)配备有完善的控制保护装置,运行安全;

(3)以水为载冷剂,可进行远距离输送分配和满足多个用户的需要;

(4)机组电气控制自动化,具有能量自动调节功能,便于运行节能。

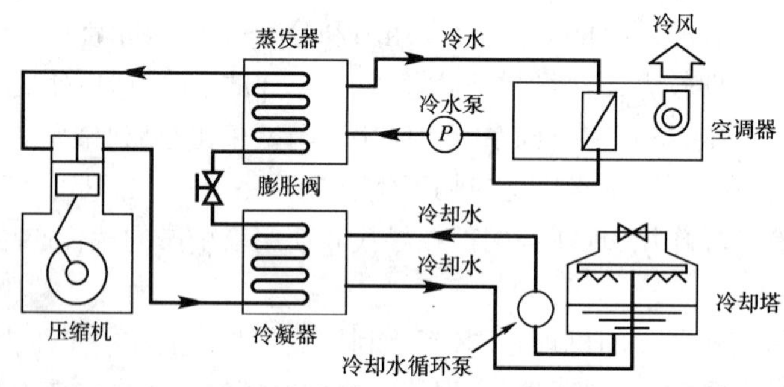

图8-40 蒸汽压缩式冷冻机循环过程

3. 地源热泵技术

地源热泵是一种利用地球表面浅层水源(地下水、海水、河水和湖水等)或地下水源(或地下土壤的热源)中的低品位热源,通过热泵、制冷循环,制取冷量供夏天空调使用,制取热量供冬天取暖使用的热泵机组。地源热泵技术是一种先进的高效节能、无污染、低运行成本的既可供暖又可制冷的新型空调技术。

地源热泵按照冷(热)源类型的不同,它可分为下列几种。

1)地表水热泵

热泵与地表水(包括江水、河水、湖水、海水、水库水等)的换热方式有开路循环和闭路循环两种。开路循环是用水泵抽取地表水在换热器中与热泵的循环液进行热交换,然后再排入水体。闭路循环是把多组塑料盘管沉入水体中,热泵的循环液通过盘管与水体进行热交换。

2)地下水热泵

地下水热泵系统的热源是从抽水井中抽取的地下水,经过二次换热或直接送至热泵机组换热,换热后的地下水可以排入地表水系统,但通常要求从回灌井把地下水回灌到原来的地下水层。

3)土壤源热泵

土壤源热泵也称为地下耦合热泵。是利用地下岩土中热量的闭路循环地源热泵系统。它通过循环液(水或以水为主要成分的防冻液)在封闭地下埋管中的流动,实现系统与土壤之间的换热。

图 8-41 所示为分别为利用地下埋管和地下水的地源热泵工作原理图。

4.空调制冷的水系统

1)冷冻水系统

在空调系统中,随着季节的变化,需要向空气处理设备供给冷水或热水来消除空调房间的热湿负荷。根据提供冷热水方式的不同,空调水系统分为双管系统、三管系统和四管系统。

目前,双管系统是应用最广泛的水系统,特别是在以夏季供冷为主要目的南方地区。双管系统采用一根供水管和一根回水管,冬季空调用热水和夏季空调用冷水都是在同一套管路进行输送,在过渡季节的某个室外温度时,进行冷、热水的转换。

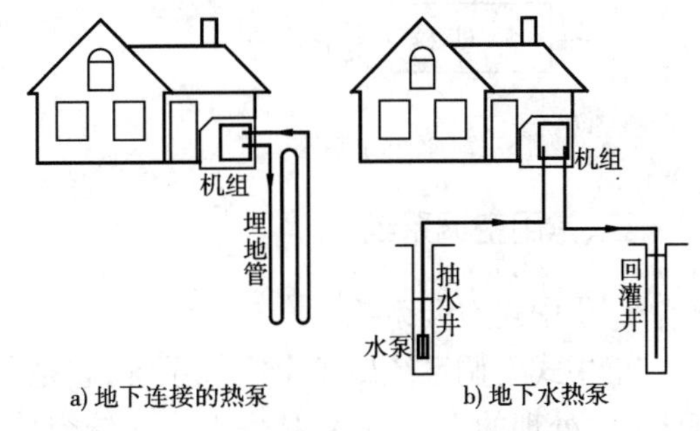

图 8-41　地源热泵

为了克服双管系统适应热湿负荷变化的能力较差的缺点,发展了三管系统。这种系统是采用冷、热两条供水管,回水共用一根回水管。三管系统适应负荷变化的能力强,可较好地进行全年的温度调节,满足空调房间的要求。但由于冷热水同时进入回水管,能量损失较大。此外,由于冷热水管路互相连通,水力工况复杂,初投资比双管系统高。

四管系统设有各自独立的冷热水系统的供、回水管。从而克服了三管系统存在的回水管冷热水混合损失大和系统水力工况复杂的缺点,使运行调节更为灵活方便,全年不需要进行工况转换。缺点是初投资大,管道占用建筑空间多。

2)冷却水系统

在冷水机组中,为了把冷凝器中高温高压的气态制冷剂冷凝为高温高压的液态制冷剂,需要用温度较低的水、空气等物质带走制冷剂冷凝时放出的热量,对于制冷量较大的冷水机组,通常采用水作冷却剂。用水作冷却剂时,可按照冷却水的供水方式分为直流式和循环式冷却水系统。

直流式冷却水系统的冷却水在经过冷凝器升温后,直接排入河道、下水道或用于小区的综合用水系统的管道。

为了节约水资源,通常采用循环式冷却水系统,如图 8-42 所示。在循环式冷却水系统中,采用冷却塔把在冷凝器中升温后的冷却水重新冷却,再送入冷凝器中重复使用,这样,只需补充少量的水即可。冷却塔按通风方式不同分为自然通风冷却塔和机械通风冷却塔。民用建筑空调系统的冷水机组通常是采用机械通风的冷却循环水系统。

机械通风冷却塔的工作原理是使冷却水和空气在塔内通过热质交换,从而达到降温的目的。其结构如图 8-43 所示。

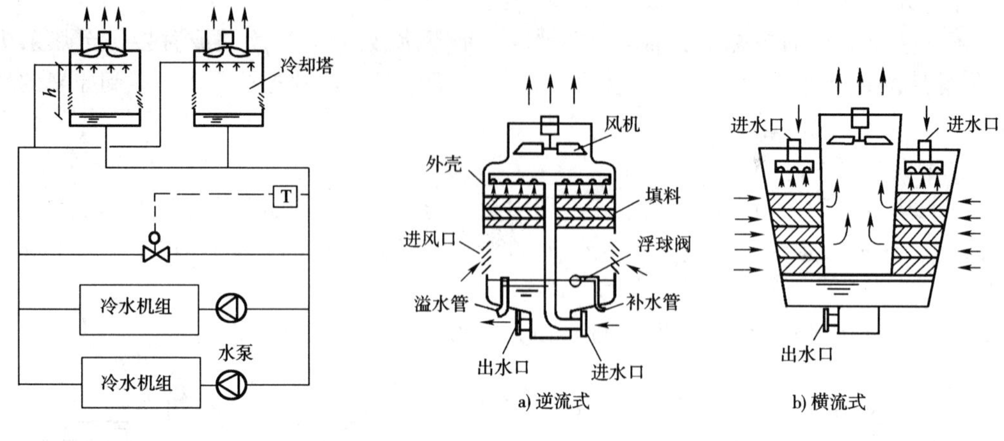

图 8-42 冷却水系统

图 8-43 冷却塔结构示意图

二、常用空调系统

1. 集中式空调系统

集中式空调系统属于全空气系统，它是一种最早出现的基本的空调形式。由于它服务的面积大，处理的空气量多，技术上也比较容易实现，现在仍然广泛使用，特别是在恒温恒湿，洁净室等工艺性场合。

1）集中式空调系统的组成

集中式系统的特点是所有的空气处理设备，包括风机、冷却器、加热器、加湿器、过滤器等都设置在一个集中的空调机房里。空气处理所需的冷、热源由集中设置的冷冻站、锅炉房或热交换站供给，其组成如图 8-34 所示。

2）集中式空调系统的分类

（1）按处理空气的来源不同

集中式空调系统根据所使用的室外新风情况不同分为封闭式、直流式和混合式三种，如图 8-44 所示。

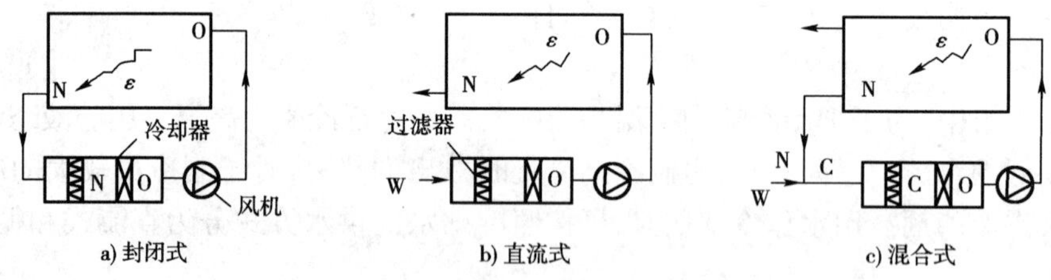

图 8-44 按处理空气的来源不同分类

N-表示室内空气；W-表示室外空气；C-表示混合空气；O-表示冷却器后空气状态

①封闭式系统

它所处理的空气全部来自空调房间，没有室外新风补充，因此房间和空气处理设备之间形成了一个封闭环路如图 8-44a）所示。这种系统冷热量消耗最少，但卫生效果差。当室内有人长期停留时，必须考虑换气。封闭式系统用于封闭空间且无法（或不需要）采用室外空气的场合，如战时的地下庇护所等战备工程以及很少有人进入的仓库。

②直流式系统

它所处理的空气全部来自室外，室外空气经处理后送入室内，然后全部排至室外如图 8-44b）所示。这种系统适用于不允许采用回风的场合，如放射性实验室以及散发大量有害物的车间等。为了回收排出空气的热量和冷量来预处理室外新风，可在系统中设置热回收装置。

③混合式系统

封闭式系统不能满足卫生要求，直流式系统在经济上不合理。因而两者在使用时均有很大的局限性。对于大多数场合，往往需要综合这两者的利弊，采用新风与部分回风混合的系统，如图 8-44c）所示。这种系统既能满足卫生要求，又经济合理，故应用最广。

（2）按回风方式不同

按回风方式不同可分为一次回风式空调系统，二次回风式空调系统，如图 8-45 所示。

一次回风式空调系统，是指新风和回风在空气冷却器（或喷水室）之前混合，如图 8-45a）所示；二次回风式空调系统，是指部分回风与新风先在湿热处理设备前混合，经湿热处理后再次与另一部分回风混合，如图 8-45b）所示。两者相比较，一次回风式空调系统的空气处理流程较为简单，操作管理方便，对于允许直接用机器露点送风的场合都可以采用；二次回风式空调系统通常用于室内温度场要求均匀、送风温差小、风量较大而又未采用再热器的空调系统中，如恒温恒湿的工业生产车间等。

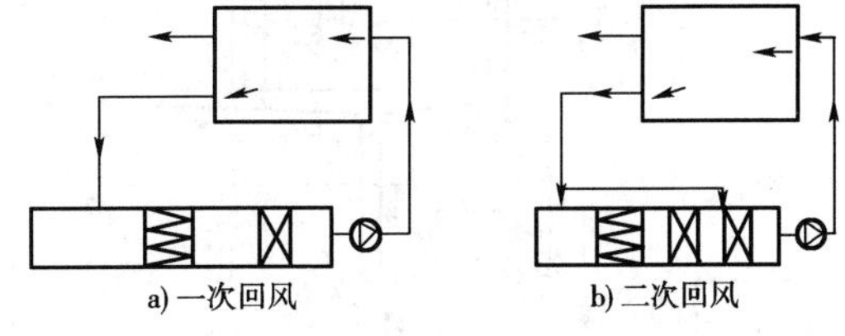

图 8-45　一次、二次回风系统示意图

3）集中式空调系统的主要优缺点

（1）集中式空调系统的优点

①空调设备集中设置在专门的空调机房里，管理维修方便，消声防振也比较容易；

②空调机房可以在条件较差的建筑环境下使用，如地下室，屋顶间等；

③可根据季节变化调节空调系统的新风量，节约运行费用；

④使用寿命长，初投资和运行费比较小。

（2）集中式空调系统的缺点

①用空气作为输送冷热量的介质，需要的风量大，风道又粗又长，占用建筑空间多，施工安装工作量大，工期长；

②一个系统只能处理出一种送风状态的空气，当各房间的热湿负荷的变化规律差别较大时，不便于运行调节；

③当只有部分房间需要空调时，仍然要开启整个空调系统，造成能量上的浪费。

从上面的阐述可知，当空调系统的服务面积大，各房间热湿负荷的变化规律相近，各房间使用时间也较一致的场合，采用集中式空调系统较合适。

2. 半集中式空调系统

该系统分为诱导式空调系统和风机盘管式空调系统两种形式。它克服了集中式空调系统输送空气的参数单一的缺点，又减轻了集中处理室和风道的负荷，可以满足对不同空气环境的要求。

1）诱导式空调系统

诱导式空调系统是指诱导器加新风的混合式系统，如图 8-46 所示。该系统的新风来自集中式空气处理机房，新风经风道送入设置在空调房的诱导器，再由诱导器喷嘴高速喷出，同时吸入一部分室内空气，这两部分空气在诱导器内混合后再送入空调房间。如图 8-47 所示为诱导器示意图。若在诱导器内不装设冷热排管的诱导式空调系统属于全空气空调系统;若在诱导器内装设了冷热排管的诱导式空调系统则属于水-空气空调系统。诱导器的外形有立式和卧式两种,立式诱导器放在窗台下或墙角处地板上,卧式诱导器挂吊在天花板下。

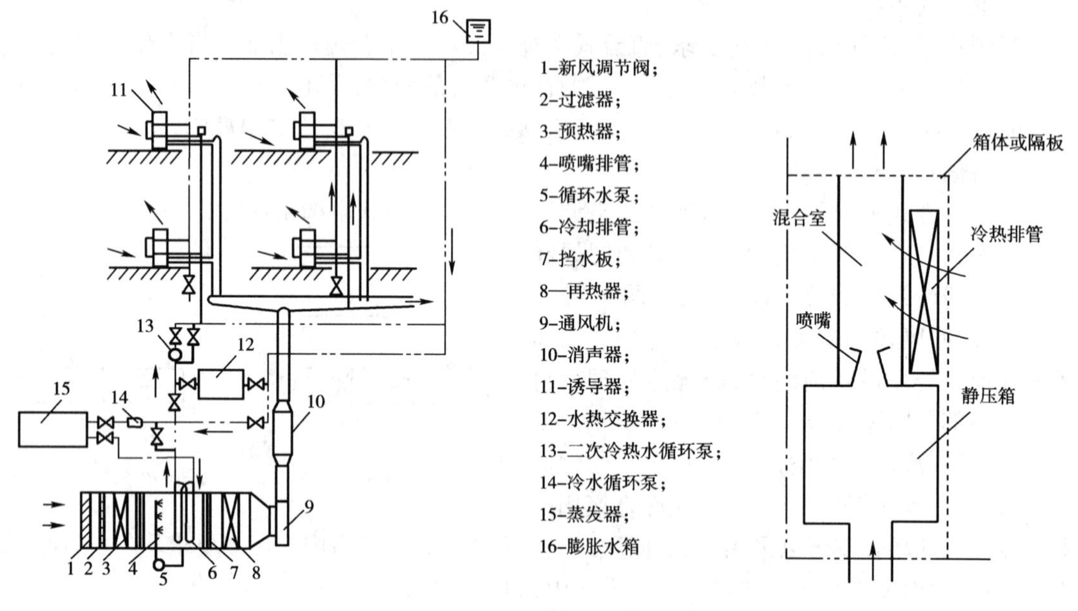

图 8-46　诱导式空调系统示意图

图 8-47　诱导器示意图

诱导式空调系统的优点是:

(1)该系统中通风管道一般采用高速送风,故管道断面小,占用建筑空间小;

(2)在水—空气诱导系统中由于二次盘管负担了一部分室内负荷故一次风系统负荷较小;

(3)无回转部件,使用寿命长。

该系统的缺点是:

(1)各个空调房间的冷热量不宜单独调节;

(2)高速送风时室内有噪声;

(3)二次风难以净化,诱导器内容易积灰,清理不便;

(4)设备及其管路较复杂,故初次投资和维修管理工作量都较大。

诱导式空调系统特别适用于增设空调的建筑,以及强调节省建筑空间的一些场合,如地下建筑、某些工业车间、舰船和客机等处。

2)风机盘管空调系统

风机盘管空调系统在各空调房间内均设置风机盘管机组作为系统的末端装置。风机盘管机组(图 8-48)主要是由风机和盘管(即换热器)组成,风机(替代了诱导器中的喷嘴)将室内空气不断吸入机组,经过滤器和盘管由送风口按一定方向吹出,如图 8-49 所示。

风机盘管机组一般分为立式和卧式两种,立式机组可靠墙放置在地面上或搁在窗台下;卧式机组可悬挂在天花板下或暗装在天棚内。

风机盘管机组有时独立地负担全部室内负荷,此时属于全水空调系统;若风机盘管配有集中处理的新风系统,则属于空气—水空调系统。

风机盘管空调系统具有布置灵活,能单独调节各房间的温度,机组定型化及规格化,便于选择安装等优点,目前在我国新建的旅游宾馆、饭店的客房得到普遍采用。其主要缺点是风机容易产生噪声。

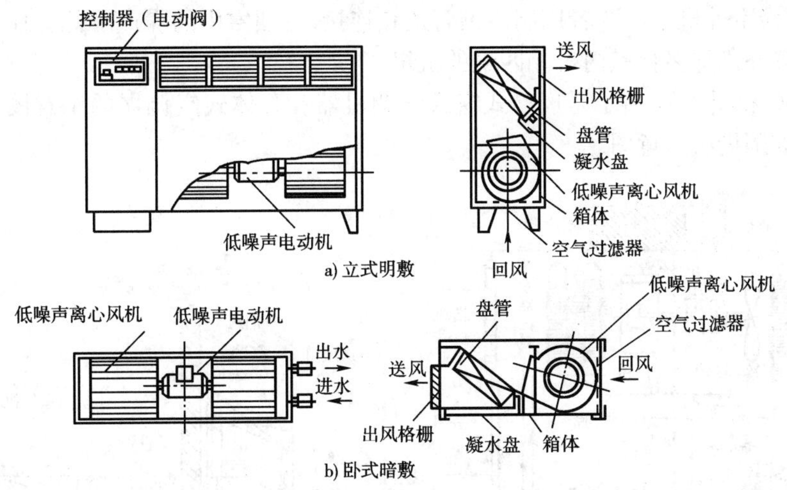

图 8-48　风机盘管机组

3. 局部空调机组

局部空调机组实际上是一个小型的空调系统。它体积小，结构紧凑，可不需要机房，直接布置在空调房间内，施工安装方便。在许多需要空调的场所，特别是舒适性空调，得到了广泛的应用。局部空调机组的主要类型和构造如下。

1）按容量大小

（1）窗式：容量小，冷量在 7kW 以下，风量在 $0.33m^3/s$（$1200m^3/h$）以下，属小型空调机。一般安装在窗台上，蒸发器朝向室内，冷凝器朝向室外。

（2）壁挂机和吊装机：容量小，冷量在 13kW 以下，风量在 $0.33m^3/s$（$1200m^3/h$）以下。

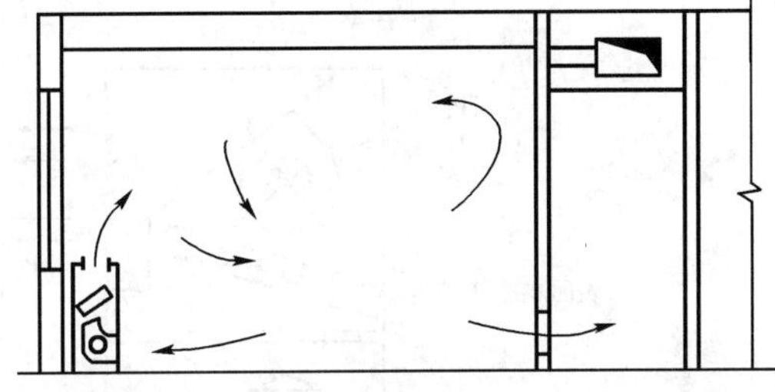

图 8-49　风机盘管空调系统示意图

（3）立柜式：容量较大，冷量在 70kW 以下，风量在 $5.55m^3/s$（$20000m^3/h$）以下。立柜式空调机组通常落地安装，机组可以放在室外。

2）按冷凝器的冷却方式

（1）水冷式空调器：水冷式空调器一般用于容量较大的机组。采用这种空调机组时，用户要具备水源和冷却塔。

（2）风冷式空调器：对于容量较小的风冷式空调机组（如窗式），其冷凝器设置在机组的室外部分，用室外空气冷却；对于容量较大的风冷式空调机组（如分体式），需要在室外设置独立的风冷冷凝器。

3）按供热方式

（1）普通式空调器：这种空调器冬季用电加热空气供暖。

（2）热泵式空调器：热泵式空调器在冬季仍然由制冷机工作，只是通过一个四通换向阀使制冷剂作供热循环。这时原来的蒸发器变为冷凝器，空气通过冷凝器时被加热送入房间。

4）按机组的整体性

（1）整体机：将空气处理部分、制冷部分和电控系统的控制部分等安装在一个罩壳内形成一个整体。结构紧凑，操作灵活，但噪声振动较大。

(2)分体式:把蒸发器和室内风机作为室内侧机组,把制冷系统的蒸发器之外的其他部分置于室外,称为室外机组。两者用制冷剂管道相连接,可使室内的噪声降低。在目前的产品中也有用一台室外机与多台室内机相匹配的机组。

如图 8-50 和图 8-51 所示是风冷式窗式空调机器和分体式空调器的示意图;如图 8-52 所示是水冷式空调机组示意图。

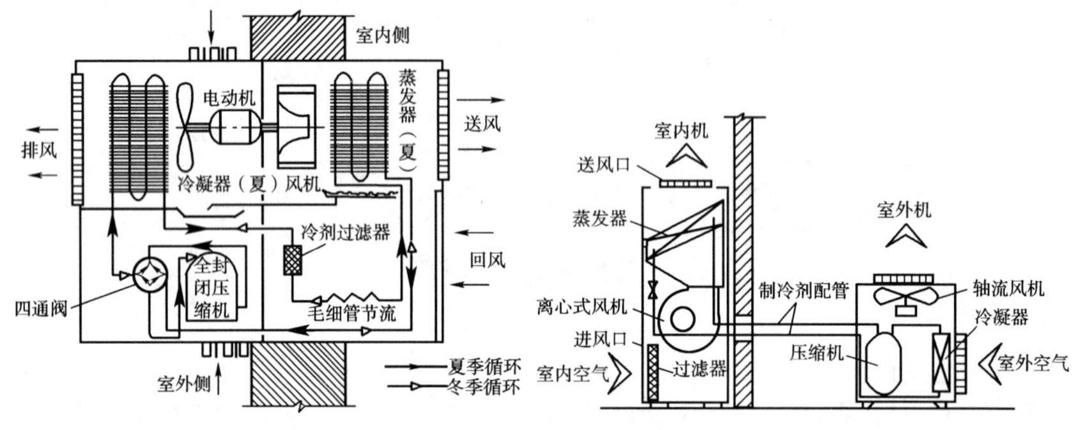

图 8-50　窗式空调器(热泵型)示意图　　图 8-51　分体式空调器原理图

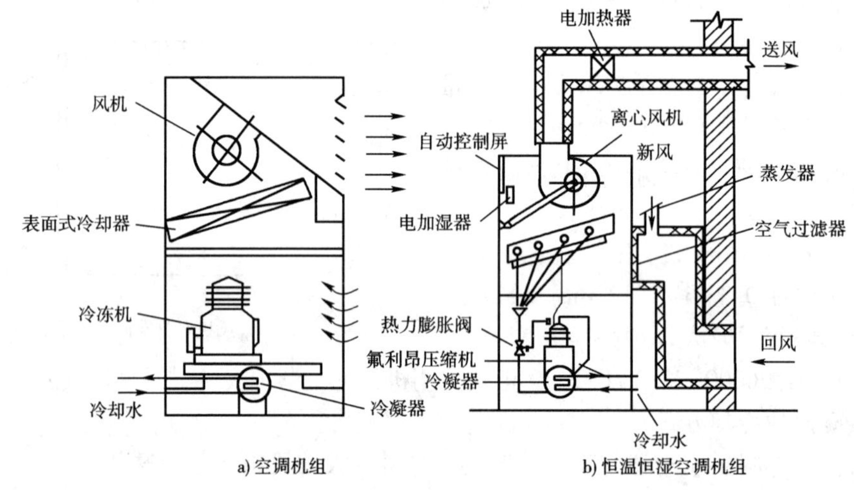

a) 空调机组　　b) 恒温恒湿空调机组

图 8-52　水冷式空调机组

第五节　高层建筑防火排烟

在高层建筑的设计中,必须认真慎重地进行防火排烟设计,以便在火灾发生时,顺利地进行人员疏散和消防灭火工作。

一、高层建筑防火分区和防烟分区的设置

1. 防火分区

建筑设计进行防火分区的目的是,防止建筑物起火后火势的蔓延和扩散,以便于火灾的扑救和人员的疏散。防火分区的方法是,根据建筑物内房间的用途和功能,把建筑平面和空间划

分成为若干个防火单元,使得火势控制在起火单元内,从而避免火灾的扩散。

根据我国高层建筑设计防火规范的规定,一类高层建筑每个防火分区最大允许面积为 1 000m²,二类高层建筑 1 500m²,地下室 500m²。如果防火分区内设有自动灭火设备,防火分区的面积可增加 1 倍。

高层建筑也可以以楼板为分界在竖向方向进行防火分区的划分。对于在两层或多层之间设有各种开口,如设有开敞楼梯、自动扶梯的建筑,应把竖向连通部分作为一个整体划为一个防火区,但连通部分各层面积之和不应大于允许的水平防火分区的面积。另外,建筑内所有穿越楼板的竖井都应单独设置,竖井内应每隔 1 ~ 2 层用耐火材料作防火分隔,竖井上的检修门应是防火门。

每个防火分区之间用防火墙、耐火楼板、防火门隔断。防火墙应是耐火极限 4h 以上的非燃烧体,耐火楼板的耐火极限按一、二级建筑分别取为 1.5h 和 1h 以上。

2. 防烟分区

在建筑平面上进行防烟分区的目的是防止火灾发生时产生的烟气侵入作为疏散通道的走廊、楼梯间前室及楼梯间。

高层建筑防烟分区是对防火分区的细分化,即防烟分区不应跨越防火分区。防烟分区的划分方法与防火分区划分方法基本相同,即以每层楼面作为一个垂直防烟区;每层楼面的防烟分区可在每个水平防火分区内划分出若干个;每个防烟分区的面积不宜大于 500m²,对装设有自动灭火设备的建筑物其面积可增大 1 倍。

防烟分区之间一般用防烟墙、挡烟垂壁或挡烟梁等措施分隔,并在各防烟区内设置一个带有手动启动装置的排烟口。挡烟梁是指从顶棚下突出不小 0.5m 的梁,如图 8-53a)所示。防烟墙是用非燃材料筑的隔墙。

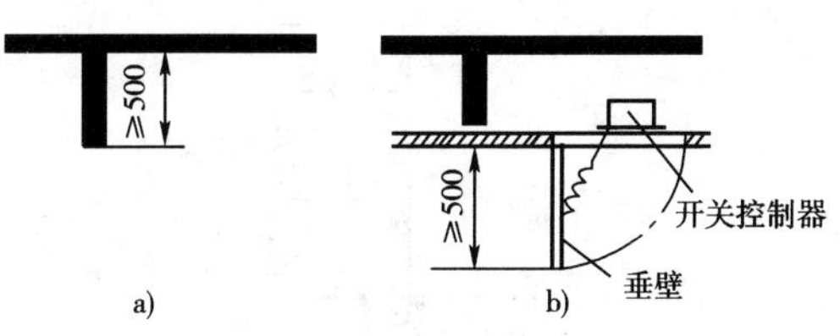

图 8-53　用梁和挡烟垂壁阻挡烟气流动

挡烟垂壁是用非燃材料(如钢板、夹丝玻璃、钢化玻璃等)制成的固定或活动的挡板。如图 8-53b)所示,它垂直向下吊在顶棚上,垂壁高度不小于 0.5m。活动式挡烟垂壁在火灾发生落下时,其下缘距地面的距离应大于 1.8m。这是因为火灾发生时,烟气受浮力作用聚集在顶棚处,若垂壁下垂高度未超出烟气层,则其防烟是无效的;同时,还应保证在垂壁落下后仍留有人们通过的必要高度。活动式挡烟垂壁可以由烟感探测器、消防控制室或手动控制。

在防火防烟分区的划分中,还应当根据建筑物的具体情况,从防火防烟的角度把建筑物中不同用途的部分划分开。特别是高层建筑中空调管道穿越防火防烟分区。

二、高层建筑的防、排烟

高层建筑的防烟设施主要是机械加压送风的防烟设施;排烟设施分为机械排烟设施和可开启外窗的自然排烟设施。

根据高层建筑防火规范的规定,凡建筑物高度大于 24m 设有防烟楼梯(疏散楼梯)和消防电梯的建筑物均应设排烟设施。对于一类高层建筑和建筑高度超过 32m 的二类高层建筑的下列部位应设排烟设施:

(1)长度超过 20m 的内走道;

(2)面积超过 $100m^2$,且经常有人停留或可燃物较多的房间;

(3)高层建筑的中庭和经常有人停留或可燃物较多的地下室。

高层建筑的排烟口(排烟口有手动开启装置)应在各防烟划分区内分别设置一个。排烟口到防烟分区的各点应在30m内,如图8-54所示。

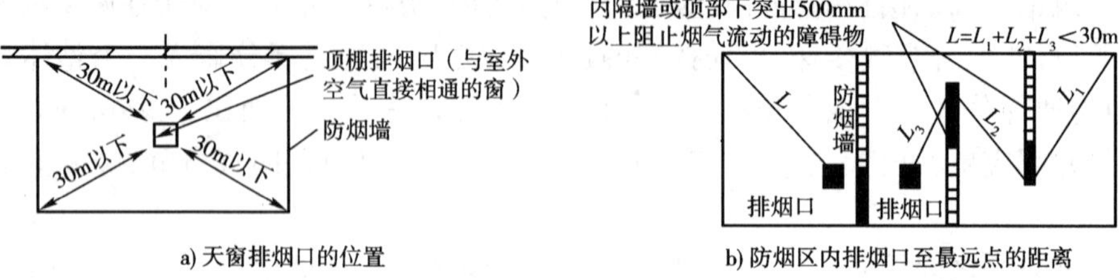

a) 天窗排烟口的位置

b) 防烟区内排烟口至最远点的距离

图8-54 排烟口位置

1. 自然排烟

自然排烟可以利用建筑的阳台、凹廊或在外墙上设置便于开启的外窗或排烟窗进行无组织的自然排烟,如图8-55所示。它依靠火灾时所产生的热压及风压的作用,将室内所产生的烟气排出。这种排烟方式不需要动力和复杂装置,结构简单,经济实用。但是排烟效果受室外风力这一不稳定因素的制约,以及受建筑设计的影响。比如:当着火房间的开口处与背风侧时,能得到很好的排烟效果;若该房间的开口处于迎风面时,室内的烟气便难以排除,甚至会扩散到其他房间或走廊里。

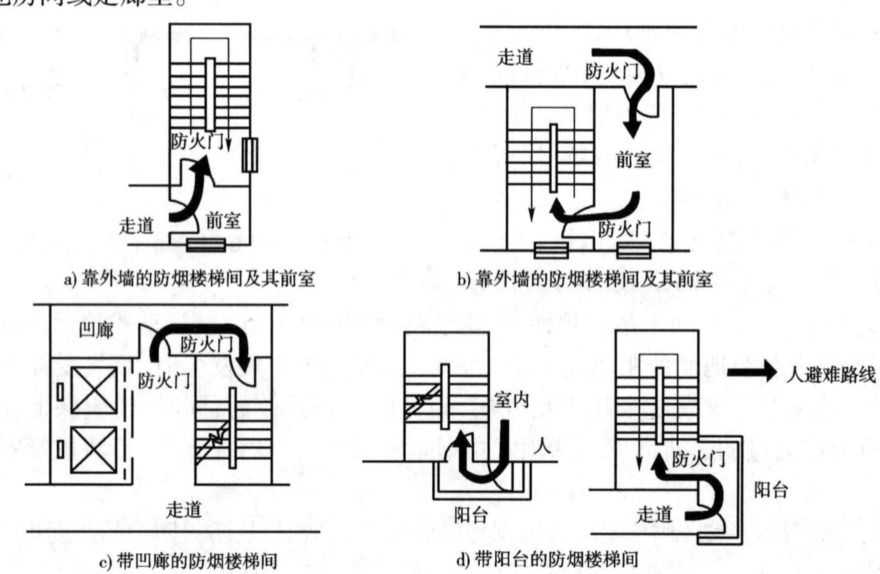

a) 靠外墙的防烟楼梯间及其前室

b) 靠外墙的防烟楼梯间及其前室

c) 带凹廊的防烟楼梯间

d) 带阳台的防烟楼梯间

图8-55 自然排烟方式示意图

2. 机械排烟

1)机械排烟方式

机械排烟可分为局部排烟和集中排烟两种方式。局部排烟方式是在每个需要排烟的部位设置独立的排烟风机直接进行排烟;集中排烟方式是将建筑物划分为若干区,在每个区内设置排烟风机,通过排烟风道排烟。

局部排烟方式投资大,而且排烟风机分散,维修管理麻烦,所以很少采用。如采用时,一般与通风换气要求相结合,即平时可兼作通风排气使用。

2)机械排烟系统的组成

机械排烟系统中包括:防烟垂壁、排烟口、排烟道、防火排烟阀门、排烟风机和烟气排出口等,如图8-56所示。

(1)排烟口

每个防烟分区应分别设置排烟口,同一分区内可设数个排烟口,但要求所有的排烟口能同时启动;排烟口尽可能布置在防烟区中心,排烟口至该区任何一点的水平间距不应大于30m;排烟口设在顶棚或靠近的墙壁上(一般为0.8m以内);排烟口平时关闭,应设手动、自动远距离开启装置。

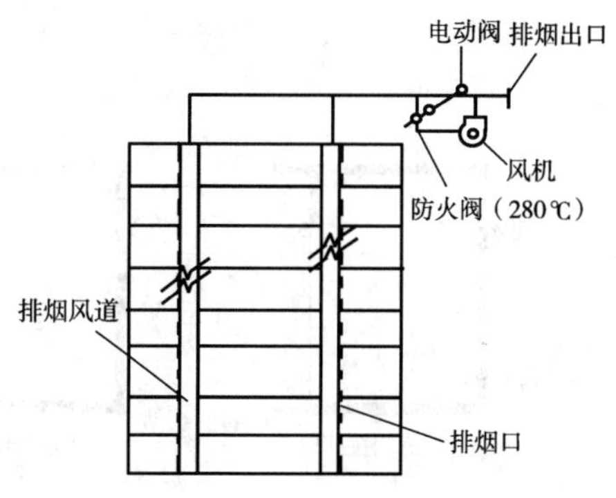

图8-56 机械排烟系统

(2)排烟道

风道材料必须为不燃材料,宜选用镀锌钢板或冷轧钢板,也可以选用混凝土制品,但不宜采用砖砌风道。

(3)排烟防火阀

排烟系统中设置排烟防火阀,是因为在排烟系统中,当烟气温度超过280℃时烟气中已带火,为避免这种带火烟气扩延到建筑内其他层造成火灾扩散,应在排烟系统的排烟支管上和排烟风机房入口处设置具有自动关闭功能的排烟防火阀。

(4)排烟风机

排烟风机也有离心式和轴流式两种类型。在排烟系统中一般宜采用离心式风机。对排烟风机构造性能要求具有一定耐热性和隔热性,以保证输送烟气温度在280℃能够正常运行30min以上。

排烟风机装置的位置应设于该风机所在防火分区的排烟系统中最高排烟口的上部,并设在该防火分区的风机房内。

排烟风机的启动宜采用自动控制方式,启动装置与排烟系统中每个排风口连锁。即在该排烟系统中任何一个排烟口开启时,排烟风机都能自动启动。

3.机械加压送风防烟系统

1)机械防烟的设置部位

下列部位应设置独立的机械加压送风的防烟设施:

(1)不具备自然排烟条件的防烟楼梯间、消防电梯间前室或合用前室;

(2)采用自然排烟措施的防烟楼梯间,其不具备自然排烟条件的前室;

(3)封闭避难层(间)。

2)机械加压送风系统的组成

机械加压送风是依靠加压送风机向建筑物内被保护部位提供新鲜空气,使该部位的室内压力高于火灾的压力,形成一个压力差,从而阻止烟气侵入被保护部位,为火灾发生时人员疏散及消防人员的扑救工作提供安全场所,其原理如图8-57所示。机械加压送风系统由加压送风机、送风道、加压送风口及其自控装置等部分组成,如图8-58所示。机械加压送风防烟设施具有简单、安全的特点,在我国已逐渐被设计人员重视和采用。

4.通风、空调系统的防火排烟

由于通风和空调系统中的风道直接与建筑物中各通风、空调房间相连通,而且风道的过流断面比建筑电气暗装线路埋管断面面积、建筑给排水管道断面面积都大得多，因此，风道将会成为烟气传播的通路。所以，在设计高层、多层建筑的集中式通风与空调系统时，必须采取安全可靠的防火排烟措施。

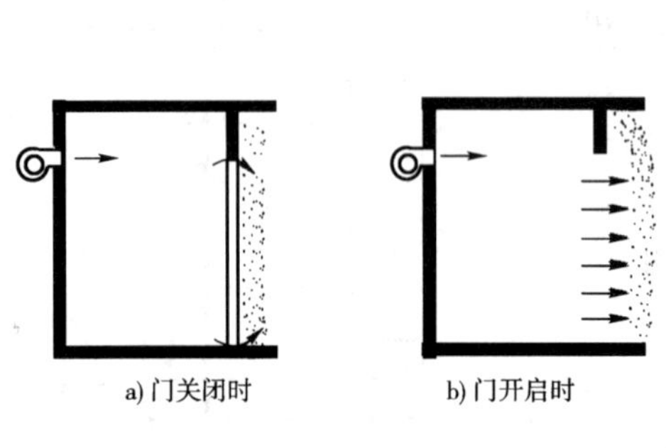

图 8-57　加压防烟作用原理示意图

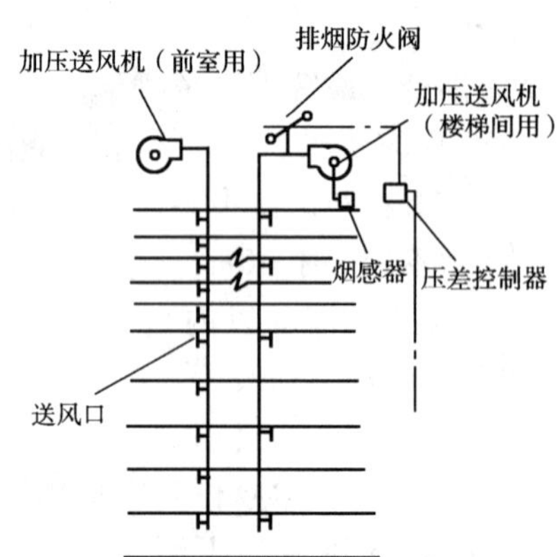

图 8-58　机械加压送风系统

在设计中首先应该注意的是，防火分区和防烟分区的划分应尽可能地与通风、空调系统的划分统一起来，尽量不使风道穿越防火区和防烟区；否则，须在风道上设置防火阀。

通风和空调系统的风道，应采用非燃材料制作，其保温和消声材料应采用非燃或难燃材料；通风、空调系统的进风口应设在无火灾危险的安全地带。

在下列情况下，通风、空气调节系统的风道应设防火阀：

(1)管道穿越防火分区的隔墙孔；

(2)穿越通风、空调机房及重要的或火灾危险性大的房间隔墙和楼板处；

(3)垂直风道与每层水平风道交接处的水平管段上；

(4)穿越变形缝处的两侧。如图 8-59 所示为各种阀门的设置方法。

另外，在厨房、浴室、厕所等垂直的排风管道上，应采取防止烟气回流措施或在支管上设防火阀，如图 8-60 所示。

防火阀的构造如图 8-61 所示，其动作温度为 70℃。当火灾发生、火焰侵入风道时，阀门依靠易熔金属的温度熔断器自动关闭，切断空气气流，防止火焰蔓延到另一区域。

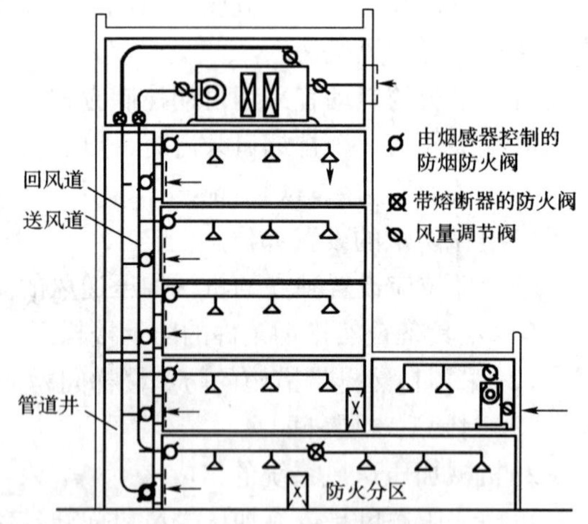

图 8-59　各种阀门的设置示例

另外，在有些设计中，为了充分发挥通风、空调系统的作用，通常把通风、空调系统中的风道、风口与机械排烟系统共用，即把通风、空调房间的上部送风口兼作排烟口。在这种共用系统中必须特别注意要采取可靠的防火安全措施：

(1)通风、空调管道应符合排烟管道要求，由非燃烧材料制作；

(2)应设置排烟用的竖向排烟道；

(3)房间的排烟口处设置自动关闭装置；

(4)有安全可靠的切换系统控制装置。

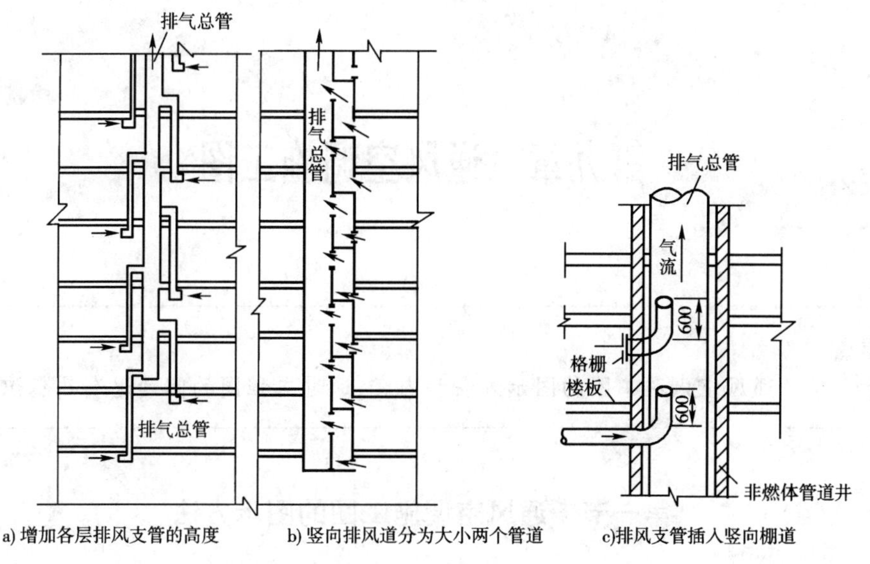

图 8-60 排风道防止回流的示意图(尺寸单位:mm)

目前,机械排烟系统多数为独立设置。由于利用空调系统进行排烟时,因烟气不允许通过空调器,需装设旁通管和自动切换阀,造成平时运行时漏风量和阻力的增加;另外,因通风、空调系统的各送风口是相连通的,所以当临时作为排烟口进行排烟时,只需着火房间或着火处防火分区的排烟口开启,其他都必须关闭。这就要求通风、空调系统中每个送风口上都要安装自动关闭装置。

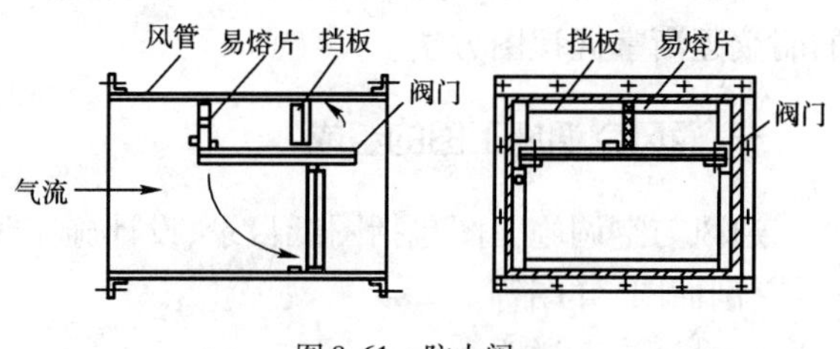

图 8-61 防火阀

思考题及实践练习

1. 建筑通风有哪些方式?请分别叙述其主要特点和适用场合。
2. 机械通风系统由哪几部分组成?试说明机械通风系统的主要组成设备及作用。
3. 如何进行风管及其支、吊架的安装?
4. 试说明集中式、半集中式和分散式空调系统的主要特点和适用场合。
5. 蒸汽压缩式制冷的制冷原理是什么?制冷循环由哪些主要设备组成,它们的作用是什么?
6. 空调系统主要有哪些噪声源?通常用何种方式消声?
7. 高层建筑的防火分区和防烟分区如何设置?
8. 高层建筑防火排烟的主要方法有哪些?
9. 高层建筑中的通风空调系统设计中应当考虑哪些防火排烟措施?
10. 实际调研某一工业厂房的建筑通风方式,并说明其特点。
11. 参观了解某一建筑中央空调系统的构成。

第九章　通风空调施工图

本章重点

了解通风空调施工图的图示方法和内容,通过工程图的阅读逐渐熟悉识图方法。

第一节　通风空调施工图的图示方法

阅读建筑通风空调施工图必须首先熟悉施工图的图示方法和内容,并通过实际工程图纸的阅读逐渐掌握识图方法。

一、通风空调施工图的组成

通风与空调施工图包括图纸目录、设计施工说明、设备及主要材料表、原理图、系统图、平面图、剖面图、详图等。

1. 设计施工说明

设计施工说明主要表达的是在施工图纸中无法表示清楚,而在施工中施工人员必须知道的技术、质量方面的要求,它无法用图的形式表达,只能以文字形式表述。

设计施工说明包含的内容一般包括本工程主要技术数据,如建筑概况、设计参数、系统划分及施工、验收、调试、运行等有关事项。

2. 设备及材料表

在设备表内明确表示了所选用设备的名称、型号、数量、各种性能参数及安装地点等;在材料表中各种材料的材质、规格、强度要求等亦有清楚的表达。

3. 原理图(流程图)

系统原理图(流程图)是综合性的示意图,用示意性的图形表示出所有设备的外形轮廓,用粗实线表示管线。从图中可以了解系统的工作原理,介质的运行方向,同时也可以对设备的编号、建(构)筑物的名称及整个系统的仪表控制点(温度、压力、流量及分析的测点)有一个全面的了解。另外,通过了解系统的工作原理,还可以在施工过程中协调各个环节的进度,安排好各个环节的试运行和调试的程序。

4. 平面图

平面图是施工图中最基本的一种图,是施工的主要依据。它主要表示建筑物以及设备的平面布局,管路的走向分布及其管径、高程、坡度坡向等数据,包括系统平面图、冷冻机房平面图、空调机房平面图等。在平面图中,一般风管用双线绘制,水、汽管用单线绘制。

5. 系统轴测图

系统轴测图是以轴测投影绘出的管路系统单线条的立体图。在图上反映管线的分布情况,可以完整地将管线、部件及附属设备之间的相对位置的空间关系表达出来。系统轴测图还注明管线、部件及附属设备的高程和有关尺寸。系统轴测图一般按正等测或斜等测绘制。水、汽管道及通风、空调管道系统图均可用单线绘制。

此外,剖面图、大样图(详图)、节点图及标准图的图样基本特点同给排水、采暖施工图此部分内容相似,在这里不再赘述。

二、图示方法

1. 线型、比例和图例

图线、比例、水气管道及其阀门的常用图例与采暖工程相同,这里介绍风道和通风空调设备图例。管道代号用字母表示,如表 9-1、表 9-2 所示。

部分水、汽管道代号 表 9-1

代号	管 道 名 称	代号	管 道 名 称
L	空调冷水管	N	空调冷凝水管
LR	空调冷/热水管	RH	软化水管
LQ	空调冷却水管		

风 道 代 号 表 9-2

代号	风 道 名 称	代号	风 道 名 称
K	空调风管	H	回风管(一、二次回风可附加 1、2 区别)
S	送风管	P	排风管
X	新风管	PY	排烟管或排风、排烟共用管道

图例内容较多,其具体内容见暖通空调制图标准 GB/T 50114—2001,表 9-3 为部分风道、阀门及附件图例。

风道、阀门及附件图例 表 9-3

序号	名称	图 例	序号	名称	图 例
1	砌筑风、烟道		9	防火阀	70°C
2	带导流片弯头		10	排烟阀	280°C 280°C
3	消声器消声弯管		11	软接头	
4	插板阀		12	软管	
5	天圆地方	矩形 圆形	13	风口(通用)	□或者○
6	蝶阀		14	百叶窗	
7	对开多叶调节阀		15	散流器	
8	风管止回阀		16	检查孔	检 检

2. 图样画法

1) 系统编号及管道尺寸标注

圆形风管的截面定型尺寸应以直径符号“ϕ”后跟以 mm 为单位的数值表示。

矩形风管(风道)的截面定型尺寸应以“$A \times B$”表示。“A”为该视图投影面的边长尺寸，“B”为另一边尺寸。A、B 单位均为 mm。

流体管道的其他尺寸标注方法和要求及系统编号方法同采暖施工图，可参考前面所述内容。

2) 管道转向画法(图 9-1)

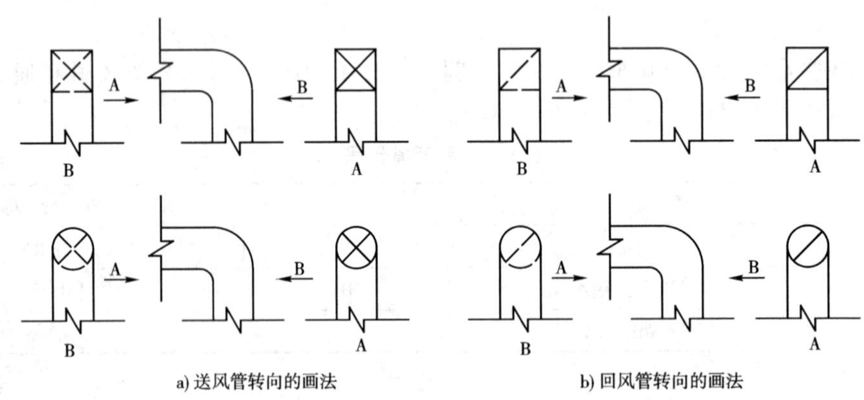

图 9-1　风道转向画法

第二节　通风空调施工图的识读

一、通风空调施工图的识图方法和步骤

通风空调施工图的识读同给排水、采暖工程图的一样，应当遵循从整体到局部，从大到小，从粗到细的原则，同时要将图样与文字对照看，达到逐步深入与细化。

看图的顺序是先看图纸目录，检查图纸的完整性，了解建设工程性质，弄清楚整套图纸共有多少张，分为哪几类；其次是看设计施工说明、材料设备表等一系列文字说明并掌握本套图的设备及图例符号；然后再按照原理图、平面图、剖面图、系统图及详图的顺序逐一阅读，并相互对照，全面掌握图纸全貌。

对于每一单张图纸，看图时首先要看标题栏，了解图名、图号、图别、比例，其次看图纸上所画的图样、文字说明和各种数据，弄清各系统编号、管路走向、管径大小、连接方法、尺寸高程、施工要求；对于管路中的管道、配件、部件、设备等应弄清其材质、种类、规格、型号、数量、参数等；另外，还要弄清管路与建筑、设备之间的相互关系及定位尺寸。

通风空调施工图中的水系统施工图样的特点和表达方式可参考本书中给排水、采暖施工图部分内容，由于篇幅所限，这里不再赘述。对于通风(风道)工程图，重点看该工程的平面图、剖面图，沿空气的流向看。送风工程沿进风口→空气处理器→风机→干管→横支管→送风口方向看。排风工程沿排风口→横支管→干管→风机→空气处理器→排风帽方向看。

二、通风工程图识读实例

某地下车库排风平面图、系统图和剖面图分别如图 9-2 ~ 图 9-4 所示。

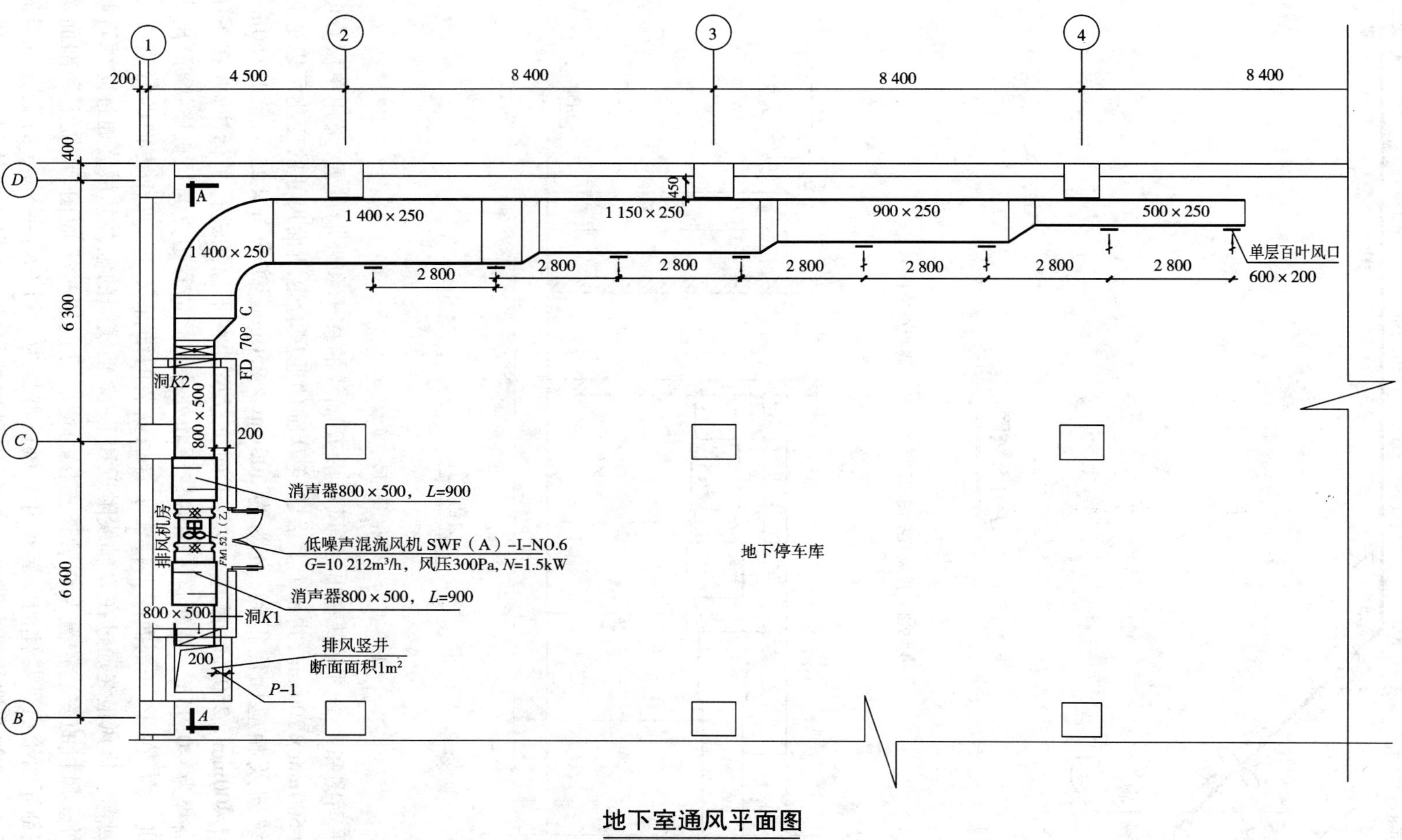

图 9-2　某地下停车库排风平面图(尺寸单位:mm,高程单位:m)

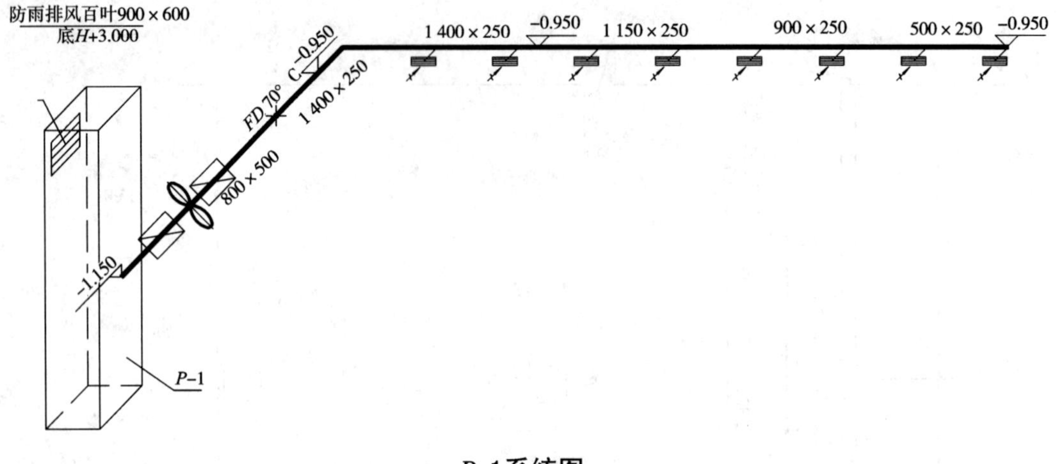

图 9-3　排风系统图(尺寸单位:mm,高程单位:m)

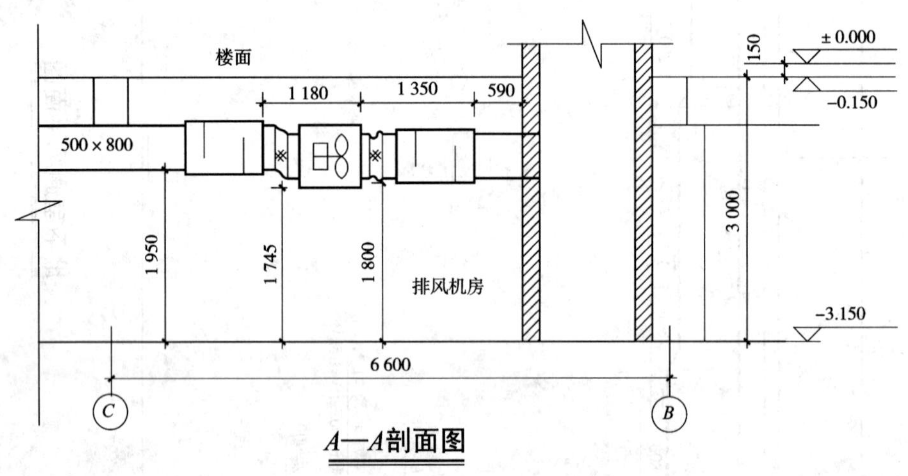

图 9-4　A—A 剖面图(尺寸单位:mm,高程单位:m)

对照平面图和系统图可以看出,排风口沿 *D* 轴线的柱子和外墙设置,采用单层百叶窗口,尺寸为 600mm×200mm,共 8 个。沿建筑 *D* 轴的通风管道断面尺寸的变化可以通过平面图和系统图及相应标注得到,分为为 500mm × 250mm,900mm × 250mm,1 150mm × 250mm 和 1 400mm×250mm,管道安装的平面位置尺寸在平面图进行了标注,并在系统图中标注了高程为 -0.95m。沿建筑①轴的柱子和外墙布置的管道是与风机连接部分,大部分在排风机房内,在 *A—A* 剖面图上标注了管道安装的细部尺寸。两个方向的管道连接处采用了来回弯。排风最终通过在 *B* 轴线附近和 1～2 轴线间的竖井并最终通过防雨百叶窗排除到室外。风机的安装位置及与管道连接的情况可以通过平面图、系统图和剖面图看出,并且在剖面图给出了具体的安装尺寸。风机型号为 SWF(A)-I-No. 6 的低噪声混流风机,风机通过软管与两端的消声器进行连接,在风道接出排放机房的墙体部位的风道上安装有 70℃防火阀。

思考题及实践练习

1. 通风空调施工图是由哪几部分组成？各组成部分包含哪些内容？
2. 风道的尺寸如何标注？
3. 调查了解某建筑通风或空调系统形式，并绘制其系统图。
4. 结合建筑施工实训和施工图识图训练进行通风空调施工图识图训练。

第三篇　建筑电气工程

学习要点

1. 熟悉建筑电气供配电系统的组成及形式；掌握导线选择原则、线路敷设方法。

2. 熟悉建筑照明系统常见电光源、灯具的功能和特点；了解建筑照明设计计算的基本方法。

3. 掌握安全用电及建筑防雷的基本知识；熟悉安全用电以及建筑防雷基本措施。

4. 掌握建筑电气施工图识读方法。

5. 明确智能建筑的概念，了解综合布线系统的实现方法；了解建筑弱电系统，包括建筑火灾预警系统、电视电缆系统、电话通讯系统、安全防范系统的组成和特点。

第十章　建筑电气系统

本章重点

明确建筑电气的作用分类；熟悉建筑供配电系统的组成、供电负荷的等级及接线方式；掌握导线及常用低压设备的选用原则；了解供配电线路敷设的基本方式；了解照明的基本物理量，了解基本电光源的工作原理，并熟悉其特性；熟悉灯具的作用及类型；了解照明设计原则和方法。

建筑电气，是以电能、电气设备和电气技术为手段，创造、维持与改善室内空间的电、光、热、声环境的一门科学。随着建筑技术的迅速发展和现代化建筑的出现，建筑电气所涉及的范围已由原来单一的供配电、照明、防雷搭铁，发展成为以近代物理学、电磁学、无线电电子学、机械电子学、光学、声学等理论为基础的应用于建筑工程领域内的一门新兴学科，而且还在逐步应用新的数学和物理知识并结合电子计算机技术向综合应用的方向发展，这不仅使建筑物的供配电系统、照明系统实现了自动化，而且对建筑物内的给排水系统等实行最佳控制和最佳管理。因此，现代建筑电气已成为现代建筑的一个重要标志。

第一节　建筑电气的作用与分类

建筑电气系统一般由用电设备、供配电线路、控制和保护装置三大基本部分组成。从电能的供入、分配、输运和消耗使用来看，建筑电气系统可分为供配电系统和用电系统两大类。根据用电设备的特点和系统中所传递能量的类型，用电系统分为建筑电气照明系统、建筑动力系统、建筑弱电系统三大类。

一、建筑的供配电系统

建筑用电属于电力系统末梢的电力用户之一。接受电力系统输入的电能，并进行检测、计量、变压，然后向建筑物各用电设备分配电能的系统，称为供配电系统。

二、建筑电气照明系统

利用将电能转换成光能的电光源进行采光，以保证人们在建筑物内外正常从事生产和生活活动，以满足其他特殊需要的照明设施，称为建筑电气照明系统。电气照明系统设计包括设计说明，光源选择、照度计算、灯具布置、安装方式、眩光控制、调光控制、线路截面、敷设方法和设备材料表等。照明设计和建筑装修有着非常密切的关系，应与建筑师密切配合，以期达到使用功能和建筑效果的统一。

三、建筑动力系统

应用可以将电能转换为机械能的电动机拖动水泵、风机、电梯等机械设备运转，为整个建筑物提供舒适、方便的生产和生活条件而设置的各种系统称为建筑动力系统。维持这些系统工作的机械设备如冷冻机、空调机、送排风机、给排水泵、电梯等，全部(或大部分)是靠电动机拖动的，因此可以说，建筑动力系统实质上就是向电动机配电，以及对电动机进行控制的系统。

四、建筑弱电系统

建筑弱电系统是建筑电气的重要组成部分。一般把建筑物的动力、照明这样输送能量的电力简称为强电，而把以传输信号、进行信息交换的“电”简称为弱电。将电能转换为信号能的电子设备，保证信号的准确接受、传输、处理和显示，以满足人们对各种信息的需要和保持相互联系的各种系统统称为建筑弱电系统。现代智能建筑的信息化、自动化和节能化对弱电系统设计提出了更多更新的要求，使建筑弱电系统的设计业务范围不断扩大，技术要求不断提高，高新技术含量不断增加。建筑弱电系统与现代电子技术、现代控制技术、现代计算机科学紧密相连，逐渐已经形成一个独立的专业领域。建筑弱电系统大致包括下列各子系统：

(1)火灾自动报警与消防设备联动控制系统；

(2)共用天线电视系统；

(3)闭路监控电视及保安系统；

(4)电话通信系统；

(5)有线广播系统；

(6)楼宇设备自动化管理系统；

(7)综合布线系统。

第二节 建筑供配电系统

建筑供配电系统是建筑电气的最基本系统，它对电能起着接受、变换和分配的作用。一般的建筑采用低压供电，而高层建筑通常采用10kV甚至35kV电压供电。供配电设计是建筑电气设计的主要内容。

一、电力的负荷分级

根据电力负荷中断供电在政治、经济上所造成的损失或影响程度，将电力负荷分为三级，并由此确定其对供电电源的要求。

1. 一级负荷

符合下列情况之一时，应为一级负荷：

(1)中断供电将造成人身伤亡时；

(2)中断供电将在政治、经济上造成重大损失时，例如：重大设备损坏、重大产品报废、用重要原料生产的产品大量报废、国民经济中重点企业的连续生产过程被打乱需要长时间才能恢复等。

(3)中断供电将影响有重大政治、经济意义的用电单位的正常工作。例如，重要交通枢纽、重要通信枢纽、重要宾馆、大型体育场馆、经常用于国际活动的大量人员集中的公共场所等用电单位中的重要电力负荷。在一级负荷中，中断供电将发生中毒、爆炸和火灾等情况的负荷，以及特别重要场所的不允许中断供电的负荷，应视为特别重要的负荷。

2. 二级负荷

符合下列情况之一的，应为二级负荷：

(1)中断供电将在政治、经济上造成较大损失时。例如，主要设备损坏，大量产品报废，连续生产过程被打乱需较长时间才能恢复，重点企业大量减产等。

(2)中断供电将影响重要用电单位的正常工作。例如，交通枢纽、通信枢纽等用电单位中的重要电力负荷，以及中断供电将造成大型影剧院、大型商场等较多人员集中的重要的公场所秩序混乱。

3. 三级负荷

不属于一级和二级负荷者应为三级负荷。

二、电能的生产、输送和调配

1. 电力系统的组成

电力系统由发电、输电和配电系统组成，如图10-1所示。发电厂多数是建造在燃料、水力资源丰富的地方，而电能用户是分散的，往往又远离发电厂。这样，就必须采取输电线路和变电所等中间环节，将发电厂发出的电能输送给用户。

(1)电能用户：电能用户是所有用电设备的总称，位于电力系统的末端。

(2)发电厂：用于将其他形式的能量(如煤、水、风和原子能等)转换成电能(称二次能源)，并向外输出电能。发电厂的种类很多，根据所用能源的不同，有火力发电厂、水力发电厂、原子能发电厂、地热发电厂、潮汐发电厂以及风力发电厂、太阳能发电厂等。为了降低发电成本，发电厂常建在远离城市，且一次能源丰富的地区附近。受材料绝缘性能和设备制造成本的限制，所发电压不能太高，通常只有6kV、10kV和15kV几种。

(3)变电所：变电所是变换电压和交换电能的场所，由电力变压器和配电装置组成。按照变压的性质和作用不同，又可分为升压变电所和降压变电所两种。对于仅装有配电装置而没有电力变压器的场所称为配电所。

(4)电力网：电力网的主要作用是输送、交换和分配电能的装置，由升压和降压变电所和与之对应的电力线路组成。电力网是联系发电厂和用户的中间环节。负责将发电厂生产的电能经过输电线路，送到用户(用电设备)。

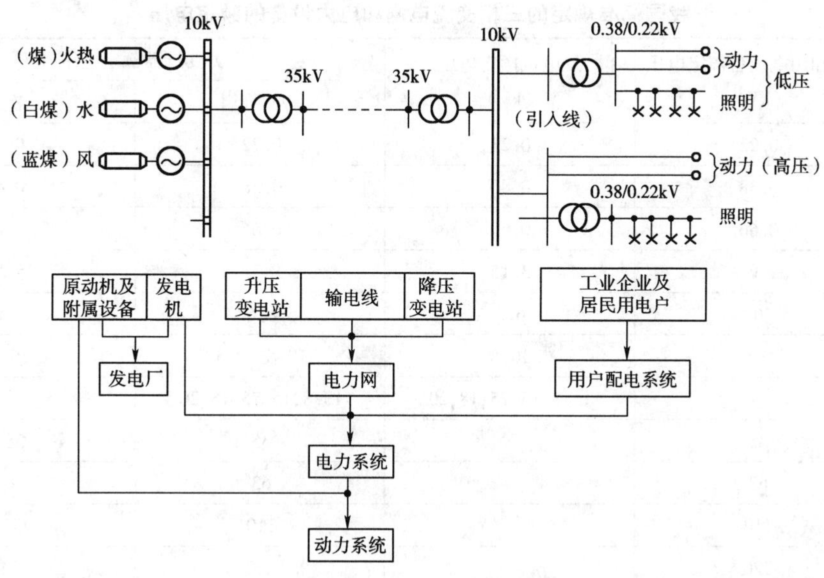

图10-1 电力系统的组成

电力网按其功能常分为输电网和配电网两大类。由35kV及以上的输电线路和与其相连的变电所组成的电力网称为输电网，它是电力系统的主要网络。它的作用是将电能输送到各个地区或直接输送给大型用户。由10kV及以下的配电线路和配电变压器所组成的电力网称为配电网。它的作用是将电能分配给各类不同的用户。

2. 电力系统的电压

一切电力设备都是在一定的电压和频率下工作的。电压和频率是衡量电能质量的两个最基本的参数。我国交流电力设备的额定频率为50Hz，频率偏差一般不得超过0.5Hz，对于容量在300MW或以上的电力系统，频率偏差不得超过0.2Hz。电气设备的额定电压是保证设备正常运行，并获得最佳经济效果的电压。如果设备的端电压偏离其额定电压，则设备的工作性能和使用寿命都将受到影响。三相交流电网和电力设备常用的额定电压如表10-1所示。

3. 供电系统的方案

供电系统应根据负荷等级，按照供电安全可靠、投资费用较少、维护运行方便、系统接线简单等原则进行选择。可选方案有单电源供电方案和双电源供电方案。

1)单电源供电方案

单电源供电方案如图10-2所示。

(1)单电源、单变压器，低压母线不分段系统，见图10-2a)。该系统供电可靠性较低，系统中电源、变压器、开关及母线中，任一环节发生故障或检修时，均不能保证供电。但接线简单显明、造价低，可适用于三级负荷。

(2)单电源、双变压器,低压母线不分段系统,见图10-2b)。该系统中除变压器有备用外,其余环节均无备用。一般情况下,变压器发生故障的可能性比其他元件少很多,故该方案和方案(1)相比,可靠性增加不多而投资却大为增加,故不宜选用。

(3)单电源、单变压器,低压母线分段系统,见图10-2c)。仅在低压母线上增加一个分段开关,投资增加不多,但可靠性却比方案(1)大大提高。故可适用于一、二级负荷。

(4)单电源、双变压器,低压母线分段系统,见图10-2d)。该方案与方案(2)有同样的缺点,故不予推荐。

我国标准规定的三相交流电网和电力设备的额定电压 表10-1

分类	电网和用电设备额定电压(kV)	发电机额定电压(kV)	电力变压器额定电压(kV)	
			一次绕组	二次绕组
低压	0.22	0.23	0.22	0.23
	0.38	0.40	0.38	0.40
	0.66	0.69	0.66	0.69
高压	3	3.15	3及3.15	3.15及3.3
	6	6.3	6及6.3	6.3及6.6
	10	10.5	10及10.5	10.5及11
		13.8,15.75,18,20	13.8,15.75,18,20	
	35		35	38.5
	63		63	69
	110		110	121
	220		220	242
	330		330	363
	500		500	550

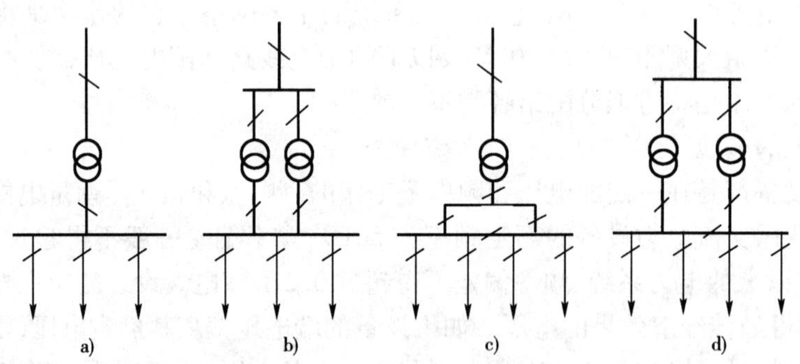

图10-2 单电源供电系统

2)双电源供电方案

双电源供电方案如图10-3所示。

(1)双电源、单变压器,母线不分段系统,见图10-3a)。因变压器远比电源故障的检修次数少,故此方案投资较省而可靠性较高,可适用于二次负荷。

(2)双电源、单变压器,低压母线分段系统,见图10-3b)。此方案比方案(1)设备增加不多,而可靠性明显提高,可适用于二级负荷。

(3)双电源、双变压器,低压母线不分段系统,见图10-3c)。此方案中不分段的低压耳线,限制变压器备用作用的发挥,故不宜选用。

(4)双电源、双变压器,低压母线分段系统,见图10-3d)。用供电可靠性大为提高,可适用于一、二级负荷。

(5)双电源、双变压器,高压母线分段系统,见图10-3e)。因高压设备价格贵,故该方案比方案(4)投资大,并且存在方案(3)的缺点,故一般不宜选用。

(6)双电源、双变压器,高、低压母线均分段系统,见图10-3f)。该方案的投资虽高,但供电的可靠性提高更大,适合一级负荷。

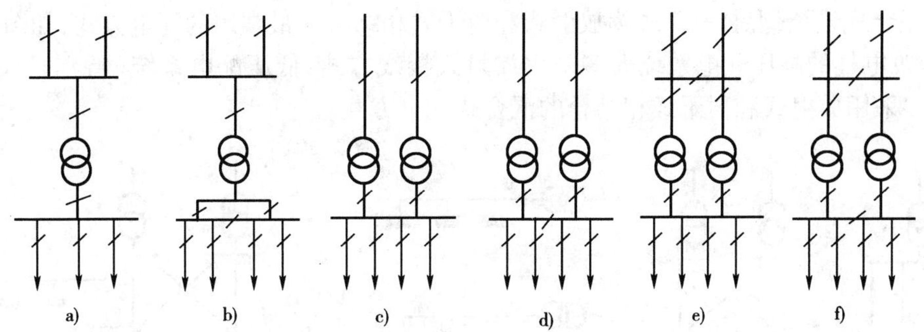

图10-3 双电源供电系统

4.配电系统的设备和接线方式

1)供配电系统中的主要设备

(1)输送电能设备:如母线、导线和绝缘子,三者是输送电能必不可少的设备,统称电气装置。

(2)通断电路设备:高电压、大功率采用短路器。低电压、中小功率采用自动空气开关或刀闸等。

(3)检修指示设备:如高压隔离开关。

(4)满足高电压、大电流电路检查计量和继电保护需要的电压互感器和电流互感器。

(5)故障保护设备:如熔断器等。

(6)雷电保护设备:如避雷器等。

(7)功率因数改善设备:如电容器等。

(8)限制短路电流设备:如电抗器等。

2)供配电系统的接线方式

建筑电气配电系统的接线方式最常见的有放射式、树干式和混合式三种。

(1)放射式系统可分为单电源回路放射式如图10-4a)所示和双回路交叉放射式如图10-4b)所示两种。单电源回路放射式是从配电母线上引出一回线路直接向用电设备配电,沿线不支接其他负荷。双电源双回路交叉放射式是从两个电源配电母线引出两个回线路直接向用电设备配电,沿线也不支接其他设备。

该系统优点是线路敷设简单、配电设备集中、操作维护方便,保护容易,线路故障、停电影响范围小。单电源单回路放射式可符合二级负荷供电要求,双电源双回路放射式,当电源为相互独立时,可符合一级负荷供电要求;缺点是母线出线回路较多,需要配电设备较多,有色金属消耗量也较多,一般应用于容量大,负荷集中或重要的用电设备。

(2)树干式系统可分为直接连接树干式配电如图10-4c)所示和链串型树干式配电如图10-4d)所示系统两种。直接连接树干式配电是从配电母线引出一路配电干线,每个用电负荷从该干线上直接接出分支线供电的方式。其优点是配电线路出线回路减少，敷设简单，配电设备的数量较少，从而可减少有色金属消耗量，节省投资；缺点是线路故障影响的停电范围大，供电可靠性差，一般只适用于三级负荷。

链串型树干式系统特点是干线引入某一用电设备母线上，然后再引出走向另一个用电设备母线，在干线进出的两侧均安装开关设备。该方式可以减少某一段线路故障而引起的停电范围，供电可靠性有所提高，适用于用电设备的布置比较均匀，容量不大，又无特殊要求的场合。

(3)混合式系统：混合式系统为放射式和树干式相结合的最常用的配电方式，如图10-4e)所示。建筑电气的高压配电系统大多采用放射式接线方式，低压配电系统（特别是大型高层建筑）大多采用放射式和树干式相结合的混合式配电方式。

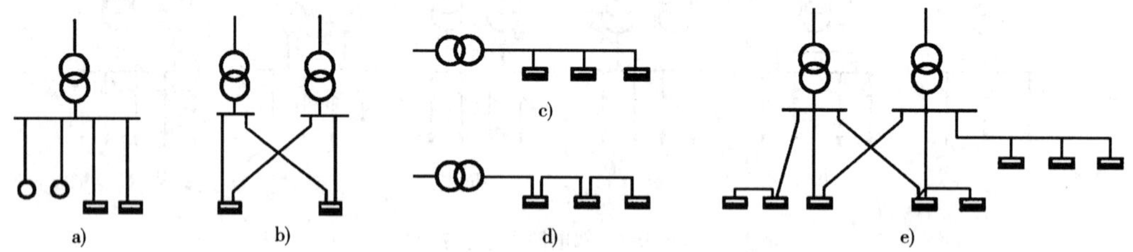

图10-4　配电系统接线方式

第三节　导线和常用低压设备

导线、电缆的选择，是供配电设计的重要内容之一，选择的合理与否直接影响到有色金属消耗量、线路投资，以及电力网的经济安全运行。本节主要讨论导线、电缆的类型和截面选择以及工程上常见的低压设备。

一、导线

1. 导线选择的一般原则和要求

在配电线路中，使用的导线主要有电线和电缆。在选择电线和电缆时，应遵循以下一般原则和要求：

(1)按使用环境及敷设方式选择：在选择电线和电缆时，应根据具体的环境特征及线路的敷设方式确定选用何种型号的导线和电缆。

(2)按发热条件选择：按允许的发热条件，每一种导线截面都对应一个允许的载流量。因此在选择导线截面时，必须使其允许载流量大于或等于线路的计算电流量。

(3)按电压损失选择：为了保证用电设备的正常运行，必须使设备接线端子处的电压在允许值范围内，但由于线路上有电压损失，因此在选择电线或电缆时，要按电压损失来选择电线或电缆的截面。在具体选择电线或电缆截面时，按发热条件和按电压损失选择后常常应相互校验。

(4)按机械强度选择：导线本身的重量以及风、雨、冰、雪使导线承受一定应力；如果导线过细，就容易折断，引起停电等事故。因此，还要根据机械强度来选择，以满足不同用途时导线的最小截面要求。导线的最小截面要求见表10-2。

导线的最小截面要求 表 10-2

用　途	建筑类型	线芯的最小截面(mm^2)		
		铜芯软线	铜线	铝线
照明用灯头引下线	民用建筑	0.4	0.5	1.5
	工业建筑、屋内	0.5	0.8	2.5
	屋外	1.0	1.0	2.5
移动式用电设备	生活用	0.2		
	生产用	1.0		
架设在绝缘支持件上的绝缘导线,其支持点间距离	1m 以下,屋内		1.0	1.5
	屋外		1.5	2.5
	2m 及以下,屋内		1.0	2.5
	屋外		1.5	2.5
	6m 及以下		2.5	4.0
	12m 及以下		2.5	6.0
	12 ~ 25m		4.0	10
	穿管敷设的绝缘导线	1.0	1.0	2.5

2. 导线和电缆型号的选择

1)导体材料选择

导线、电缆的导体材料有铝和铜两种。铜导线和铝导线比较,其电导率、机械强度、电阻温度系数、熔点、使用寿命等方面都优于铝导线。采用铜导线初投资要比铝导线稍大,但从长远利益看是合算的,因为铜导线使用寿命长,事故率低,而铝导线使用寿命短。

2)绝缘材料的选择

常用绝缘导线按其绝缘材料分为橡皮绝缘和聚氯乙烯绝缘;按线芯材料有铜线和铝线之分;按线芯性能又有硬线和软线之分。下面介绍几种常见的绝缘材料导线。

(1)塑料绝缘线(BLV-铝芯绝缘线、BV-铜芯绝缘线)

该线绝缘性能良好,制造工艺简单,价格低,可取代橡皮绝缘线,是建筑内配电线路最常用的一种导线;但它对气候适应性能较差,低温时变硬脆,高温和日光下绝缘老化加快,因此,塑料绝缘线不宜在室外敷设。

(2)橡皮绝缘线(BLX-铝芯橡皮绝缘线、BX-铜芯橡皮绝缘线)

该导线是以天然胶和丁苯胶及填充剂混合在压胶机上炼制而成的橡胶作为绝缘层,再用棉纱或玻璃丝作外护层,现已逐步被塑料绝缘线取代,一般不宜采用。

(3)氯丁橡皮绝缘线(BXF-铜芯氯丁橡皮绝缘线,BLXL-铝芯氯丁橡皮绝缘线)

这种导线绝缘性能好、耐油、耐老化、不延燃、老化过程缓慢,老化时间约为普通橡皮绝缘线的 2 倍。因此,它适宜在室外敷设。

(4)油浸纸绝缘电缆(ZQ,ZLQ,ZL,ZLL;Z-油浸纸绝缘,Q-铅套,D-不滴流,L-铝芯)

该电缆耐热性能强,允许运行温度较高,介质损耗低,耐电压强度高,使用寿命长;但绝缘材料弯曲性能较差,不能在低温时敷设,否则容易损伤绝缘层。油浸纸绝缘电缆有铅、铝两种护套。铅护套质软,韧性好,不影响电缆弯曲性能,化学性能稳定,熔点低,便于加工制造,但价贵;铝护套质量轻、成本低,但加工困难。

(5)聚氯乙烯绝缘及护套电缆(VV-铜芯聚氯乙烯绝缘及护套电缆,VLV-铝芯聚氯乙烯绝缘及护套电缆)

该电缆制造工艺简单,质量轻,价格低,弯曲性能好,没有敷设高差的限制,适宜于高层建筑使用,可以在很大范围内代替油浸纸绝缘电缆。其缺点是绝缘电阻较油浸纸绝缘电缆低,介质损耗大,主要用于1kV以下的电缆。

(6)橡皮绝缘电缆(XV-铜芯橡皮绝缘电缆,XLV-铝芯橡皮绝缘电缆)

该电缆弯曲性能好,能够在严寒气候下敷设,不仅适用于固定敷设的线路,也可用于定期移动的固定敷设线路,橡皮绝缘橡皮护套软电缆还可用于连接移动式电气设备,但耐热性能差,允许运行温度较低。

(7)交联聚乙烯绝缘聚氯乙烯护套电缆(YJV-铜芯交联聚乙烯绝缘聚氯乙烯护套电缆,YJLV-铝芯交联聚乙烯绝缘聚氯乙烯护套电缆)

该电缆性能优良,结构简单,制造工艺也不复杂,质量轻,载流量大,敷设水平高差不受限制;但其价格较贵,且有延燃缺点,主要用于1kV以上的高压电缆。

(8)裸绞线(TJ-硬铜绞线,LJ-硬铝绞线)

裸铰线主要用于高压架空线路。

电缆型号的字母、数字含义详见表10-3。

电力电缆型号中个符号的含义 表10-3

项目	型号	含义	旧型号	项目	型号	含义	旧型号
类别	Z	油浸纸绝缘	Z	外护套	(21)	油浸纸绝缘	2,12
	V	聚氯乙烯绝缘	V		22	钢带铠装聚乙烯套	22,29
	YJ	交联聚氯乙烯	YJ		23	钢带铠装聚乙烯套	30,130
	X	橡皮绝缘	X		30	裸细钢丝铠装	3,13
导体	L	铝芯	L		(31)	细圆钢丝铠装纤维外被	23,29
	T	铜芯(一般不注)	T		32	细圆钢丝铠装聚氯乙烯套	50,150
内护套	Q	铅包	Q		33	细圆钢丝铠装聚乙烯套	5,15
	L	铝包	L		(40)	裸粗圆钢丝铠装	59,25
	V	聚氯乙烯护套	V		41	粗圆钢丝铠装纤维外被	
特征	P	滴干式			(42)	粗圆钢丝铠装聚乙烯套	
	D	不滴流式	D				
	F	分相铅包式	F		(43)	粗圆钢丝铠装聚乙烯套	
外护套	02	聚氯乙烯套	—				
	03	聚乙烯套	1,11		441	双粗圆钢丝铠装纤维外被	
	20	裸钢带铠装	20,120				
电力电缆全型号表示示例	ZLQ20－1000－3×120 表示铝心纸绝缘铅包裸钢带铠装电力电缆,额定电压1000(V),电缆线芯采用三芯,额定截面面积$120mm^2$						
备注	"外护层"型号外加括号者,系不推荐使用的产品						

3. 导线和电缆截面的选择

导线、电缆截面的选择应满足发烘条件、电压损失、机械强度等要求,以保证安全、可靠经济、合理地运行。

1)选择方法

一般可按如下步骤进行：

(1)对于距离 $L \leqslant 200m$ 的线路。一般先按发热条件的计算方法选择导线截面,然后用电压损失条件和机械强度条件进行校验。对于低压电力线路,因负荷电流较大,均可按此方法选择。

(2)对于距离 $L > 200m$ 的较长的供电线路,一般先按允许电压损失的计算方法选择截面,然后用发热条件和机械强度条件进行校验。对于低压照明线路,因电压水平要求较高,可按此方法选择。

(3)对于高压线路,一般先按经济电流密度选择导线截面,然后用发热条件和电压损失条件进行校验。

2)按发热条件选择导线截面

由于负荷电流通过导线时会发热,使导线温度升高,而过高的温度将加速绝缘老化,甚至损坏绝缘,引起火灾,裸导线温度过高时将使导线接头处加速氧化,接触电阻增大,引起接头处过热,造成断路事故。因此规定了不同材料和绝缘导线的允许载流量。在这个允许值范围内运行,导线温度不会超过允许值,按发热条件选择导线截面,就是要求计算电流不超过长期允许的电流,即：

$$I_y \geqslant I_{js} \tag{10-1}$$

式中:I_{js}——线路计算电流,A;

I_y——导线、电缆允许载流量,A。

由于允许载流量与环境温度有关,所以选择导线截面时要注意导线安装地点的环境和温度。一般电线电缆规格的选用参见下表10-4。

电线电缆规格选用参考表 表10-4

导体截面(mm^3)	铜芯聚氯乙烯绝缘电缆 环境温度25℃架空敷设 227 IEC 01(BV)		铜芯聚氯乙烯绝缘电力电缆 环境温度25℃直埋敷设 VV22-0.6/1 (3+1)		钢芯铝绞线环境温度 30℃架空敷设 LGJ	
	允许载流量(A)	容量(kW)	允许载流量(A)	容量(kW)	允许载流量(A)	容量(kW)
1.0	17	10				
1.5	21	12				
2.5	28	16				
4	37	21	38	21		
6	48	27	47	27		
10	65	36	65	36		
16	91	59	84	47	97	54
25	120	67	110	61	124	69
35	147	82	130	75	150	84
50	187	105	155	89	195	109
70	230	129	195	109	242	135
95	282	158	230	125	295	165
120	324	181	260	143	335	187
150	371	208	300	161	393	220
185	423	237	335	187	450	252
240			390	220	540	302
300			435	243	630	352

3）按允许电压损失选择导线截面

任何输电线路都存在着线路阻抗，当电流流过输电线时，必将在线路上产生电压损失。由于用电设备的端电压偏移有一定的允许范围，所以要求线路的电压损失也有一定的允许值。如果线路上电压损失超过了允许值，就将影响用电设备的正常运行。为了保证电压损失在允许值范围内，可以用增大导线或电缆的截面来解决。

电压损失是指线路的始端电压与终端电压有效值的代数差见式（10-2）：

$$\Delta U = U_1 - U_2 \tag{10-2}$$

式中：U_1——线路始端电压，V；

U_2——线路终端电压，V。

由于电压等级的不同，电压损失的绝对值 ΔU 并不能确切地反映电压损失的程度。因此常用相对值来表示电压损失的程度。工程上通常用与额定电压 U_e 百分比来表示电压损失的程度见式（10-3），即：

$$\Delta U\% = \frac{\Delta U}{U_e} \times 100\% \tag{10-3}$$

在知道了电压损失 $\Delta U\%$ 后，就可算出相应的导线截面见式（10-4）：

$$S = \frac{PL}{C\Delta U\%} = \frac{M}{C\Delta U\%} \tag{10-4}$$

式中：S——导线或电缆的截面；

P——负荷的功率（单相或三相）；

L——线路的长度（指单程距离）；

ΔU——允许电压损失；

M——负荷矩；

C——由线路的相数、额定电压及导线材料的电阻率决定的常数，称为电压损失计算常数，见表 10-5。

计算线路电压损失的计算常数值 *C*　　表 10-5

线路体制及电流种类	额定电压（V）	C 值	
		铜　线	铝　线
三相四线	380/220	77	46.3
三相三线	380/220	34	20.5
单相交流或直流	220	12.8	7.75
	110	3.2	1.9
	36	0.34	0.21
	24	0.153	0.092
	12	0.038	0.023

二、常用低压电气设备的选用

1. 低压开关的选择

（1）开关刀是最简单、最常用的一种手动控制电器。它主要由操作手柄、刀片、刀夹和绝缘底座等组成，内装有熔丝，如图 10-5a）所示。如图 10-5b）所示为瓷底胶盖刀开关的图例符号，文字符号用 QS 表示。开关刀按刀刃个数可分为单极、两极和三极。两极的额定电压为

250V,三极的额定电压为500V,常用瓷底胶盖刀开关的额定电流为10~60A,产品型号主要有HK1、HK2。

开关刀常用来做电源隔离开关,以便对电动机等电气设备进行检查或维修;还可以作为电源开关,非频繁地接通和分断容量不大的低压供电线路或非频繁地直接启动5.5kW以下的小容量电动机。安装时,要考虑操作与检修的安全与方便。电源进线应接在上端接线柱上,用电设备应接在熔丝下端的接线柱上。当开关刀断开时,刀片和熔丝上不带电,以保证换熔丝的安全。使用时必须注意开关刀的额定电流应等于或大于所通过的最大工作电流。

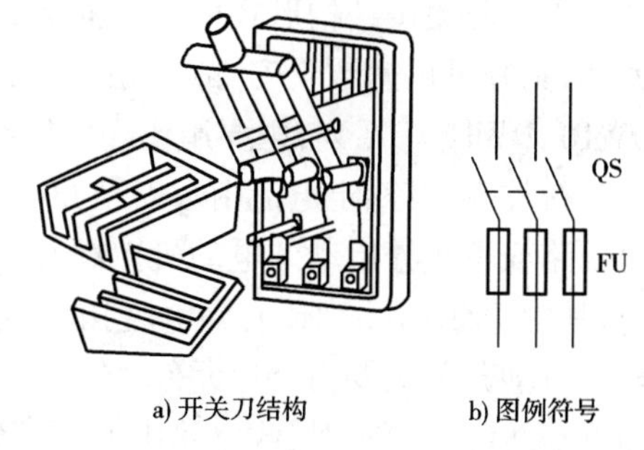

图10-5 开关刀结构图

对于低压开关刀,主要是根据负荷电流大小选择额定容量的范围。在正常情况下,闸开关刀可以接通和断开自身标定的额定电流。因此,对于普通负荷来说,可以根据负荷的额定电流选择相应的开关刀。当用开关刀控制电动机时,由于电动机的启动电流大,选择开关刀的额定电流要比电动机的额定电流大一些,一般是电动机额定电流的2倍左右。在选择开关刀时,还应根据工作地点的环境选择合适的操作机构。对于组合式的开关刀,应配有满足正常工作和保护需要的熔断器。

(2)转换开关又叫组合开关,由若干个动、静触头、绝缘垫板、绝缘方轴、手柄等组成如图10-6a)所示。触头的一端固定在胶木盒的绝缘板中,另一端伸向盒外并附有接线螺钉,以便与电源或负载连接。动触头装在绝缘方轴上,操作手柄可使绝缘方轴按任一方向每次转动90°,从而使动触头与静触头接通或分断。转换开关实质上是一种刀开关,只不过是用动触头的左右旋转代替了刀开关的上下推拉。

转换开关的图例符号如图10-6b)所示,符号用Q表示。

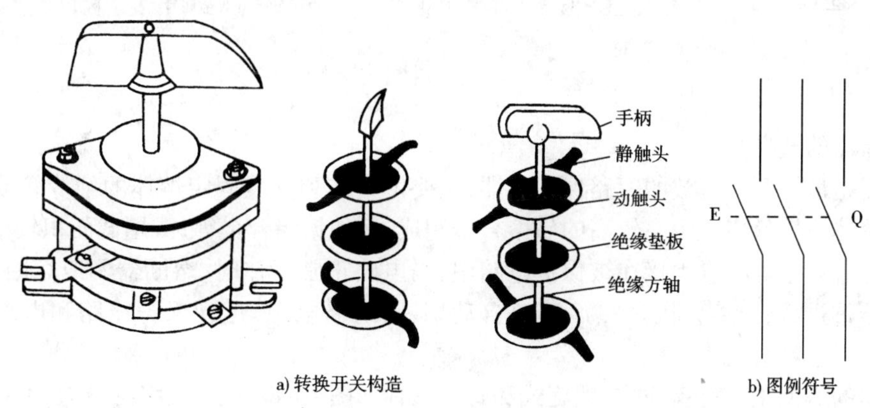

图10-6 HZ10—25/3型组合开关

产品型号有HZ5、HZ10等,额定电压为交流380V或直流220V,额定电流有10A、25A、60A、100A四级。按动、静触头组合的对数,转换开关有单极、双极、三极、四极四种。它结构紧凑,安装面积小、操作方便,常用来作为电源引入开关,也可用于小容量电动机的正、反转控制、Y/△启动、变极调速等。

(3)自动空气断路器又称自动开关,它具有短路、过载、失压、欠压等多种保护功能,是低压配电系统中应用最多的保护电器之一如图10-7a)、图10-7b)所示。它还可作为电源开关用来不频繁地启动电动机或接通、断开电路。自动开关的图形符号如图 10-7d)所示,文字符号为 QF。

自动开关按结构形式可分为框架式和塑料外壳式两大类。框架式(又叫万能式)自动开关,因其容量可达数千安,故为敞开式结构;操作方式有手动和自动两种,产品型号有 DW7、DW10、DW15 等系列,主要用作配电网络的保护开关。塑壳式(又叫装置式)具有安全保护用的塑料外壳,其额定电流由数安至 600A。一般均为手动操作、自动切断,常用作配电网络、照明线路或不频繁启动的电动机控制开关,产品型号有 DZ5、DZ10、DZ12、DZ15、DZ47、C45N 等系列,其中 DZ15L 系列还有漏电脱扣,可用作漏电与触电保护。自动开关有单极和三极两种。

自动开关主要由感应元件、传递元件和执行元件三部分组成。感应元件包括过流、欠压脱扣器与线圈等,负责接收电路中的不正常情况或操作人员、继电保护系统发出的信号,再通过传递元件使执行元件动作。传递元件包括操作机构、主轴等,负责力的传递与变换。执行元件包括自动开关的触头与灭弧系统,负责电路的接通和分断,如图 10-7c)所示。过电流通过时衔铁 1 吸合;电压过低或消失时衔铁 2 释放;当电流小于过电流整定值而大于开关整定的过载保护电流时,时间稍长,加热电阻丝 7 和双金属片 3,使线膨胀系数不同的双金属片弯曲。上述三种情况都能通过杠杆 4 使搭钩 5 脱开,由主触头 6 切断电源。但并非所有自动开关都具有上述三种脱扣方式。

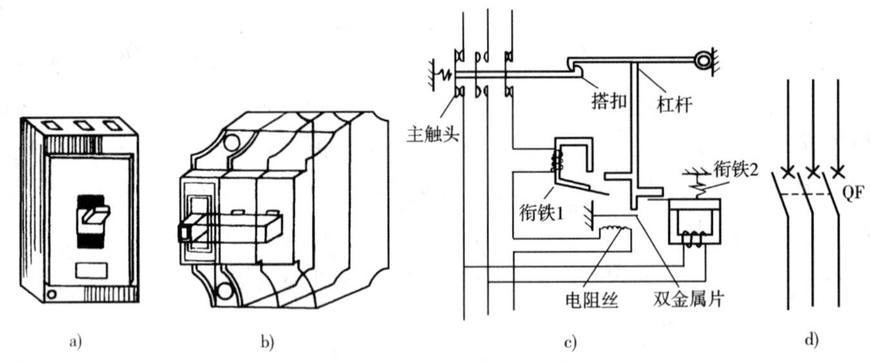

图 10-7　自动开关

2. 熔断器的选择

熔断器是最简便而有效的短路保护电器,主要由熔体和安装固定熔体的绝缘管或绝缘座所组成。熔体或熔丝用电阻率较高的易熔合金制成,例如铅锡合金等;或用截面积较小的良导体制成,例如铜、银等。它串接在被保护电路中,当电路正常工作时,熔断器不应熔断,一旦发生短路或严重过载时,熔体因过热而迅速自动熔断,切断电源,达到保护线路和电气设备的目的。

熔断器的类型主要有瓷插式、螺旋式和管式三种如图 10-8 所示,文字符号为 FU。瓷插式熔断器由瓷盖、瓷座、触头和熔丝组成,产品型号有 RC、RL、RM 型等。根据额定电流的大小选用不同的熔体材料,小电流采用软铅丝,大电流采用铜丝。瓷插式熔断器价格低廉,使用方便,但分断能力较低,一般用于短路电流较小的场所。

螺旋式熔断器由瓷帽、熔管、瓷套和瓷座组成。熔管是一个内装熔体并充满石英砂的瓷管,熔体两端焊在熔管两端的导电金属端盖上,其端盖中央有一个熔断指示器。将熔管放入底座中,旋紧瓷帽,电路被接通。瓷帽顶部有玻璃圆孔,熔体熔断时熔断指示器弹出,可从该孔看到。由于熔体熔断时电弧在硅砂中受到冷却而熄灭,所以其分断能力比瓷插式高。但熔体熔断后必须更换熔管，不经济。其产品型号有 RL 系列，一般用于配电线路中作短路和过载保护。

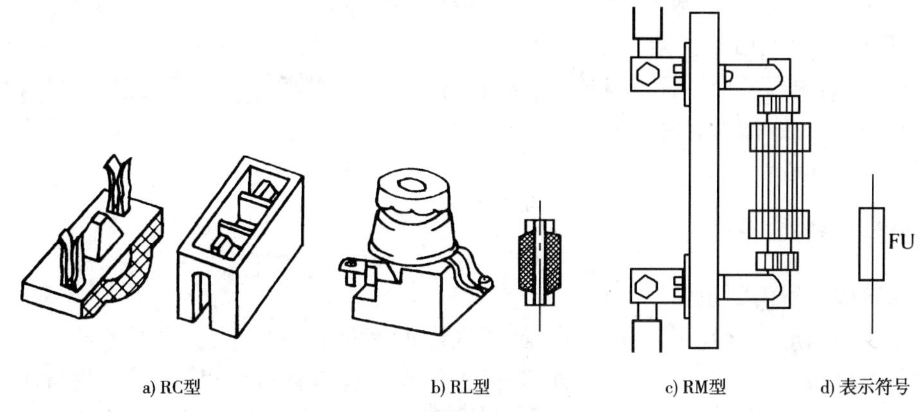

图 10-8　熔断器

管式熔断器分为熔密式和熔填式两种，都由熔管、熔体和插座组成，均为封闭管型，灭弧性能好，分断能力高。熔密式的熔管由绝缘纤维制成，无填料，熔体熔断时管内形成高气压熄灭电弧，更换熔体方便。其产品型号有 RM 系列，广泛用于电力线路或配电设备中，作电缆、电线及电器设备的短路保护与过载保护。熔填式的熔管由高频电瓷制成，管内充满硅砂填料，硅砂用来灭弧。其产品型号有 RT 系列。由于熔体熔断后必须更换熔管，很不经济，因此，只用于短路电流很大、靠近电源的配电装置中。

3. 配电线路中断路器的选择

断路器的作用：正常情况下接通和断开高压电路中的空载及负荷电流，在系统发生故障时能与保护装置和自动装置相配合，迅速切断故障电流，防止事故扩大，从而保证系统安全运行。其实断路器就是一种开关，它和其他普通开关的不同点主要在：

(1) 适用电压等级高；

(2) 有真空，少油，多油及六氟化硫等灭弧介质及方式；

(3) 灭弧能力强，效果好。

选用断路器作为保护或控制时，应注意以下选择条件：

(1) 断路器的额定电压大于、等于线路的额定电压。

(2) 断路器的额定电流大于、等于线路的计算负荷电流；断路器脱扣器的整定电流大于、等于线路的计算负荷电流。

(3) 断路器的极限通断能力大于、等于线路中最大短路电流。

(4) 断路器欠电压脱扣器的额定电压应等于线路的额定电压。

此外还应注意，作为配电用的断路器，一般不应用作电动机的保护。这是因为两种断路器的保护动作时间是不一样的。

对于电动机，宜选用电动机保护用断路器。关于断路器的详细选择要求和技术资料，可查阅有关手册。这里不再赘述。

第四节　供配电线路的敷设

建筑电气电力线路除高压供电线路可能为高压架空线路外，在建筑物内的配电线路若按构造区分,一般分为绝缘导线和电缆两大类。两者分别有不同的敷设方式和要求,应根据建筑物的性质、要求、用电设备的分布及环境特征等因素来确定线路的敷设方式。

敷设方式分明敷和暗敷两种。明敷,就是导线直接(或者在管子、线槽等保护体内)敷设在墙壁、顶棚的表面及桁架支架等处;暗敷,即导线在管子、线槽等保护体内,敷设于墙壁、顶棚、地坪及楼板的内部。金属管、塑料管及金属线槽、塑料线槽等内的布线,应采用绝缘导线和电缆,在同一根管或线槽内有两个回路时,所有绝缘导线和电缆都应具有与最高标准电压回路绝缘相同的绝缘等级。

一、绝缘导线的敷设

1. 绝缘导线在屋内明敷配线方法

绝缘导线的明配线就是用瓷夹、瓷珠、针式绝缘子等固定导线,能直接看见导线的敷设方法。对于用槽板、瓷夹固定导线的配线方法,由于导线距建筑物表面很近,因此只适用于屋内正常、干燥的环境中或有遮檐的屋外敷设。铝皮卡敷设方法,只适用于护套线在屋内干燥环境中敷设。瓷珠、绝缘子敷设方法,通常用于除爆炸环境外的屋内外敷设。

为保证安全,绝缘导线在屋内明敷时,水平高度应不小于 2.5m,垂直线路不低于 1.8m。但对于用铝皮卡敷设的护套线和槽板敷设的导线不受此限制。

这种明敷配线方式造价低、施工简便、易于维修,但不够美观,导线绝缘易受有害气体的腐蚀,容易受到机械损伤而发生事故。在要求较低的小型民用建筑中,一般采用明敷设。

2. 绝缘导线穿管敷设

对于绝缘导线穿管敷设时,若管子的接头处理得好,导线不会受管外环境的影响。因此,它适宜于在任何环境中敷设。常用管子有钢管和塑料管,钢管有厚壁管(3mm 厚)和电线管两种。厚壁管适宜于在潮湿和埋地环境中敷设,明敷或暗敷在干燥环境中可采用薄壁(1.5mm 厚)的电线管。塑料管可以代替钢管,特别适宜于对钢管有腐蚀作用的环境中。穿管敷设造价高,施工程序较繁,但暗管敷设不影响建筑物的美观,一般用在标准较高的工程中。近年来,也采用难燃型材质的聚氯乙烯可挠管或半硬的电线管暗敷在建筑的空心楼板和砖墙内,这种方式施工简便,也能保证美观的要求。

二、电缆的敷设

1. 直埋敷设

这种敷设施工简单、投资少,散热条件好,应优先考虑采用。埋深不应小于 0.7m,上下各铺 100mm 厚的软土或砂层,上盖保护板,应敷于冻土层之下,不得在其他管道上面或下面平行敷设。无铠装电缆引出面时,高度 1.8m 以下部分应穿钢管保护,以免机械损伤(电气专用房间除外),电缆应与其他管道设施保持规定的距离,在含有腐蚀性物质的土壤中或有地面电流的地方,电缆不宜直接埋地,如必须埋地时,宜选用塑料保护套或者防腐电缆。电缆直埋见图 10-9。

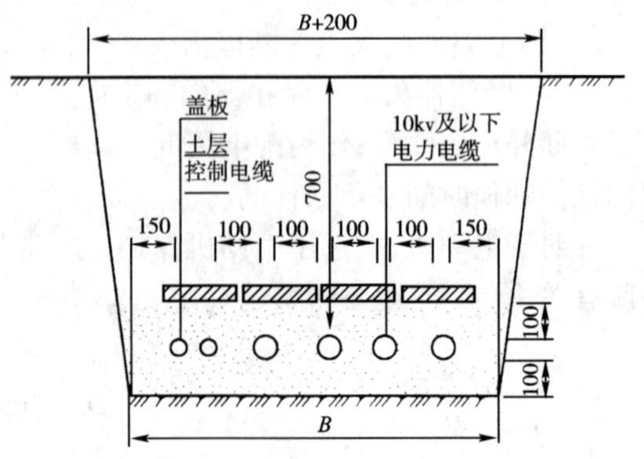

图 10-9 电缆直接埋地(尺寸单位:mm)

2. 电缆沟敷设

室内电缆沟的盖板应与室内地面平齐，在易积水处宜用砂浆或沥青将盖板缝隙抹死；经常开启的电缆沟盖板宜采用钢盖板，室外电缆沟的盖板宜高出地面100mm，以减少地面水流入沟内；当有碍交通和排水时，采用有覆盖层的电缆沟，盖板低于地面300mm，沟内应考虑分段排水，每50mm设一水井，沟底向集水井应有不小于5%的坡度；电缆沟进户处应设置防火隔墙。电缆沟敷设见图10-10。

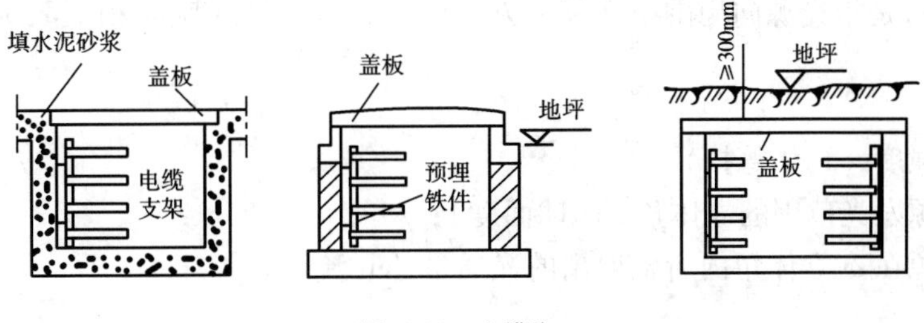

图10-10　电缆沟

3. 电缆穿管敷设

管内径不能小于电缆外径的1.5倍，管的弯曲半径为管外径的10倍，且不应小于所穿电缆最小弯曲半径。电缆通管时，直线段长度不宜超过50mm，即每隔50m应设电缆入孔或入井。电缆穿管的最小内径见表10-6。

电缆穿管选择　　表10-6

钢管直径（mm）	三芯电缆线芯截面（mm^2）			1kV以下四芯电缆线芯截面（mm^2）
	1kV	6kV	10kV	
50	≤70	≤25	-	≤50
70	95~150	35~70	≤50	70~120
80	180	95~120	70~120	150~185
100	240	185~240	150~240	250

4. 电缆桥架或爬架敷设

在建筑物内部，电缆往往采用电缆桥架或爬架在建筑井道内敷设。

线路敷设除上述共同部分之外，对有些电气系统的布线尚可能有其他特殊形式，如绝缘母线槽等。

第五节　建筑电气照明

将电能转变为光能，以保证人们在建筑物内外正常从事生产和生活活动，以及满足其他特殊需要的照明设施，称为建筑电气照明系统。电气照明系统设计包括设计说明、光源选择、照度计算、灯具布置、安装方式、眩光控制、调光控制、线路截面、敷设方法和设备材料表等。照明设计和建筑装修有着非常密切的关系，应与建筑施工密切配合，以期达到使用功能和建筑效果的统一。

一、电气照明的基本知识

1. 基本物理量

(1)光通量

光通量(F)，是指光源在单位时间内，向周围空间辐射出的使人眼产生光感的辐射能。其单位是 lm(流明),用 Φ 表示。

光源消耗 1W 电功率所发出的光通量 Φ,称为电光源的发光效率,单位是流明/瓦(lm/W)。通常,白炽灯的发光效率为 10 ~ 20lm/W;荧光灯为 50 ~ 60lm/W;高压水银灯为 40 ~ 60lm/W;高压钠灯为 80 ~ 140lm/W;发光效率是研究光源和选择光源的重要指标之一。

(2)光强度

光强度(I),是指光源向周围空间某一方向单位立体角内辐射的光通量,如图 10-11 所示。

$$I = \frac{F}{\omega} \tag{10-5}$$

式中:I——光强度,cd(坎德拉);

ω——光源发光范围的立体角,sr(球面度);

F——光源在 ω 立体角内所辐射出的光通量,lm(流明)。

(3)照度

受照物体单位面积上接受的光通量,称为“照度”(E)。

$$E = \frac{F}{S} \tag{10-6}$$

式中:E——照度,lx(勒克司);

S——受照面积,m^2;

F——投射到物体表面的光通量,lm(流明)。

(4)亮度

发光体在视线方向单位投影面上的发光强度,称为“亮度”(L),如图 10-12 所示。

$$L = \frac{I_a}{S_a} = \frac{I_{\cos\alpha}}{S_{\cos\alpha}} = \frac{I}{S} \tag{10-7}$$

式中:L——亮度,cd/m^2(尼特);

I——光强度,cd(坎德拉);

S——面积,m^2。

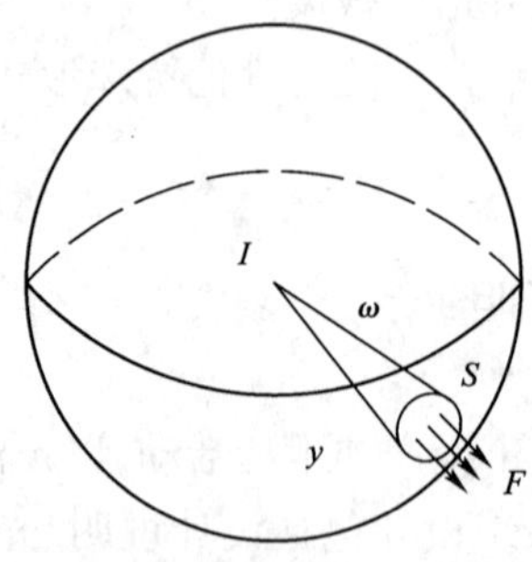

图 10-11　发光强度的定义

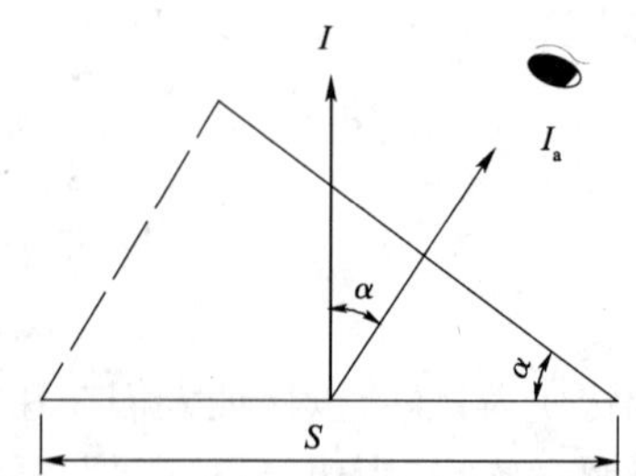

图 10-12　亮度的定义

(5)光源的显色性

同一颜色的物体在具有不同光谱的光源照射下,呈现不同的颜色。光源对被照物体的显色性能,称为“显色性”。显色性用显色指数 R_α 表示,日光的显色指数定为 100。

2. 照明质量的基本要求

随着我国社会、经济的发展,人民生活水平的提高,对现代照明的功能和内涵的要求将越来越高。一般而言,建筑照明应满足安全、适用、经济、美观的要求,创造满意的视觉空间。

从照明设计的角度,对照明的要求,首先是满足照度的要求,二是选择合理的照明方式,三是选择合理的光源与灯具,包括考虑光源的美观和装饰要求。满足照度的要求,是照明设计最基本的要求。要根据视觉要求,需要照明的环境条件和作业性质,参照有关规范和用户的具体要求,选取合适的照度、显色指数、色温范围,使照明空间视觉清晰,亮度均匀,营造与照明环境相宜的视觉效果,使人在视觉空间内工作或生活感到舒适和轻松。

选择合理的照明方式,是指考虑建筑对照明的特殊要求,处理好照明及自然采光的关系,正确选用灯光控制方案,减少电能的损耗,达到经济和节能的目的。选择合理的光源和灯具,是指选择满足照度要求的光源,同时尽量选用高光效的光源和灯具。在此基础上,考虑光源的造型与建筑空间、室内结构与布局相协调,以达到美观、实用又节能的目的。

3. 照明的方式和分类

房屋的照明分为正常照明和事故照明两个大类。

正常照明是满足一般生产、生活需要的照明。正常照明有三种照明方式。

1)一般照明

一般照明又称为总体照明,可以使整个房屋内部都具有一定的照度。如教室、阅览室等都宜采用一般照明。

2)局部照明

局部照明是为了满足局部区域高照度的需要,单独为该区域设置照明灯具的一种照明方式。局部照明又有固定式和移动式。固定式局部照明的灯具是固定安装的;移动式局部照明灯具可以移动。为了人身安全,移动式局部照明灯具的工作电压不得超过36V。如检修设备时供临时照明用的手提灯。

3)混合照明

由一般照明和局部照明组成的照明方式,称为混合照明。在整个工作场所采用的一般照明,对于局部工作区域采用局部照明,以满足各种工作面的照度要求。这种照明方式,在工业厂房中应用较多。

4)事故照明

在突然停电的情况下,供继续工作和使人员安全通行的照明,称为事故照明。如医院的手术室、急救室、大型影剧院等都需要设置事故照明。

二、电光源与灯具

1. 电光源

电光源按发光原理可以分为热辐射光源和气体放电光源两大类,如图10-13所示。

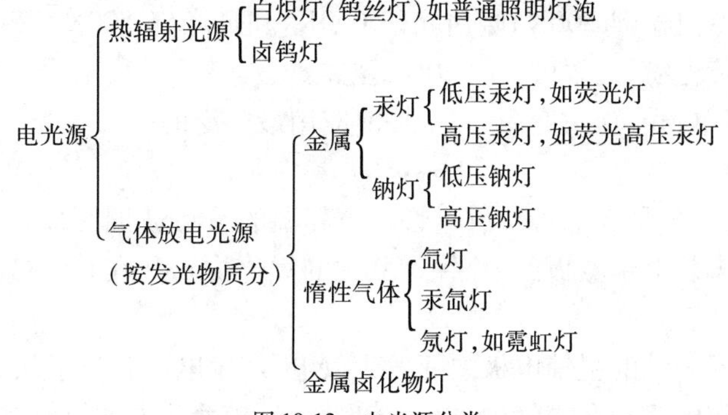

图10-13 电光源分类

气体放电光源一般比热辐射光源光效高、寿命长,能制成各种不同光色,在电气照明中应用日益广泛。热辐射光源结构简单,使用方便,显色性好,故在一般场所仍普遍采用。下面介绍几种最常用的电光源的结构、工作原理及特性。

1)白炽灯

白炽灯是靠钨丝白炽体的高温热辐射发光,它结构简单,使用方便,显色性好。但因热辐射中只有2% ~3% 为可见光,故发光效率低,一般为7 ~19lm/W,平均寿命约为1 000h 且经不起振动。白炽灯主要有玻璃泡体、灯丝和灯头组成,见图10-14,白炽灯泡内都抽成真空,并充以氮气或氮氩混合气体,以减缓灯丝氧化和金属分子扩散,提高灯丝的使用温度和发光效率,增加使用寿命。由于钨丝的冷态电阻比热态电阻小很多,故其瞬时启动电流很大;由于灯丝所消耗的电能大部分转化为热能,点燃时玻璃泡体温度可能达到1 200 ~2 000℃左右;电压变化对白炽灯寿命和光通量都有严重影响,这些在白炽灯使用中也应予注意。

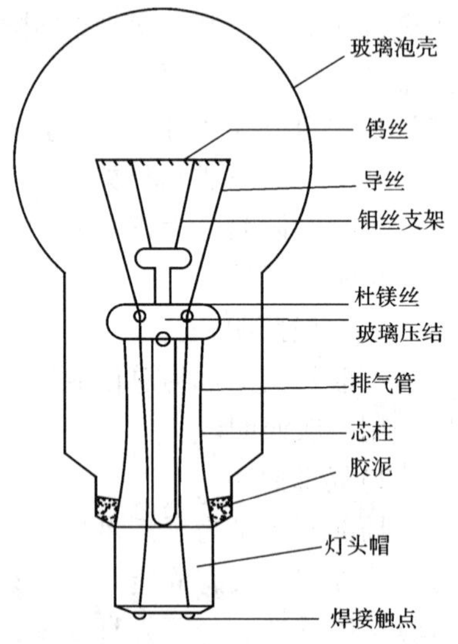

图 10-14　白炽灯的构造

2)卤钨灯

卤钨灯也是一种热辐射光源,被抽成真空的玻璃壳内除充以惰性气体外,还充入少量的卤族元素如氟、氯、溴、碘。在卤钨灯点燃时,从灯丝蒸发出来的钨在泡壁区与卤元素反应形成挥发性的卤钨化合物。当卤钨化合物扩散到高温的灯丝周围区域时,又分解成卤素和钨,释放出来的钨沉淀在灯丝上,而卤元素再扩散到温度较低的泡壁区与钨化合,这样卤钨循环大大提高了灯丝寿命。为了使管壁处生成的卤化物处于气态,其管壁温度很高,必须使用耐高温的石英玻璃和小尺寸泡壳,由于泡壳尺寸小、强度高,其工作气压比普通白炽灯高很多,这样使卤钨灯中钨的蒸发受到更有力的抑制。由于上述两个原因,所以卤钨灯工作温度和光效大为提高,寿命也增长。

3)荧光灯

荧光灯(俗称日光灯)是一种低气压的汞蒸气弧光放电灯。在最佳辐射条件下,能将2%的输入功率转换为可见光,60%以上转换为254nm 的紫外线辐射,紫外线再激发灯管内壁荧光粉而发光。荧光灯由灯头、电极和内壁涂有荧光粉的灯管组成,灯内抽真空后封入汞粒,并充入少量氩、氮、氖等惰性气体。惰性气体能阻止电极钨丝蒸发并帮助灯管启动。灯管端部设有两组电极,电极由钨丝绕成螺旋状,上涂耐热氧化物,具有很好的热电子发射性能。利用管壁荧光粉的成分组成可得到不同光色、色温和显色指数的荧光灯。常用的是价格较低的卤磷酸钨荧光粉,可制成冷白光(4 500K)暖白光(3 000K)和日光(6 500K)。一般显色 R_α 为65 ~70,另一种为三基色荧光粉,光效可提高20% ,$R_\alpha>80$。

荧光灯加工较简单,光色好,寿命长,是目前应用最广泛的一种电光源。

4)高压汞灯

高压汞灯的核心部分是放电管。放电管由耐高温的石英玻璃制成,管内抽成真空后充入氩气和汞,在其两端再装上主电板(上涂钡、锶、钙的氧化物),又在其一端装上辅助电极(它与主电极距离很近)。

接通电源时,在同一端的主辅电极之间发生放电,产生电子和离子从而引起两个主电极之间的放电,但开始的放电只是在氩气中进行,产生白光,随着放电的持续进行,放电管的温度会不断地升高,汞蒸气的压力逐渐上升,放电会转移到汞蒸气中进行:光色由白转为更明亮的蓝绿。

高压汞灯的光效高，寿命长，但启动时间长，显色性较差。

随着科学技术的不断发展，新型电光源不断出现。如高压钠灯，氙灯等，他们的发光原理都很有特色，其结构和工作原理各异，本书不再一一介绍。

2. 灯具

灯具是将光源发出的光在空间重新分配的装置。它包括光源、控制光线方向的光学器件、固定和防护灯泡以及连接电源所必需的组件，供装饰、调整和安装用的部件等。灯具的主要作用有下列几点：

(1)保护光源免受损伤，并为其供电；

(2)控制光的照射方向，将光通重新分配，达到合理的应用，或得到舒适的光环境；

(3)装饰美化建筑环境；

(4)防止眩光。

下面介绍几种常见的灯具分类。

1)按灯具的配光曲线分类

(1)直射型灯具。灯具由不透光材料制成，以搪瓷、铝、镀银镜面等作为反光面，光线集中射向灯具下方，上部几乎没有光线，顶棚很暗。其特点是光线集中、方向性强、效率高，但产生较重的阴影。

(2)半直射型灯具。这种灯具采用半透明材料(如玻璃、塑料)制成下面开口的灯罩，既有较多的直射光照到工作面，又有部分光线漫射到灯具上部空间，改善了房间的亮度比。

(3)全扩散型灯具。光源光线可射向空间各个方向，它采用漫射透光材料制成封闭灯罩，造型美观，光线柔和，但光效较低。如乳白玻璃球形灯具。

(4)半间接型灯具。这种灯具上部采用透明材料，下部采用漫射透光材料制成，反射光效果明显，整个被照空间光线均匀、柔和。

(5)间接型灯具。光线全部由灯具上部射出，经顶棚、墙面反射到室内，光线柔和，但光损较大。

2)按灯具结构分类

按灯具结构可分为开启型、保护型、防水型、防爆型灯具。

3)按灯具功能分类

按灯具功能可分为功能性灯具及装饰性灯具两类。

(1)功能性灯具，属于高效、低眩光，以照明为主的灯具。

(2)装饰性灯具，灯具本身有很强的装饰性，是照明、装饰兼有的功能性的灯具，如各种吊饰灯，艺术壁灯等。

4)按灯具安装方式分类

按灯具安装方式又可分为吸顶灯、吊灯、嵌入灯、壁灯等。

三、照度计算

照明计算的目的是在满足照度标准的条件下，合理选择灯具的形式，确定灯具位置和安装方式。照明计算的方法有逐点法、利用系数法、单位容量法等多种计算方法。对于一般的室内照明，用“单位容量指标法”计算比较简单。对于一个小房间安装灯泡的容量见表10-7，或查表10-8得每平方米的照明容量，再乘以房间面积即得灯泡总容量。

一个房间安装灯泡的容量 表 10-7

照度(lx) 面积(m^2)	白炽灯				荧光灯		备注
	5	10	20	30	70	100	
2	15	15	25	40			白炽灯用碗形罩搪瓷平盘或裸灯泡;荧光灯为裸灯泡
4	15	15	25	40			
6	25	25	40	60	30	40	
8	25	40	60	100	2×30	2×40	
3×4	40	60	100	2×60	2×30	2×40	
3×6	40	60	2×40	2×75	2(2×30)	2(2×40)	
4×6	60	2×40	2×60	2×75	2(2×30)	2(2×40)	
6×6	60	2×60	4×60	4×60	4(2×30)	4(2×40)	
6×8	2×40	2×60	4×60	4×75	4(2×30)	4(2×40)	

一般照明单位容量指标(房高 3~4m)(W/m^2) 表 10-8

被照面积 A (m^2)	照度 E (lx)						
	5	10	20	30	40	50	75
10~15	4.5	7.5	12.7	17	20	26	36
15~20	3.7	6.4	11.0	14	17.6	22	31
20~30	3.1	5.5	9.3	13	15.2	19	27
30~50	2.5	4.5	7.5	10.5	12.4	15	22
50~120	2.1	3.8	6.3	8.5	10.3	13	18
120~300	1.8	3.3	5.5	7.5	9.3	12	16
300 以上	1.7	2.9	5.0	7.0	8.6	11	15

思考题及实践练习

1. 简述建筑电气系统的组成和分类。
2. 电力系统的划分分为几级,各级的适用什么条件?
3. 电能是如何进行生产的,生产的电能又是如何进行运输和调配的?
4. 简述供电系统的方案的选择。
5. 供配电系统的接线方式分哪几种,各适用什么条件?
6. 导线选择的一般原则和要求是什么?
7. 如何进行导线电缆的选择?进行选择时要注意哪些问题?
8. 常用低压电气设备的选用应该注意什么问题?
9. 供配电系统的敷设分哪几种,如何进行敷设?
10. 建筑照明常见的一些基本物理量是什么?如何定义?
11. 建筑照明的分类和方式如何?
12. 分析几种常见电光源的结构、工作原理及特性。
13. 灯具的选择和分类如何?
14. 如何进行简单的照度的计算?
15. 结合工程实际,谈谈你在生活中常见的一些照明电气,并指出相关的特点。

第十一章　安全用电与建筑防雷

本章重点

明确安全电压的概念；熟悉电气接地的种类及目的，掌握保护接地、保护接零的方法；熟悉等电位连接的概念及实现方法；明确建筑防雷目的，熟悉建筑防雷的措施。

第一节　安全用电

建筑的安全用电与建筑的防雷直接关系到人民的生命和财产安全，因此有必要学习一些基本的安全用电和防雷的知识。

一、安全电压等级

当工频(50Hz)电流流过人体时，安全电流为10mA，即0.01A。人体的电阻，主要集中在厚度0.05~0.2mm的角质层，但该层易于损坏和脱落。去掉角质后的皮肤电阻为800~1 200Ω，则可求出安全电压 $U=I\times R_{人}=0.01\times 1\ 200=12\text{V}$。因此，我国确定安全电压为12V。当空气干燥、工作条件好时，可使用24V、36V电压。12V、24V和36V为我国规定的安全电压三个等级。

二、安全电压的影响因素

1.因人而异

手有老茧、身心健康、情绪乐观的人电阻大，较安全；皮肤细嫩、情绪悲观、疲劳过度的人电阻小，较危险。

2.与触电时间长短有关

触电时间长，情绪紧张，发热出汗，人体电阻减小，危险大；若可迅速脱离电源，则危险小。

3.与皮肤接触的面积和压力大小有关

接触的面积和压力越大，越危险；反之则较安全。

4.与工作环境有关

在低矮潮湿、仰卧操作、不易脱离现场的情况下，触电危险大，安全电压取12V；其他条件较好的场所，可取24V或36V。

三、接地与安全用电

接地是保证电力系统、电气设备正常运行和人身安全的重要技术措施。下面主要介绍电气照明线路和设备接地。

1. 接地的基本概念

电气设备的某部分用金属与地作良好的连接，称为“接地”。根据作用的不同，接地可分为以下几种。

(1)工作接地

能够保证电气设备在正常和事故情况下可靠的工作而进行的接地，称为“工作接地”。如变压器和发电机的中性点直接接地，能起维持相线对地电压不变的作用；防雷系统的接地，可以对地泄放雷电流等。

(2)保护接地与保护接零

电气设备在正常情况下不带电的金属部分，如金属外壳、构架等，与大地作电气连接，这种接地称为“保护接地”。保护接地的目的是为了保护人身安全；未采用保护接地时，当电气设备的某处绝缘损坏，则金属外壳带电。如果人体一旦触及到外壳，就会触电。

电气设备的外壳与零线连接，称为“接零”或“保护接零”。

采取了保护接零措施后，当电气设备绝缘损坏时，相电压经过外壳到零线，形成通路，将产生很大的短路电流，此电流远远超过保护电器(如熔断器，自动开关)的动作电流值，保护电器动作，故障设备也就脱离电源，从而防止了人身触电的可能性。

不允许在同一系统中一部分用电设备接零，而另一部分接地。在同一系统中，应采用同一种保护方式，或全部采用接地，或全部采用接零。

如图 11-1 所示为一部分用电设备接零、一部分用电设备接地，当接地的设备发生碰壳引起接地短路，而保护电器又不动作时，零线与大地之间就出现电压。这一电压等于接地短路 I_d 电流乘以零点的接地电阻 R_0，在 220/380V 系统中通常为 $R_0 = R_d = 4\Omega$，$I_d = 220V/(4+4) = 27.5A$，因而零线的对地电压 $U_0 = I_d R_0 = 27.5 \times 4 = 110V$，于是其他接零的设备外壳对地都有这么高的电压，这是很危险的。

(3)重复接地

采用保护接零时，除系统的中性点工作接地外，将零线上的一点或多点与地再作金属连接，称为“重复接地”，如图 11-2 所示。

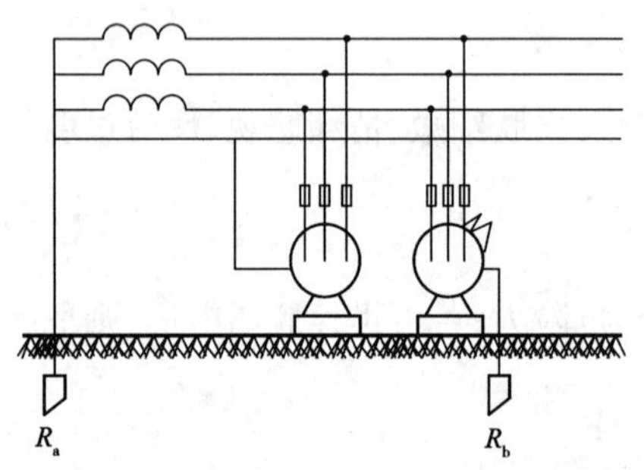

图 11-1 保护接地与保护接零公用的危险

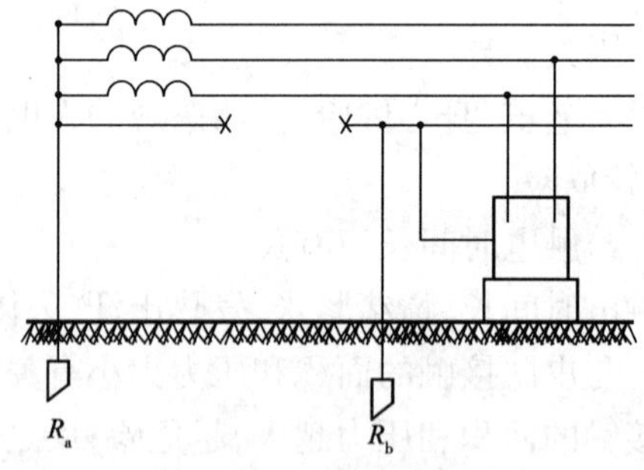

图 11-2 重复接地的作用

如果不采取重复接地，一旦出现零线折断的情况，接在折断处后面的用电设备相线碰壳时，保护电器就不会动作，该设备以及后面的所有接零设备外壳，都存在接近于相电压的对地电压，相当于设备既没有接地又没有接零。若在用户集中的地方采取重复接地，即使零线偶尔折断，带电的外壳电可以通过重复接地装置与系统中性点构成回路，产生接地短路电流，保护电器动作，如果用电设备较大，保护电器因整定电流大于接地短路电流而不动作，也可减轻事故的危害。

在对于现行规范来说，很多时候我们会用中性线代替零线，但两者还是有一定的区别。零线和中性线在三相四线中实际上是同一根线，但对于三相线中的其中一根相线来说也就是单相电路来说，它是提供这根相线的电流的“回路”线，如果在中性点不接地系统中它的对地电压是不为零的。中性线是指在“星形接法”的三相交流电路中，三根相线的连接时的一根“公共线”，在严格的绝对平衡的三相交流负载中，这根中性线是零电位，也就是电压为零。但是为了防止负载“不平衡”而使中性线带电，则要将中性线接地。而接地线则不是指电流回路中的线，它是一根保护线，零线接地，中性线接地，设备外壳保护接地等都是指这根线，它不参与设备的运行，正常时不提供电流回路。

2. 低压配电系统接线方式

保护接地的形式（IEC 标准）可以分为：IT 系统、TT 系统和 TN 系统。其中 IT 系统和 TT 系统的设备外露可导电部分经各自保护线直接接地（称为接地保护）。TN 系统的设备外露可导电部分经公共的保护线与电源中性点直接电气连接（称为接零保护）。

1）IT 系统（图 11-3）

IT 系统的电源中性点是对地绝缘的或经高阻抗接地，而用电设备的金属外壳直接接地。

IT 系统的工作原理是：若设备外壳没有接地，如图 11-3b）所示，在发生单相碰壳故障时，设备外壳带上了相电压，如此时有人触摸外壳，就会有相当危险的电流流经人身与电网和大地之间所构成的回路。而设备的金属外壳有了保护接地后，如图 11-3c）所示，由于人体电阻远比接地装置的接地电阻大，在发生单相碰壳时，大部分的接地电流被接地装置分流，流经人体的电流很小，从而对人身起到保护作用。

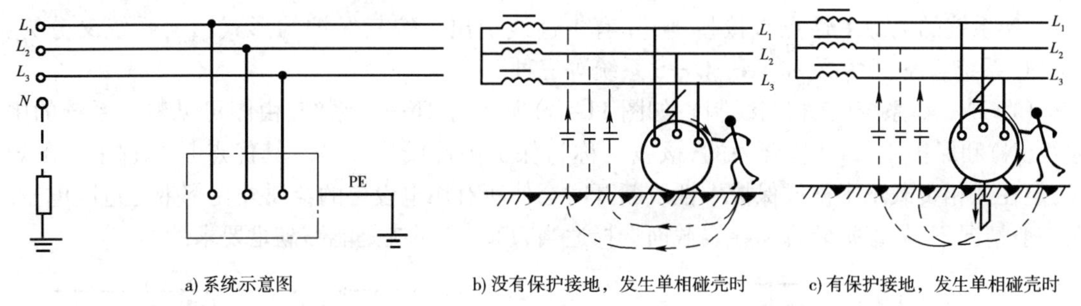

图 11-3　IT 系统

IT 系统适用于环境条件不良，易发生单相接地故障的场所，以及易燃、易爆的场所，如煤矿、化工厂、纺织厂等。

2）TT 系统（图 11-4）

TT 系统的电源中性点直接接地；用电设备的金属外壳亦直接接地，且与电源中性点的接地无关。图中 PE（Protective Earthing）为保护接地。

TT 系统的工作原理是：当发生单相碰壳故障时，接地电流经保护接地的接地装置和电源的工作接地装置所构成的回路流过。此时如有人触摸带电的外壳，则由于保护接地装置的电阻远小于人体的电阻，大部分的接地电流被接地装置分流，从而对人身起到保护作用。

TT 系统在确保安全用电方面还存在不足之处，主要有下列两个问题：

（1）采用 TT 系统的电气设备发生单相故障时，接地电流并不很大，往往不能使保护装置动作，这将导致线路长期带故障运行；

（2）当 TT 系统中的用电设备只是由于绝缘不良引起漏电时，因漏电电流往往不大（仅为毫安级），不可能使电路的保护装置动作，这也是导致漏电设备的外壳长期带电，增加了人身触电的危险。

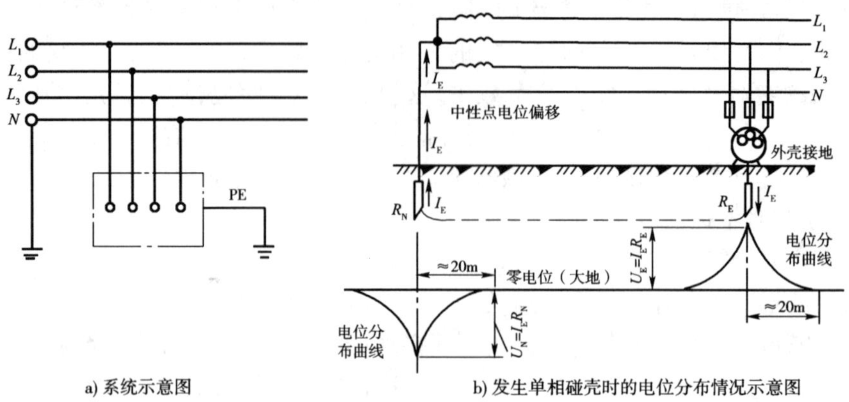

a) 系统示意图　　b) 发生单相碰壳时的电位分布情况示意图

图 11-4　TT 系统

3）TN 系统（图 11-5）

在变压器或发电机中性点直接接地的 380/220V 三相四线低压电网中，将正常运行时不带电的用电设备的金属外壳经公共的保护线与电源的中性点直接电气连接。当电气设备发生单相碰壳时，故障电流经设备的金属外壳形成相线对保护线的单相短路。这将产生较大的短路电流，令线路上的保护装置立即动作，将故障部分迅速切除，从而保证人身安全和其他设备或线路的正常运行。

TN 系统的电源中性点直接接地，并有中性线引出。按其保护的形式，TN 系统又分为：TN—C 系统、TN—S 系统和 TN—C—S 系统等三种。

（1）TN—C 系统（三相四线制）：如图 11-5b）所示为 TN—C 系统，由图可见整个系统的中性线（N）和保护线（PE）是合一的，该线又称为保护中性线（PEN）。其优点是节省了一条导线，但在三相负载不平衡或保护中性线断开时会使所有用电设备的金属外壳都带上危险电压。在一般情况下，如保护装置和导线截面选择适当，TN—C 系统是能够满足要求的。

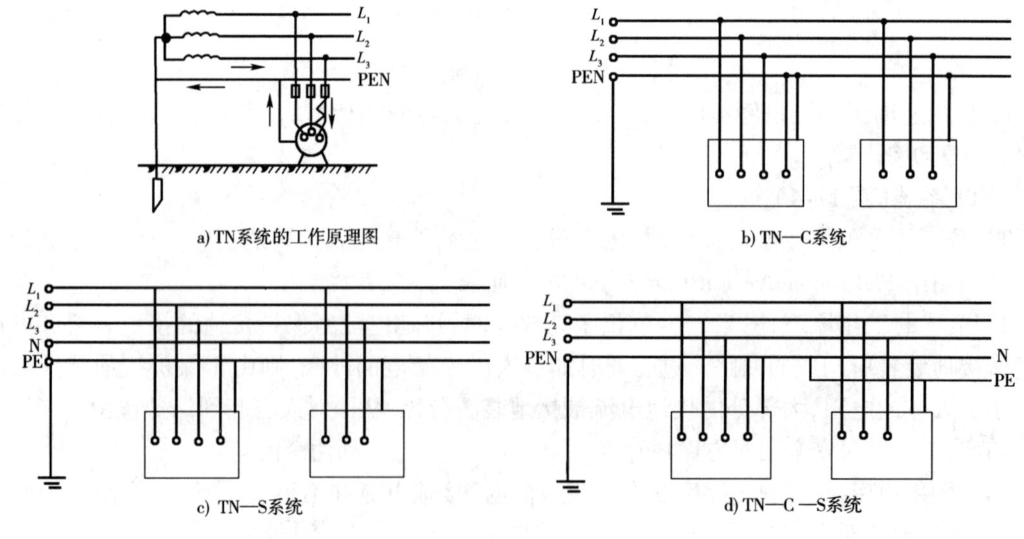

a) TN系统的工作原理图　　b) TN—C系统

c) TN—S系统　　d) TN—C —S系统

图 11-5　TN 系统

（2）TN—S 系统（三相五线制）：如图 11-5c）所示为 TN—S 系统，由图可见整个系统的 N 线和 PE 线是分开的。其优点是 PE 线在正常情况下没有电流通过，因此不会对接在 PE 线上的其他设备产生电磁干扰。此外，由于 N 线与 PE 线是分开的，N 线断线也不会影响 PE 线的保护作用。但 TN—S 系统耗用的导电材料较多，投资较大。

这种系统多用于对安全可靠性要求较高、设备对电磁抗干扰要求较严或环境条件较差的场所。对新建的大型民用建筑、住宅小区，特别推荐使用 TN—S 系统。

（3）TN—C—S 系统（三相四线与三相五线混合系统）：如图 11-5d）所示为 TN—C—S 系统，系统中有一部分中性线和保护线是合一的；而一部分是分开的。这种系统兼有 TN—C 系统和 TN—S 系统的特点，常用于配电系统末端环境较差或有对电磁抗干扰要求较严的场所。

在 TN—C、TN—S 和 TN—C—S 系统中，为确保 PE 级或 PEN 线安全可靠，除在电源中性点进行工作接地外，对 PE 线和 PEN 线还必须进行必要的重复接地。PE 线和 PEN 线上不允许装设熔断器和开关。

四、等电位连接

等电位连接是使电气装置各外露可导电部分和装置外可导电部分电位基本相等的一种电气连接。其中外露可导电部分是指平时不带电压，但在故障情况下能带电压的电气装置的容易触及的外露导电部分（如电气装置外壳等）；装置外可导电部分是指不属于电气装置组成部分的可导电部分。如金属管道构件（地下干线、水管、煤气管、空调管道等），正常情况下是地电位，但可能引入电位。

等电位连接的作用分为两种。

1. 总等电位连接

总等电位连接的作用在于降低建筑物内间接接触电压和不同金属部件间的电位差，并消除自建筑物外经电气线路和各种金属管道引入的危险故障电压的危害，它通过进线配电箱近旁的总等电位连接端子板将下列导电部分互相连通：进线配电箱的 PE（PEN）母排、公用设施的金属管道、建筑物金属结构、接地极引线。

2. 辅助等电位连接

总等电位连接虽然能大大降低接触电压，如果建筑物离电源较远，建筑物内线路过长，则过电流保护动作时间和接触电压都可能超过规定的限值。在这种情况下应在局部范围内作辅助等电位连接（也称局部等电位连接），即将导电部分用导线直接作等电位连接，使接触电压降低至安全电压限值 50V 以下。

总等电位连接和辅助等电位连接系统示例，如图 11-6 所示。

五、建筑工地安全用电

随着国家经济建设的不断发展，在现行工地施工中，存在着许多安全隐患，主要表现在：用电技术安全措施等施工组织设计操作不到位；没有专门的电力施工人员进行电力施工，安全意识淡薄；用电危险点缺乏必要监控；不遵守《施工现场临时用电安全技术规范》严格规定，未采取总配电箱、分配电箱、开关箱、总保护器、分保护器的“三级配电二级保护”，施工现场必须采用 TN－S 接零系统（即三相五线制系统）；施工现场管理混乱。对于建筑施工安全用电，必须严格执行《施工现场临时用电安全技术规范》（JGJ 46—2005）的有关规定。

（1）施工现场必须配备专职值班电工。低压电工不得从事高压作业，实习电工不得独立操作。严禁非电工作业。

(2)工程开工前,技术人员或电工应根据规范并结合工程的实际情况,编制临时用电施工组织设计,并报工程部备案。

(3)临时用电工程施工程序应遵循:施工组织→交底→安装→调试→验收→交付使用→检查整改→维修→竣工拆除。

(4)架空线必须采用绝缘导线或电缆,电杆倾斜不应大于杆稍头的一半,转角、终端杆按线路反方向倾斜一个杆头,横担歪斜不应大于其长度的1%。

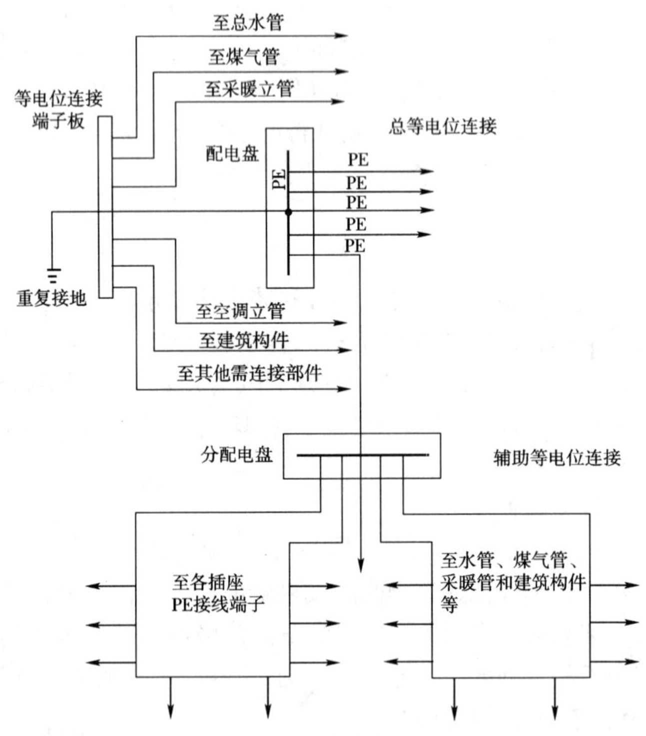

图11-6 等电位连接系统示例

(5)架空线路的拉线与电杆夹角宜为45°,拉线底盘埋设深度不小于1.2m。撑杆与主杆的夹角宜为30°,撑杆埋深不小于1m,同档距内导线弧垂应一致,杆上引下线应穿保护管,保护管应作防水弯头。

(6)电缆不得沿地面或基坑明敷,埋地敷设时:过路及穿过建筑物时,必须穿保护管。保护管内径不小于电缆外径的1.5倍,过路保护管两端与电缆间应作绝缘固定,在转弯处和直线段每隔20m处应设电缆走向标示桩。

(7)电缆不宜沿钢管,脚手架等金属构筑物敷设,必要时需用绝缘子作隔离固定或穿管敷设。严禁用金属裸线绑扎加固电缆。

(8)生活区、办公室等室内配线必须用绝缘子固定,过墙要穿保护管。

(9)地下工程所用电源线必须使用橡套电缆,且沿墙壁等架空敷设,其架设高度不应低于2m,固定时也应用绝缘子。

(10)不得在高压输电线路上下方,从事任何吊装作业。在架空线附近吊装作业时,应设专人监护至工作完毕,其安全距离为:吊装作业绳和吊装物侧向与10kV高压线的水平安全距离不得小于2m。

(11)配电系统宜设三级配电,即总配电箱(室)→分配电箱→开关箱。

(12)分配电箱:总空气开关→分路漏电开关→瓷插(额定容量100A以上的漏电开关可不加瓷插)。

(13)开关箱:漏电开关→瓷插→插座(设备)。

(14)配电箱使用材料。

①配电箱(盘)不得使用木制材料。

②配电箱、盘(配电柜除外),电器安装板应使用绝缘板。

③箱内配线(配电柜除外),必须使用绝缘导线。

(15)室外配电箱应设防雨、防砸棚和围栏,围栏高1.7m,格栅间隔0.15m。围栏设门向外开,并配锁,在围栏明显位置应挂警告标志。0.7m×0.5m配电箱管理制度牌,白底、仿宋体红字和0.4m×0.2m白底、仿宋体红字负责人牌。

(16)室外固定式配电箱(移动箱除外),应在自然地面以上设0.5m的水泥抹面砖基础,基础内应留有存放余量电缆装拆电缆的方便孔槽。

(17)开关箱应背向基坑,关闭箱门,摆放在地面以上0.15m的水泥抹面砖基础上,并在箱门内侧贴有控制降水井编号,水泵电源插头与插座编号应一致。

(18)现场配电系统应设三级以上漏电保护,形成分级保护即在总箱内设漏电保护器,作第一级漏电保护,在分箱及开关箱内分别设漏电保护器,作第二至第三级保护。

(19)凡装有专用变压器的施工现场,配电系统一律按TT-S保护接零系统供电,即实行三相五线制。

(20)电焊机、钢筋埋弧对焊机使用时,焊把线,地线应同时拉到施焊点,二次线与焊机连接应用线鼻子、二次线及焊钳绝缘应完好无损。电焊机均应装设“安全节电器”,焊机室外使用时,应有防雨水措施。

(21)潜水泵使用前应作检查,测试、绝缘电阻不小5mΩ,电缆线应接线正确,无破损、无接头、泵运行时,在半径30m水域内不得有人畜进入。挪动水泵时应断电,并不得拉拽电缆,挪动水泵的绳应用绝缘或采取绝缘保护措施。

(22)降水工程中每台水泵应设带漏电开关的开关箱。

(23)振捣器使用前应检查外观和电缆线,作业人员必须穿戴绝缘靴和绝缘手套。一人理线,一人操作,电源线不得拖地,不得敷设在水中。

(24)夜间施工用的照明装置宜采用固定灯具。

(25)施工现场外接电源,必须签订用电安全协议书,其中须注明允许安全用电额,办理用电交接手续,并安装电表计量。

第二节　建筑防雷

一、雷电的危害

1.雷电危害形式

根据雷电造成危害的形式和作用,主要有如下三种途径:

(1)直接雷

是指雷云对地面直接放电。其强大的雷电通过建筑物流入大地,从而产生破坏性很大的热效应和机械效应,往往会引起火灾、建筑物崩塌和危害人身、设备的安全。

(2)静电感应雷击

感应雷击是由雷电的强大电场和磁场变化造成的,所以感应雷击有静电感应雷击和电磁感应雷击两种。

静电感应雷击是由于建筑物处于雷云与大地所形成的电场之中,在建筑物顶部或屋面会感应积聚与雷电所带电荷极性相反的电荷。当雷云向其他地方放电后,建筑物顶部或屋面上的电荷如不能立即导入大地,那么就会产生很高的对地电位,这会引起室内的金属结构与接地不良的金属器件之间放电产生火花而形成爆炸,此外静电感应所引起的高电位也会危及人身安全。

电磁感应雷击是由于雷电电流有极大的幅值和陡度,在它周围的空间形成强大的剧烈变化的磁场,这会使建筑物内的金属管道感应出很高的感应电势,如这些金属管道没有良好的连接,这会在间隙之间产生放电火花而发生事故。

(3)沿架空线路侵入的雷击波

在架空线路遭受直击雷或感应雷击时,高电位的雷电波将沿线路侵入室内,对室内的电器设备放电,形成破坏。

2. 雷电破坏作用

雷电的共同特点是:放电时间短,放电电流大,放电电压高,破坏力很强。其破坏作用主要表现在以下几个方面。

1)机械性破坏

机械性破坏由两种力产生:一种是强大的雷电流通过物体时产生的巨大电动力;另一种则是强大的雷电流通过物体时产生的巨大热量,使物体内的水分受热汽化膨胀,产生强大的应力。

2)热力性破坏

产生的巨大热量使物体燃烧和金属材料熔化的现象。

3)绝缘击穿性破坏

极高的电压使电气系统中的绝缘材料被击穿,造成相间短路,使破坏的范围和程度迅速扩大和增长。这是电气系统中最危险的一种破坏形式。

二、建筑物防雷等级的划分

根据国家标准《建筑物防雷设计规范》(GB 50057—94),按建筑物的重要性、使用性质、发生雷电事故的可能性及后果,将建筑物的防雷等级分为三级。

1. 一级防雷的建筑物

特别重要的建筑物。如国家级的会堂、办公建筑、档案馆、大型博展建筑、大型(特大型)铁路旅客站;国际性的航空港、通信枢纽;国宾馆、大型旅游建筑、国际港口客运站等;国家级重点文物保护的建筑物和构筑物;高度超过 100m 的建筑物。

2. 二级防雷的建筑物

重要的或人员密集的大型建筑物。如部、省级办公楼;省级会堂、博展、体育、交通、通信、广播等建筑;大型商店、影剧院;省级重点文物保护的建筑物和构筑物;19 层及 19 层以上的住宅建筑和高度超过 50m 的其他民用建筑物;省级及省级以上的大型计算中心和装有重要电子设备的建筑物。

3. 三级防雷的建筑物

当年计算雷击次数大于或等于 0.05 时或通过调查确认需要防雷的建筑物；建筑群中最高或位于建筑群边缘高度超过 20m 的建筑物；高度为 15m 及 15m 以上的烟囱、水塔等孤立的建筑物或构筑物；且高度为 20m 及 20m 以上的建筑物；历史上雷害事故严重地区或雷害事故较多地区的较重要建筑物。

三、建筑物防雷措施

对于一、二类民用建筑，应有防直击雷和防雷电波侵入的措施；对于第三类民用建筑，应有防止雷电波沿低压架空线路侵入的措施，至于是否需要防止直接雷击，要根据建筑物所处的环境以及建筑物的高度、规模来判断。

1. 防直击雷的措施

防直击雷采取的措施是引导雷云与避雷装置之间放电，使雷电流迅速流散到大地中去，从而保护建筑物免受雷击。避雷装置由接闪器、引下线和接地装置三部分组成。如图 11-7 所示。

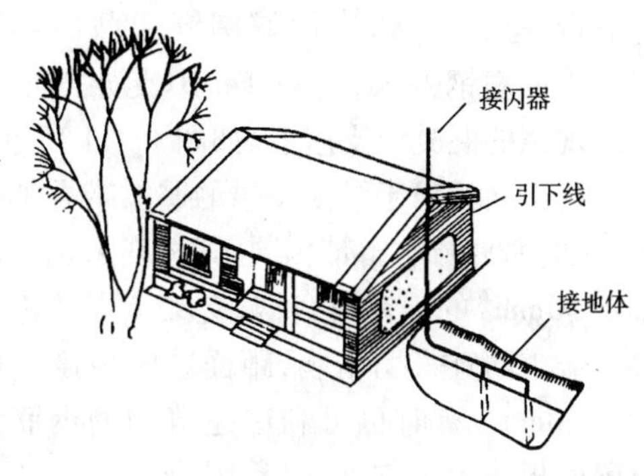

图 11-7 建筑物的避雷装置

1）接闪器

接闪器也叫做受雷装置，是接受雷电流的金属导体。接闪器的作用是使其上空电场局部加强，将附近的雷云放电诱导过来，通过引下线注入大地，从而使离接闪器一定距离内具有一定高度的建筑物免遭直接雷击。接闪器的基本形式有避雷针、避雷带、避雷网、笼网四种。

避雷针的针尖一般用镀锌圆钢或镀锌钢管制成。上部制成针尖形状，钢管厚度不小 3mm，长为 1～2m。高度在 20m 以内的独立避雷针通常用木杆或水泥杆支撑，更高的避雷针则采用钢铁构架。如图 11-8 所示为烟囱避雷针示意图；如图 11-9 所示为独立避雷针结构图。

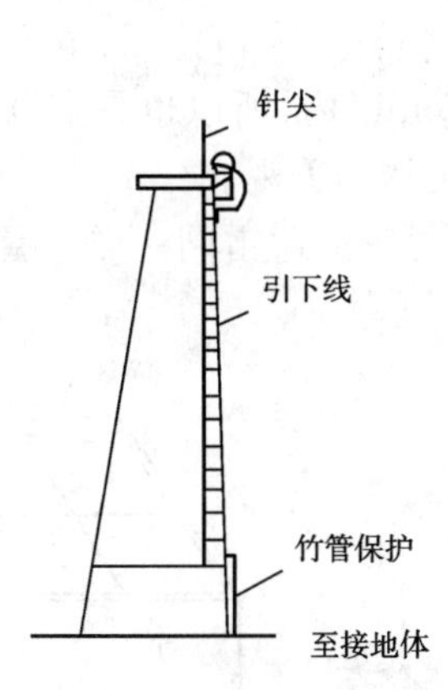

图 11-8 烟囱避雷针示意图

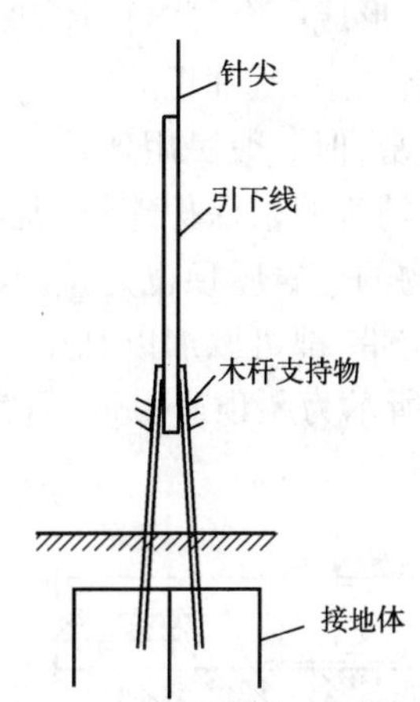

图 11-9 独立避雷针结构图

砖木结构房屋，可将避雷针敷于山墙顶部或屋脊上，用抱箍或对锁螺栓固定于梁上，固定部位的长度约为针高的 1/3。避雷针插在砖墙内的部分约为针高的 1/3，插在水泥墙的部分约为针高的 1/4～1/5。

避雷针的保护范围可以用一个以避雷针为轴的圆锥形来表示。如图 11-10 所示为单根避雷针保护范围示意图,如果建筑物正处于这个空间范围内,就能够得到避雷针的保护。

避雷带是用小截面圆钢或扁钢做成的条形长带,装设在建筑物易遭雷击部位。根据长期经验证明,雷击建筑物有一定的规律,最可能受雷击的地方是屋脊、屋檐、山墙、烟囱、通风管道以及平屋顶的边缘等。在建筑物最可能遭受雷击的地方装设避雷带,可对建筑物进行重点保护。为了使对不易遭受雷击的部位也有一定的保护作用,避雷带一般高出屋面 0.2m,而两根平行的避雷带之间的距离要控制在 10m 以内。避雷带一般用 ϕ8mm 镀锌圆钢或截面不小于 50mm^2 的扁钢做成,每隔 1m 用支架固定在墙上或现浇的混凝土支座上,如图 11-11 所示。

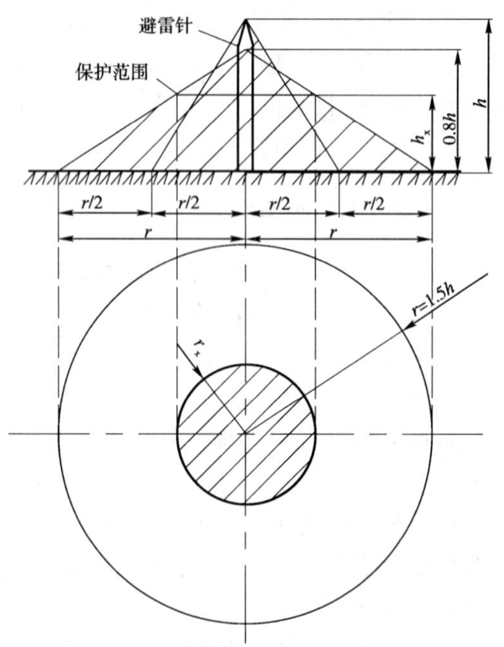

图 11-10　单根避雷针保护范围

h-避雷针高度(m);h_x-被保护物高度(m);r_x-在 h_x 高度的水平保护半径(m);r-在地面上的保护半径(m)

避雷网相当于纵横交错的避雷带叠加在一起,它的原理与避雷带相同,其材料采用截面不小于 50mm^2 的圆钢或扁钢,交叉点需要进行焊接。避雷网宜采用暗装,距面层的厚度一般不大于 20cm。有时也可利用建筑物的钢筋混凝土屋面板作为避雷网,钢筋混凝土板内的钢筋直径不小于 3mm,并须连接良好。当屋面装有金属旗杆或金属柱时,均应与避雷带或避雷网连接起来。避雷网是接近全保护的一种方法,它还起到使建筑物不受感应雷害的作用,可靠性更高。

防雷笼网是笼罩着整个建筑物的金属笼,它是利用建筑结构配筋所形成的笼作接闪器,对于雷电它能起到均压和屏蔽作用。接闪时,笼网上出现高电位,笼内空间的电场强度为零,笼上各处电位相等,形成一个等电位体,保护笼内人身和设备的安全。对于预制大板和现浇大板结构的建筑,网格较小,是理想的笼网,而框架结构建筑,则属于大格笼网,虽不如预制大板和现浇大板笼网严密,但一般民用建筑的柱间距离都在 7.5m 以内,所以也是安全的。利用建筑物结构配筋形成的笼网来保护建筑,既经济又不损坏建筑物的美观。

另外,建筑物的金属屋顶也是接闪器,它好像是网格更密的避雷网一样。屋面上的金属栏杆,也相当于避雷带,都可以加以利用。

如图 11-12 所示为屋顶避雷带、避雷网示意图。

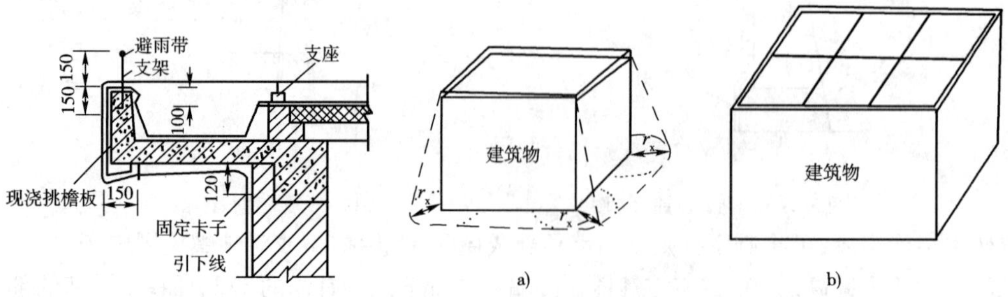

图 11-11　平屋顶避雷装置(尺寸单位:mm)　　图 11-12　屋顶避雷带、避雷网示意图

2)引下线

引下线又称引流器,接闪器通过引下线与接地装置相连。引下线的作用是将接闪器“接”来的雷电流引入大地,它应能保证雷电流通过而不被熔化。引下线一般采用圆钢或扁钢制成,其截面不得小于 $48mm^2$,在易遭受腐蚀的部位,其截面应适当加大。为避免腐蚀加快,最好不要采用胶线作引下线。

建筑物的金属构件,如消防梯、烟囱的铁爬梯等都可作为引下线,但所有金属部件之间都应连成电气通路。

引下线可沿建(构)筑物的外墙明装敷设,固定于埋设在墙里的支持卡子上。支持卡子的间距为 1.5m。为保持建筑物的美观,引下线也可暗敷设,但截面应加大。

引下线不得少于两根,其间距不大于 30m。而当技术上处理有困难时,允许放宽到 40m,最好是沿建筑物周边均匀引下。但对于周长和高度均不超过 40m 的建筑物,可只设一根引下线。当采用两根以上引下线时,为了便于测量接地电阻以及检查引下线与接地线的连接状况,在距地面 1.8m 以下处,设置断接卡子。

引下线应躲开建筑物的出入口和行人较易接触的地点,以避开接触电压的危险。建筑物宽度在 12m 以下的,引下线可装在建筑物一侧;建筑物宽度在 12m 以上时,应装于建筑物的两侧。

在易受机械损伤的地方,地面上 1.7m 至地面下 0.3m 的一段,可用竹管、木槽等加以保护。

在高层建筑中,利用建筑物钢筋混凝土屋面板、梁、柱、基础内的钢筋作为防雷引下线.是我国常用的方法。

3)接地装置

接地装置是埋在地下的接地导体(即水平连接线)和垂直打入地内的接地体的总称。其作用是把雷电流疏散到大地中去。接地装置如图 11-13 所示。

接地体的接地电阻要小(一般不超过 10Ω),这样才能迅速地疏散雷电流。

一般情况下,接地体均应使用镀锌钢材,以延长使用年限,但当接地体埋设在可能有化学腐蚀性的土壤中时,应适当加大接地体和连接点的截面,并加厚镀锌层。各焊接点必须刷漳丹油或沥青油,以加强防腐。

在安装接地体时,首先从地面挖下 0.8m 左右,然后把接地体垂直打入地下,顶端与接地线焊接在一起。

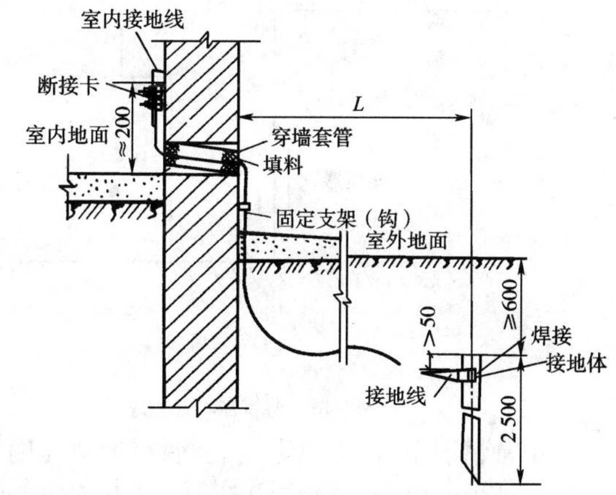

图 11-13 接地装置图(尺寸单位:mm)

为满足接地电阻的要求,垂直埋设的接地体常不止 1 根,用水平埋设的扁钢将它们连接起来,所采用扁钢的截面不小于 $100mm^2$,扁钢厚度不小于 4mm。

为了减小相邻接地体间的屏蔽效应,垂直接地体间的距离一般为 5m,当受地方限制时,可适当减小。

接地体不应在回填垃圾、灰渣等地带埋设,应远离由于高温影响使土壤电阻率升高的地方。接地体埋设后,应将回填土分层夯实。

当有雷电流通过接地装置向大地流散时，在接地装置附近的地面上，将形成较高的跨步电压，危及行人安全，因此接地体应埋设在行人较少的地方，要求接地装置距建筑物或构筑物出入口及人行道不应小于3m，当受地方限制而小于3m时，应采取降低跨步电压的措施，如在接地装置上面敷设50～80mm厚的沥青层，其宽度超过接地装置2m。

2. 防雷电感应的措施

为防止雷电感应产生火花，建筑物内部的设备、管道、构架、钢窗等金属物，均应通过接地装置与大地作可靠的连接，以便将雷云放电后在建筑上残留的电荷迅速引入大地，避免雷害。对平行敷设的金属管道、构架和电缆外皮等，当距离较近，应按规范要求，每隔一段距离用金属线跨接起来。

3. 防雷电波侵入的措施

为防雷电波侵入建筑物，可利用避雷器或保护间隙将雷电流在室外引入大地。如图11-14所示，避雷器装设在被保护物的引入端，其上端接入线路，下端接地。正常时，避雷器的间隙保持绝缘状态，不影响系统正常运行；雷击时，有高压冲击波沿线路袭来，避雷器击穿而接地，从而强行截断冲击波。雷电流通过以后，避雷器间隙又恢复绝缘状态，保证系统正常运行。

如图11-15所示的保护间隙，是一种简单的防雷保护设备，由于制成角型，所以也称羊角间隙。它主要由镀锌圆钢制成的主间隙和辅助间隙组成。保护间隙结构简单，成本低，维护方便，但保护性能差，灭弧能力小，容易引起线路开关跳闸或熔断器熔断，造成停电。所以对于装有保护间隙的线路上，一般要求装设有自动重合闸装置或自重合熔断器与其配合，以提高供电可靠性。

常用的阀型避雷器，其基本元件是由多个火花间隙串联后再与一个非线性电阻串联起来，装在密封的瓷管中。一般非线性电阻用金刚砂和结合剂烧结而成，如图11-16所示。

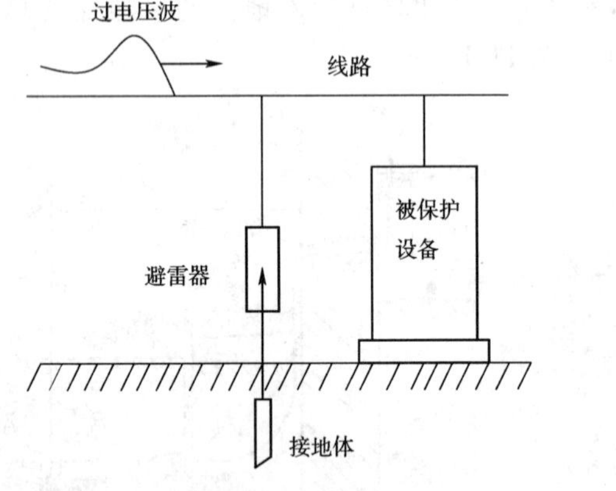

图11-14　避雷器与连接图

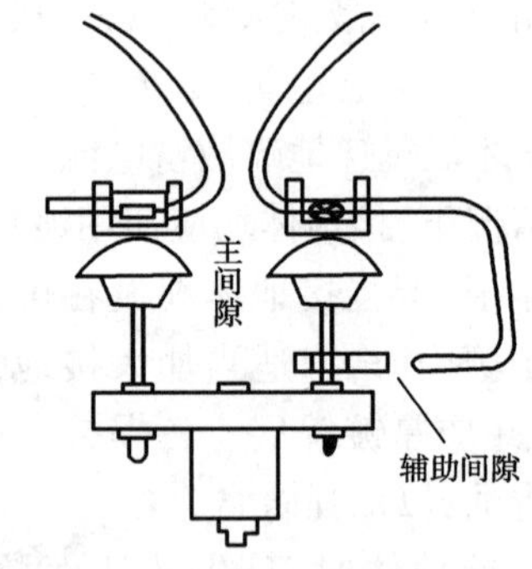

图11-15　保护间隙

正常情况下，阀片电阻很大，而在过电压时，阀片电阻自动变得很小，则在过电压作用下，火花间隙被击穿，过电流被引入大地，过电压消失后，阀片又呈现很大电阻，火花间隙恢复绝缘。

为防止雷电波沿低压架空线侵入，在入户处或接户杆上应将绝缘子的铁脚接到接地装置上。

此外，还要防止雷电流流经引下线产生的高电位对附件金属物体的雷电反击。当防雷装置接受雷击时，雷电流沿着接闪器、引下线和接地体流入大地，并且在它们上面产生很高的电位。如果防雷装置与建筑物内外电气设备、电线或其他金属管线的绝缘距离不够，它们之间就会产生放电现象，这种情况称之为“反击”。反击的发生，可引起电气设备的绝缘被破坏，金属管道被烧穿,甚至引起火灾、爆炸及人身事故。

防止反击的措施有两种。一种是将建筑物的金属物体(含钢筋)与防雷装置的接闪器、引下线分隔开,并且保持一定的距离。另一种是,当防雷装置不易与建筑物内的钢筋、金属管道分隔开时,则将建筑物内的金属管道系统,在其主干管道处与靠近的防雷装置相连接,有条件时,宜将建筑物每层的钢筋与所有的防雷引下线连接。

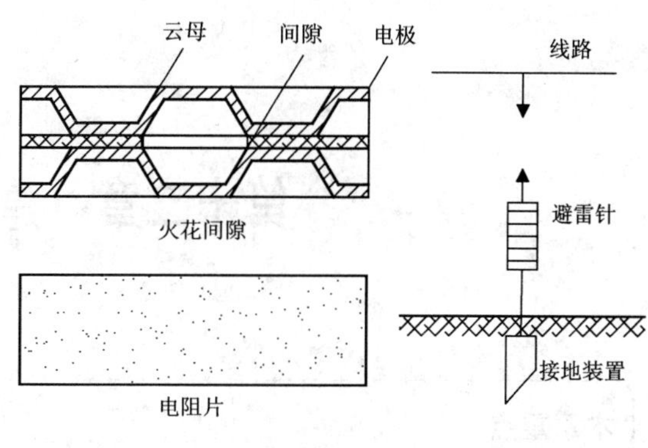

图 11-16 阀型避雷器

四、建筑施工工地的防雷

15m 以下的建筑物施工工地,由于高度不高,雷击的可能性不大,故不必采取什么防雷措施。至于工地的临时设施如仓库、办公室和宿舍等,一般不会太高,虽可不采取防雷措施,但要设灭火设施,以防雷击或球形雷引起的火灾。15m 以上的施工建筑和临时设施,由于雷击的可能性较大,必须采取防雷措施。高层楼房施工期间,防雷工作极其重要,应该采取如下的防雷措施:

(1)对于施工的高层建筑,在施工时首先应做好全部永久性的接地装置,随时将混凝土的主筋与接地装置连接起来,利用它作接闪器及引下线,以对施工的建筑物本身进行保护。对各层地面的配筋,应随时使其成为一个等电位面并与混凝土主筋接通。

(2)沿建筑物的四角和四边竖起的杉槁脚手架或金属脚手架上,应做数根避雷针,并直接接到接地装置上,使其保护到全部施工面积。其保护角可按 60°计算。针长最少应高出杉槁 30cm,以免接闪时燃烧木材。在雷雨季施工时,应随杉槁的接高,及时加高避雷针。

(3)施工用的起重机的最上端必须装设避雷针,并将起重机下部的钢架连接于接地装置上。接地装置应尽可能利用永久性接地系统。如系水平移动的起重机,其四个轮轴足以起到压力接点的作用,须将其两条滑行用钢轨接到接地装置上。

(4)应随时使施工现场正在绑扎钢筋的各层地面,构成一个等电位面,以避免遭受雷击时的跨步电压。室外引来的各种金属管道及电缆外皮,都要在进入建筑物的进口处,就近连接到接地装置上。

思考题及实践练习

1. 什么是安全电压?
2. 什么是保护接地、保护接零?保护接地的类型有哪些,有何特点和应用?
3. 什么叫等电位连接,有什么作用?
4. 结合工程实例,谈谈工地上如何注意安全用电。
5. 建筑物防雷等级有哪几级?各级应分别采取什么防雷措施?
6. 防雷装置的组成是什么?
7. 什么是重复接地?什么是保护接零?
8. 建筑防雷的具体施工如何进行?应该注意哪些事项?
9. 结合工程实际,思考建筑工地应采取哪些防雷措施?

第十二章　建筑电气施工图

本章重点

掌握建筑电气施工图的组成，明确相应的图纸内容；熟悉电气照明施工图基本图示方法；掌握阅读照明电气施工图的基本方法。

建筑电气工程施工的主要依据是各种施工图纸和资料，一套好的图纸资料对该建筑的电气施工质量起着决定性的作用。但是能否正确地掌握和执行好图纸资料，将完全取决于施工组织领导者和施工安装人员认识理解施工图的能力。此外正确读图也不单纯是电气施工人员必备的，对于从事建筑、结构设计和施工的技术人员，建筑行业的组织领导、预算决算、档案资料管理等人员也应具备。为此本单元将在介绍建筑电气施工图的组成之后，着重叙述读建筑电气施工图的一些基本方法。

第一节　电气施工图的图示方法

电气施工图按其性质分为变电所工程图、外线工程图、动力工程图、防雷工程图、照明工程图和弱电工程图。其主要内容包括：设计说明、主要材料设备表、配电系统图、电气平面图及原理图、详图和标准图。由于篇幅所限本书以照明电气施工图为例说明电气施工图的图样内容、图示特点。

一、电气照明施工图的内容

建筑电气施工图纸资料，一般应包括施工说明、系统图、平面图和详图等。

1. 施工说明

主要表明与电气施工有关的土建部分的情况，如建筑物的形式、室内地面做法，以及电源的引入、线路的敷设、设备规格及安装要求、施工注意事项等。对于简单工程可以将施工说明并入系统图或说明图中。

2. 系统图

该图表示整个建筑物的供电方式，从进户线到各条支线之间的接线、控制及保护的基本情况。如干线的连接、各条支线接入三相电路的相别，各条线路的导线规格型号及根数，敷设部位及方式，出线口（一个插座或一个灯头均称出线口）或安装容量，详细的还包括线路长度和线路末端电压损失。通过系统图具体可以表明以下几点。

(1)供电电源。应表明本照明工程是由单相供电还是三相供电、电源的电压及频率，可用文字按规定格式标注。

(2)干线的接线方式。从图面上可以直接表示出从总配电箱到各分配箱的接线方式是放射式、树干式还是混合式,作为施工时干线的接线依据。

(3)进户线、干线的导线型号、截面、穿管管径、管材、敷设部位及敷设方式。

(4)配电箱中的控制、保护设备和计量仪表。在平面图上只能表示出配电箱的位置和安装方式(明装和暗装)但在配电箱中有哪些控制、保护设备及仪表却表示不出来,这些必须在系统图中表示,以补充平面图中的不足。

(5)相别划分。三相电源向单相用电回路分配电能时,应在单相用电各回路导线旁表明相别 a、b、c 相别,避免施工时发生错接。

(6)照明供电系统的计算功率、计算电流、计算时所取用的需要系数、线路末端的电压损失等的计算值标注在系统图上明显的位置。

3. 平面图

电气照明平面图可表明进户点、配电箱、配电线路、灯具、开关及插座等的平面位置及安装要求。每层都应有平面图,但有标准层时,可以用一张标准层的平面图来表示相同各层的平面布置。在平面图上,可以表明以下几点:

(1)进户点、进户线的位置及总配电箱的位置。表示配电箱的图例符号还可以表明配电箱的安装方式是明装还是暗装,同时标注电源来路。

(2)所有导线(进户线、干线、支线)的走向,导线根数,以及支线回路的划分,各条导线的敷设部位、敷设方式、导线规格型号、各回路的编号,导线穿管时所用的管材管径都应标注在图纸上,但有时为了图面的整洁,也可以在系统图或施工说明中表明。

(3)灯具、灯具开关、插座、吊扇等设备的安装位置,灯具的型号、数量、安装容量、安装方式及悬挂高度。

二、图示方法

电气施工图是由图形符号、文字标注或说明构成。图形符号用来表示各种电气及其平面安装位置。文字标注符号表示各种电器的名称、规格、型号、数量及安装方式。

1. 电气照明平面图常用图例见表 12-1。

2. 标注形式

1)照明灯具的文字标注

照明灯具在平面图上表示的方法往往用图形符号加文字标注,具体格式如下:

$$a - b\frac{c \times d}{e}f$$

a——某场所同类照明器的套数,通常在一张平面图中各类型灯分别标注;

b——灯具类型代号,可以查阅施工图册或产品样本;

c——照明器内安装灯泡或灯管数量,通常一个或一根可以不表示;

d——每个灯泡或灯管的功率瓦数,W;

e——照明器底部距本层楼地面的安装高度,m,吸顶安装表示“—”;

f——安装方式代号,灯具安装方式 f 主要有几种形式,见表 12-2。

例如某灯具旁标注为 $10 - YG2 - 2\frac{2 \times 40}{2.5}Ch$,则表示有 10 盏型号为 YG2-2 型的荧光灯,每盏灯有两个 40W 灯管,安装高度 2.5m,采用链式安装。

常用电气线路、图例灯具　　表 12-1

名　称	图例	名　称	图例
各种灯具的一般符号		自动空气开关	
单管荧光灯		双极刀开关多线表示	
双管荧光灯		三极刀开关多线表示	
三管荧光灯		双极刀开关单线表示	
半圆罩天棚灯		三极刀开关单线表示	
防水防尘灯		熔断器一般符号	
圆球灯		管线由上引来，管线引上	
墙上灯座		管线由下引来，管线引下	
花灯		管线由上引来并引下	
壁灯		管线由下引来并引上	
事故照明灯		动力配电箱	
吊式风扇		照明配电箱	
单项双极暗插座		架空电源引入线	
单项带接地暗插座		电缆电源埋地引入线	
三项四极暗插座		两根导线	
单极拉线开关		三根导线	3
单极(联)明装搬把开关		几根导线	n
单极(联)暗装搬把或跷板式开关		接地装置有接地极	
双极(联)暗装搬把或跷板式开关		接地装置无接地极	
三极(联)暗装搬把或跷板式开关		电铃	
双控明装搬把开关		电度表	
双控暗装搬把开关		暗装接线盒	

灯具安装方式及代号 表 12-2

序号	名　　称	旧代号	新代号
1	线吊式	X	CP
2	固定线吊式	X1	CP1
3	防水线吊式	X2	CP2
4	吊线器式	X3	CP3
5	链吊式	L	Ch
6	管吊式	G	P
7	壁装式	B	W
8	吸顶式或直附式	D	S
9	嵌入式(成人不可进入的顶棚)	R	R
10	顶棚内安装(成人可进入的顶棚)	DR	CR
11	墙壁内安装	BR	WR
12	台上安装	T	T
13	支架上安装	J	SP
14	柱上安装	Z	CL
15	座装	ZH	HM

2)线路的文字标注

动力和照明线路在平面图上均用图线表示,在一根保护管内的导线,无论导线根数的多少,都可以使用一条图线表面走向,同时在图线上打上数根短斜线或打一根短斜线再标以数字,以说明导线的根数。在图线旁标注的文字符号称为直接标注,用以说明线路的用途、导线型号、规格、根数、线路敷设方式和敷设部位等。直接标注的基本格式如下:

$$a-b(c\times d)e-f$$

a——线路编号或线路用途的符号;

b——导线型号;

c——导线根数;

d——导线截面,mm^2;

e——保护管管径,mm;

f——线路敷设方式和敷设部位。

线路的文字标注要采用标准的文字符号,见表 12-3、表 12-4。

导线或电缆敷设方式的标注符号 表 12-3

序号	名　　称	旧代号	新代号
1	暗敷	A	C
2	明敷	M	E
3	铝皮线卡	QD	AL
4	电缆桥架		CT
5	金属软管		F
6	厚壁钢管(水煤气管)		RC
7	穿焊接钢管敷设	G	SC

续上表

序号	名　称	旧代号	新代号
8	穿电线管敷设	DG	TC
9	穿硬聚氯乙烯管敷设	VG	PC
10	穿阻燃半硬聚氯乙烯管敷设		FPC
11	绝缘子或瓷柱敷设	CP	K
12	塑料线槽敷设	CB	PR
13	钢线槽敷设	S	SR
14	金属线槽敷设		MR
15	电缆桥架敷设		CT
16	瓷夹板敷设	CP	PL
17	塑料夹敷设	CJ	PCL
18	穿蛇皮管敷设	VJ	CP
19	塑料阻燃管	SPG	PVC

导线敷设部位的标注　　表 12-4

序号	名　称	旧代号	新代号
1	沿钢索敷设	S	SR
2	沿屋架或跨屋架敷设	LM	BE
3	沿柱或跨柱敷设	ZM	CLE
4	沿墙面敷设	QM	WE
5	沿天棚面或顶板面敷设	PM	CE
6	在能进入的吊顶内敷设	PNM	ACE
7	暗敷设在梁内	LA	BC
8	暗敷设在柱内	ZA	CLC
9	暗敷设在墙内	QA	WC
10	暗敷设在墙面或地板内	DA	FC
11	暗敷设在屋面或顶板内	PA	CC
12	暗敷设在不能进入的吊顶内	PNA	ACC

例如,某照明系统图中标注有 BV(3×50+25)SC50-HC,表示该线路是采用铜心塑料绝缘线,3 根 $50mm^2$,1 根 $25mm^2$,穿钢管敷设,管径 50mm,沿地面暗设。

3)照明配电设备的文字标注

动力与照明配电器的文字格式一般为 $a\frac{b}{c}$或 a-b-c,当需要标注引入线的规格时,其标注格式如下:

$$a\frac{b-c}{d(e\times f)-g}$$

a——设备编号;

b——设备型号;

c——设备功率,kW;

d——导线型号；

e——导线根数；

f——导线截面，mm^2；

g——导线敷设方式及敷设部位。

例如，若标注为 $A_3 \frac{XL-3-2-35}{BV-3\times35SC40-CWE}$，表示3号动力配电箱。型号为XL-3-2型，功率为35kW，配电箱进线为3根铜芯聚氯乙烯绝缘线，其截面各为35mm^2，穿直径为40mm的焊接钢管，沿墙暗设。

4）开关、断容器的文字标注

开关及断容器也采取图形符号加文字方式进行标注，其文字标注的文字格式一般为 $a\frac{b}{c/i}$ 或 $a-b-c/i$，当需要标注引入线的规格时，其标注格式如下：

$$\frac{b-c/i}{d(e\times f)-g}$$

a——设备编号；

b——设备型号；

c——额定电流，A；

i——整定电流，A；

d——导线型号；

e——导线根数；

f——导线截面；

g——导线敷设方式。

例如，若标注为 $Q_3 \frac{HH_3-100/3-100/80}{BV-3\times35SC40-FC}$，表示3号开关设备，其型号为 $HH_3-100/3$，额定电流为100A的三极铁壳开关，开关内断容器的容量为80A，开关的进线采取3根截面分别为35mm^2的聚氯乙烯绝缘铜芯导线，导线穿直径为40mm焊接钢管埋地暗设。

第二节　电气施工图的识读

对于电气施工图的识读，本节以电气照明施工图和安全与防雷施工图作为代表，具体的说明识读的方法。

一、电气照明施工图识读的步骤

（1）全面了解电气照明工程的施工顺序，主要操作工艺，并掌握常用图例和符号；

（2）了解建筑物的土建情况，包括结构形式层数、层高及墙体、顶板、地面、吊顶等情况，结合土建施工图看照明施工图；

（3）在阅读图纸目录及施工说明时，了解电气工程的设计内容和各类图纸的主要内容，以及他们之间的相互关系。

（4）逐层逐段阅读平面图，通过读图了解以下内容：

①电源进户方式、布置，干线配线方式采用管和导线的型号及敷设部位；

②各支线配线方式，采用管和导线的型号的敷设部位；

③配电箱、盘或电度表的安装方式和高度；

④各种灯具型号、功率、安装方式、安装高度和部位，各种开关、插座的型号、安装高度及部位。

在阅读照明平面图过程中，要核实各干线、支线导线的根数、管位是否正确，线路敷设是否可行，线路和各电器安装部位与其他管道的距离是否符合施工要求。

(5)阅读系统图。阅读照明系统图应弄懂以下内容：

①各配电箱、盘电源干线的接引和采用导线的型号、截面积；

②各配电箱、盘引出各回路的编号、负荷名称和功率，各回路采用导线型号、截面积及控制方法；

③各配电箱、盘的型号及箱、盘上各电器名称、型号、电流额定值及熔丝的规格及各电器的接线。

二、照明工程图实例

1. 电气照明系统图实例

如图12-1 所示为某三层砖混结构综合楼的照明系统图。系统图上的进线标注为VV22 —4 ×16SC50—FC，说明本楼使用全塑铜芯铠装电缆，规格为4 芯，截面积16mm^2。穿直

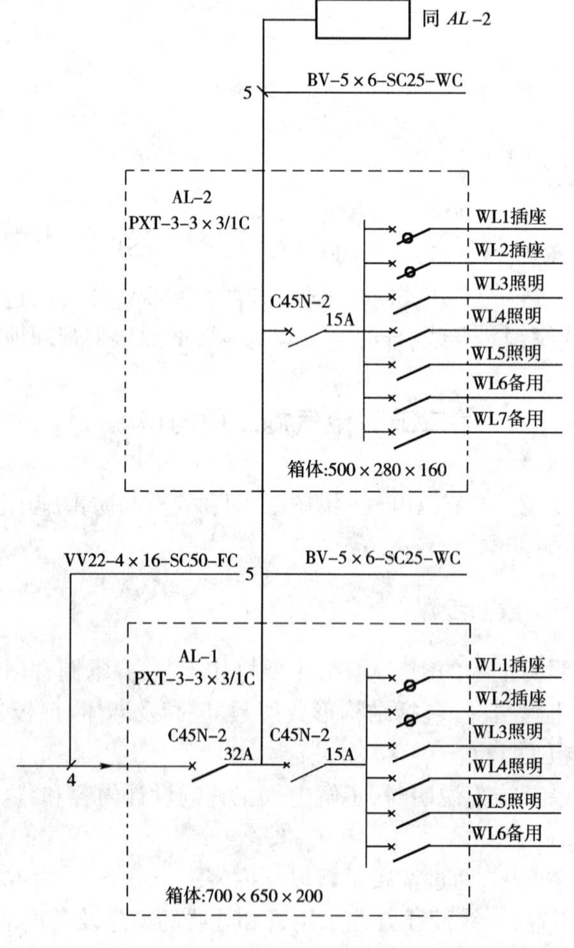

图12-1　某综合楼照明系统图

径 50mm 焊接钢管,沿地下暗敷设进入建筑物的首层配电箱。3 个楼层的配电箱均为 PXT 型通用配电箱,一层 AL-1 箱尺寸为 700mm × 650mm × 200mm,配电箱内装一只总开关,使用 C45N—2 型单极组合断路器,容量 32A。总开关后接本层开关,也使用 C45N—2 型单极组合断路器,容量 15A。另外的一条线路穿管引上二楼。本层开关后共有 6 个输出回路,分别为 WL1 ~ WL6。其中 WL1、WL2 为插座支路,开关使用 C45 N—2 型单极组合断路器;WL3、WL4、WL5 为照明支路,使用 C45N—2 型单极组合断路器;WL6 为备用支路。

一层到二层的线路使用 5 根截面积为 $10mm^2$ 的 BV 型塑料绝缘铜导线连接,穿直径 32mm 焊接钢管,沿墙内暗敷设。二层配电箱 AL-2 与三层配电箱 AL-3 相同,均为 PXT 型通用配电箱,尺寸为 500mm × 280mm × 160mm。箱内主开关为 C45N—2 型 15A 单极组合断路器,在开关前分出一条线路接往三楼。主开关后为 7 条输出回路,其中 WL1、WL2 为插座支路,使用带漏电保护断路器;WL3、WL4、WL5 为照明支路;WL6、WL7 两条为备用支路。

从二层到三层使用 5 根截面积为 $6mm^2$ 的塑料绝缘铜线连接,穿直径 25mm 焊接钢管沿墙内暗敷设。

2. 电气照明平面图实例

某综合楼首层电气平面图,如图 12-2 所示。

在首层电气平面图中,进线电缆位于图右侧 *C* 轴线下方,连接到 6 轴线左侧的配电箱 AL-1,从 AL-1 配电箱向上引出五个支路。

第一条为插座支路 WL1。从配电箱向右到 7 轴线,向上到 *D* 轴线处装一只双联五孔插座,从 7 轴线到 4 轴线右侧装另一只双联五孔插座,继续到 3 轴线左侧装第三只双联五孔插座,插座均为暗装。图中未注明的插座支路和照明支路,导线均为截面积为 $2.5mm^2$ 的塑料绝缘铜线,穿直径 15mm 焊接钢管。

第二条为插座支路 WL2。从配电箱向右下方到 *A* 轴,在 7 轴侧装一只双联五孔插座,向左到 3、2、1 轴侧各装一只双联五孔插座。

第三条为楼道照明支路 WL3。从配电箱向下到 314 灯,314 灯为吸顶安装,内装 40W 灯泡。从灯头盒处分出 3 条线:向下引至本灯的单极开关;向右引至楼门 E1,接一只单极开关,控制门外墙上的双火壁灯 101,壁灯内装两只 60W 灯泡,安装高度 2.1m。从灯头盒向左边引至两盏 314 灯及开关。从楼梯口灯头盒向左上 3 轴侧装一只双控开关,开关旁为一根立管,导线向上穿。从双控开关向左进休息室,先接一只单极开关,再接 306 灯。306 灯是四火吸顶灯,内装 4 只 40W 灯泡。从 306 灯向左引入卫生间,卫生间装两盏 314 吸顶灯,各装 40W 灯泡。从 306 灯向右接 2 号楼梯灯。楼梯灯为一只吸顶灯,内装 40W 灯泡。右侧有一只单极开关。图中所标尺寸均为水平尺寸。

第四条支路为大会议室照明支路 WL4。接一只双极开关。从开关向下引出 3 根导线,一根为零线,两根为开关线,接到荧光灯灯头盒。会议室内为一圈嵌入式荧光灯带,共有 20 套双管荧光灯,分为两组,每根灯管 40W。

第五条为教室和办公室照明支路 WL5。教室内有 6 套双管荧光灯,嵌入式安装,每根灯管 40W,开关在 C 轴和 7 轴相交处,为一只三极开关,从灯到开关用 4 根导线连接。三组灯的横向连线右侧为 4 根线,左侧为 3 根线。其中的一根相线和一根零线从 *C* 轴和 4 轴相交处的灯头盒向左下,引至两间办公室,每间办公室内有两套嵌入式双管 40W 荧光灯,开关在门旁,均为暗装单极跷板开关。

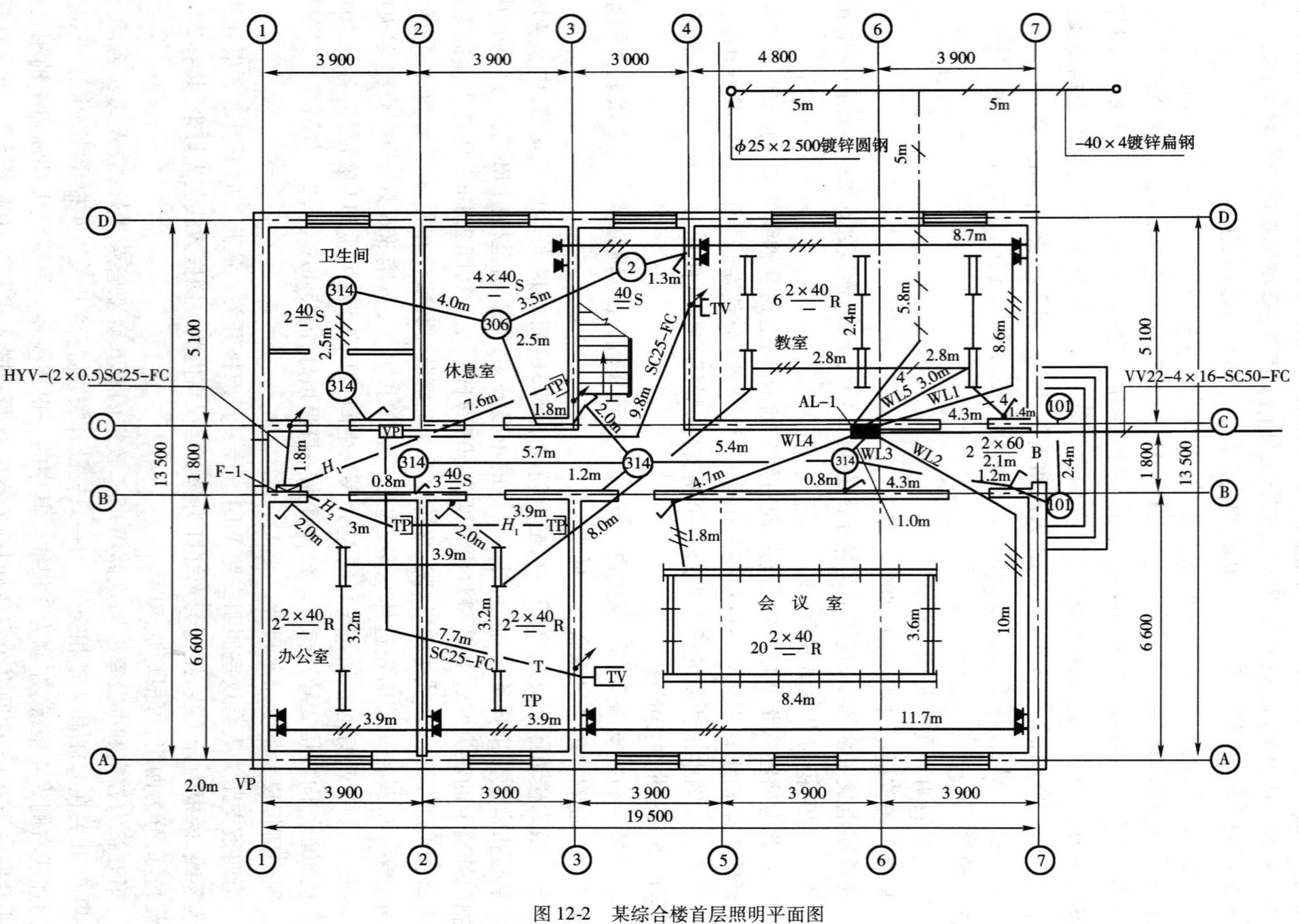

图 12-2　某综合楼首层照明平面图

三、建筑防雷与接地工程图实例

建筑物防雷接地工程图一般包括防雷工程图和接地工程图两部分。某住宅建筑防雷平面图和立面图,如图 12-3 所示。该住宅建筑的接地平面图,如图 12-4 所示。

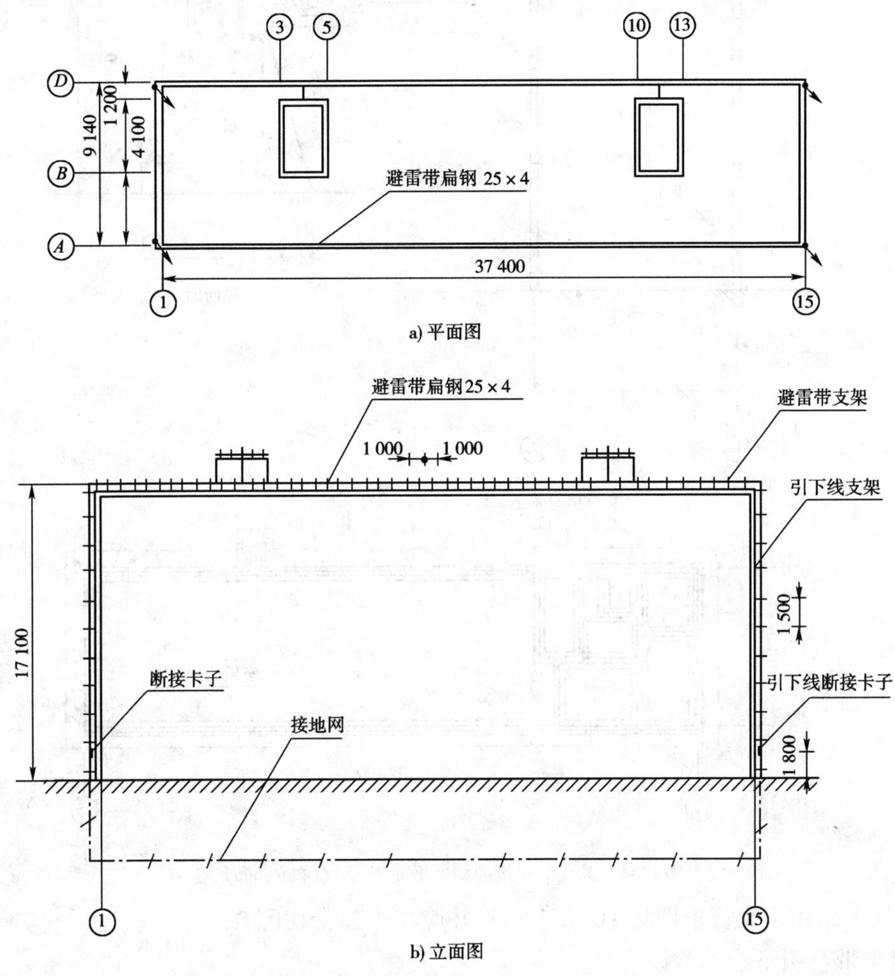

图 12-3　某住宅建筑防雷平面图和立面图(尺寸单位:mm)

1. 工程概况

由图 12-3 可知,该住宅建筑避雷带沿屋面四周女儿墙敷设,支持卡子间距为 1m。在西面和东面墙上分别敷设两根引下线(25mm ×4mm 扁钢),与埋地下的接地体连接,引下线在距地面 1.8m 处设置引下线断接卡子。固定引下线支架间距 1.5m。由图 12-4 可知,接地体沿建筑物基础四周埋设,埋设深度在地平面以下 1.65m,在 -1.65m 开始向外,距基础中心距离为 0.65m。

2. 工程图施工说明内容

(1)避雷带、引下线均采用 25mm ×4mm 的扁钢,镀锌或做防腐处理。

(2)引下线在地面上 1.7m 至地面下 0.3m 一段,用 50mm 硬塑料管保护。

(3)本工程采用 25 ×4 扁钢做水平接地体,绕建筑物一周埋设,其接地电阻不大于 10Ω。施工后达不到要求时,可增设接地极。

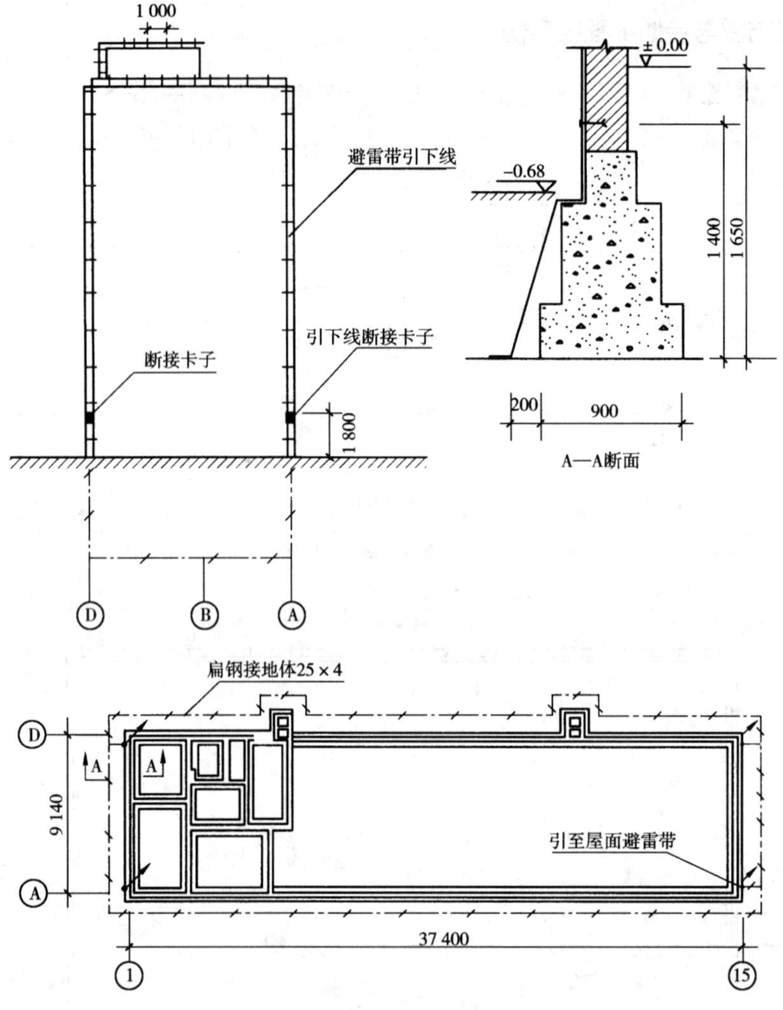

图 12-4　某住宅建筑的接地平面图(尺寸单位:mm)

(4)施工采用国家标准图集 D562、D563,并应与土建密切配合。

3. 避雷带及引下线的敷设

首先在女儿墙上埋设支架,间距为 1m,转角处为 0.5m,然后将避雷带与扁钢支架焊为一体。引下线在墙上明敷设与避雷带敷设基本相同,也是在墙上埋好扁钢支架之后再与引下线焊接在一起。避雷带及引下线的连接均用搭接焊接,搭接长度为扁钢宽度的 2 倍。

4. 接地装置安装

该住宅建筑接地体为水平接地体,一定要注意配合土建施工,在土建基础工程完工后,未进行回填土之前,将扁钢接地体敷设好。并在与引下线连接处引出一根扁钢,做好与引下线连接的准备工作。扁钢连接应焊接牢固,形成一个环形闭合的电气通路,实测接地电阻达到设计要求后,再进行回填土。

5. 避雷带、引下线和接地装置的计算

避雷带、引下线和接地装置都是采用 25mm × 4mm 的扁钢制成,它们所消耗的扁钢长度计算如下:

1)避雷带

避雷带由女儿墙上的避雷带和楼梯间屋面阁楼上的避雷带组成,女儿墙上的避雷带的长度为:(37.4+9.14)m×2=93.08m。

楼梯间阁楼屋面上的避雷带沿其顶面敷设一周,并用25mm×4mm的扁钢与屋面避雷带连接。因楼梯间阁楼屋面尺寸没有标注全,实际尺寸为宽4.1m、长2.6m、高2.8m。屋面上的避雷带的长度为:(4.1+2.6)m×2=13.4m,其两个楼梯间阁楼为13.4m×2=26.8m。

因女儿墙的高度为1m,阁楼上的避雷带要与女儿墙上的避雷带连接,阁楼距女儿墙最近的距离为1.2m。连接线长度为:1m+1.2m+2.8m=5m,两条连接线共10m。因此,屋面上的避雷带总长度为:93.08m+26.8m+10m=129.88m。

2)引下线

引下线共四根,分别沿建筑物四周敷设,在地平面以上1.8m处用断接卡子与接地装置连接,考虑女儿墙后,引下线的长度为:(17.1+1-1.8)m×4=65.2m。

3)接地装置

接地装置由水平接地体和接地线组成,水平接地体沿建筑物一周埋设,距基础中心线为0.65m,其长度为[(37.4+0.65×2)m+(9.14+0.65×2)m]×2=98.28m。因为该建筑物建有垃圾道,向外突出1m,又增加2×2×1=4m,水平接地体的长度为:98.28+4=102.28(m)。

接地线是连接水平接地体和引下线的导体,不考虑地基基础的坡度时,其长度约为:(0.65+1.65+1.8)m×4=16.4m。考虑地基基础的坡度时,需要开方,此处略。

4)引下线的保护管

引下线的保护管采用硬塑料管制成,其长度为:(1.7+0.3)m×4=8m。

5)避雷带和引下线支架

安装避雷带所用支架的数量可根据避雷带的长度和支架间距算出。引下线支架的数量计算也依同样方法,还有断接卡子的制作等,所用的25mm×4mm的扁钢总长可以自行统计。

思考题及实践练习

1.电气施工图一般由哪些图纸组成?各有何特点?

2.电气施工图与土建图有何密切联系?识读电气施工图应注意哪些主要步骤?

3.试为自己家的住房进行照明平面图设计?

4.请熟读本单元列举的电力及照明平面图图形符号,见符号你能很熟悉地说出他们的名称吗?

5.根据你校现有的一栋教学楼或学生宿舍楼的建筑平面图,试绘制出它的电气照明系统图及电气照明平面图?

6.找一张防雷施工图,看看能不能简单的识读?

教学计划及建议

一、本课程性质及作用

《建筑设备》是高职高专建筑工程技术专业的专业课程。通过本课程的学习,使学生明确建筑设备的作用,掌握建筑设备的基础知识;并在从事建筑施工和管理工作中,能够将建筑同建筑设备技术条件相协调的原则和要求应用到实际中,从而成为合格的、能力全面的建筑工程从业技术人员。

二、本课程教学目标及与其他课程的联系

(一)教学目标

1. 掌握建筑设备各系统的分类和组成,理解工作原理和系统选择原则。

2. 熟悉建筑设备各系统常用管材的特点,常用电线和电缆的选择原则,各种常用设备名称和功能。

3. 掌握管道布置基本原则和敷设方法,了解建筑设备系统安装过程,熟悉供配电线路的敷设方法,明确设备工程与建筑设计、施工相配合的要求。

4. 掌握建筑设备施工图识读方法。

(二)与其他课程的联系

本课程学习之前,学生应具有建筑构造、建筑结构和建筑识图的基础知识,建筑工程技术专业开设本课程前应先修课程为《建筑制图》、《建筑材料》、《房屋建筑学》等。

三、教学方法、教学手段

本课程的教学方法应采取课堂教学和适当的实践教学相结合的方法。课堂教学宜采取多媒体教学方式向学生演示建筑设备系统实例,以增强学生的认知能力;实践教学主要采取参观实习方式,可根据专业教学计划安排在建筑参观实习和施工实训阶段;识图实习根据学时可安排在课堂内或专业识图实训阶段。

四、课时分配(理论教学)

序号	授课内容	授课学时
1	室外给排水工程概述	1
2	建筑给水工程	8
3	建筑排水工程	6
4	建筑给排水施工图	2
5	建筑采暖工程	8
6	建筑采暖施工图	2
7	热水和燃气供应工程	3
8	建筑通风与空调工程	8
9	通风空调施工图	2
10	建筑电气系统	9
11	安全用电与建筑防雷	3
12	建筑电气施工图	2
总计		54

说明:学时基本安排为54学时,授课教师可根据自己学校情况进行增减,如去掉识图部分可适应于少学时教学要求,增加参观实习或识图实习可适用于多学时教学要求。

参考文献

[1] 上海市建设和管理委员会. 建筑给水排水设计规范(GB 50015—2003)[S]. 北京:中国计划出版社,2003.

[2] 中华人民共和国建设部. 给水排水制图标准(GB/T 50106—2001)[S]. 北京:中国计划出版社,2001.

[3] 公安部. 高层民用建筑设计防火规范(GB 50045—95)2005 年版[S]. 北京:中国计划出版社,2005.

[4] 上海市建设委员会. 通风与空调工程施工验收规范(GB 50243—2002)[S]. 北京:中国计划出版社,2002.

[5] 辽宁省建设厅. 建筑给水排水及采暖工程施工质量验收规范(GB 50242—2002)[S]. 北京:中国建筑工业出版社,2002.

[6] 中华人民共和国建设部. 暖通空调制图标准(GB/T 50114—2001)[S]. 北京:中国计划出版社,2002.

[7] 王增长. 建筑给水排水工程[M]. 北京:中国建筑工业出版社,1998.

[8] 刘源全,张国军. 建筑设备[M]. 北京:北京大学出版社,2006.

[9] 张健. 建筑给水排水工程[M]. 重庆:重庆大学出版社,2006.

[10] 阮利群. 给排水管道及设备维修[M]. 北京:中国劳动社会保障出版社,2000.

[11] 杨师斌,王付全. 建筑设备[M]. 北京:科学出版社,2004.

[12] 蔡秀丽. 建筑设备工程[M]. 北京:科学出版社,2005.

[13] 吴耀伟. 供热通风与建筑给排水工程施工技术[M]. 哈尔滨:哈尔滨工业大学出版社,2001.

[14] 贾永康. 供热通风与空调工程施工技术[M]. 北京:机械工业出版社,2005.

[15] 郑庆红,高湘,王慧琴. 现代建筑设备工程[M]. 北京:冶金工业出版社,2004.

[16] 魏鎏. 建筑设备工程[M]. 北京:煤炭工业出版社,2004.

[17] 万建武. 建筑设备工程[M]. 北京:中国建筑工业出版社,2000.

[18] 高明远. 建筑设备技术[M]. 北京:中国建筑工业出版社,1998.

[19] 陈妙芳. 建筑设备[M]. 上海:同济大学出版社,2002.

[20] 本书编委会. 简明通风与空调工程施工验收技术手册[M]. 北京:地震出版社,2005.

[21] 王宇清. 供热工程[M]. 哈尔滨:哈尔滨工业大学出版社,2001.

[22] 徐勇. 通风与空气调节工程[M]. 北京:机械工业出版社,2005.

[23] 王汉青. 通风工程[M]. 北京:机械工业出版社,2005.

[24] 姜湘山. 怎样看懂建筑设备图[M]. 北京:机械工业出版社,2003.

[25] 王青山. 建筑设备[M]. 北京:机械工业出版社,2003.

[26] 龚晓海. 建筑设备[M]. 北京:中国环境科学出版社,2003.

[27] 张建. 建筑电气技术与运用[M]. 北京:人民交通出版社,2001.

[28] 戴延年. 建筑电气设计与运用[M]. 北京:水利电力出版社,1992.

[29] 王继明. 建筑设备与电气工程[M]. 北京:地震出版社,1990.